人类飞翔史

Histoire de l'aéronautique

【法】夏尔·多尔菲斯　亨利·布歇　编著

袁俊生　译

中国画报出版社·北京

图书在版编目（ＣＩＰ）数据

人类飞翔史 / (法) 夏尔·多尔菲斯, (法) 亨利·布歇编著 ; 袁俊生译 . -- 北京 : 中国画报出版社, 2020.2（2021.5）

ISBN 978-7-5146-1812-9

Ⅰ . ①人… Ⅱ . ①夏… ②亨… ③袁… Ⅲ . ①飞行器—技术史—世界 Ⅳ . ① V47-091

中国版本图书馆 CIP 数据核字 (2019) 第 276995 号

人类飞翔史

[法] 夏尔·多尔菲斯 亨利·布歇 编著　袁俊生 译

出 版 人：于九涛
责任编辑：李　媛
责任印制：焦　洋
封面设计：赵　博

出版发行：中国画报出版社
地　　址：中国北京市海淀区车公庄西路 33 号 邮编：100048
发 行 部：010-68469781　010-68414683（传真）
总 编 室：010-88417359　版权部：010-88417359

开本：16 开（787mm×1092mm）
印张：44.5
字数：500 千字
版次：2020 年 3 月第 1 版　2021 年 5 月第 2 次印刷
印刷：三河市同力彩印有限公司
书号：ISBN 978-7-5146- 1812-9
定价：118.00 元

前言

　　大约在 1928 年，安德烈·舍克尔来到《画报》（*L'Illustration*）杂志社，同时带来三大本资料，这些资料讲述了人类探索飞上蓝天的历史，更为奇特的是，所有这些资料都是《画报》所刊载的文章，没想到画报社竟是这些资料的编撰者。安德烈·舍克尔不仅是《画报》的老朋友，还是驾驶热气球和飞艇的飞行员，他曾为法国航空俱乐部组织多次飞行比赛。30 年来，舍克尔先生一直热衷于收集有关航空方面的各种资料。

　　舍克尔先生带来的资料非常有意思，我们最初只是想把他收集的资料整理成册出版。不过，《画报》上所刊载的有关航空的文字仅仅是为了满足当时读者的兴趣，随着时间的推移，有必要对这些文章重新编排、整理，同时还要把《画报》未刊载的重要资料也纳入其中。

　　此外，虽然舍克尔先生从很年轻的时候就开始收集有关航空方面的信息，但他还是无法把《画报》所刊载的所有资料收集全。同样，尽管《画报》是一份历史悠久的刊物，但仍然无法同人类梦想能飞上蓝天的历史相比，因为人类很早便开始探索怎样才能在天空中翱翔。

　　为此，我们编出这部《人类飞翔史》，这本书的大部分资料来源于《画报》，但我们又补充了许多新资料，让读者能从各个方面去了解人类航空史。

　　《人类飞翔史》的框架定下来之后，接下来的工作就是要找到研究航空史的史学家。好在从 1925 年起，画报社就同亨利·布歇先生合作。布歇先生早年曾在师范学院就读，后于 1914 年加入法国空军，因此总能以客观的角度去看待各种问题，而且一直以客观的手法把航空业的发展现状告诉读者。但是这一次，布歇先生要一直追溯到航空史的源头，为此我们接受布歇先生的建议，又去联系夏尔·多尔菲斯先生。多尔菲斯先生具有丰富的驾驶热气球和飞艇的经验，也是有动力飞行器的"常客"。他与其他人合作创建了航空博物馆，亲自担任馆长，并将自己的毕生精力都用来研究航空史。他利用这本书所提供的平台，展示自己的渊博学识，并让读者看到其珍贵的个人藏品——这是他花费 30 年心血收藏的，其中有版画及文献，这些有关航空史方面的资料就其数量而言，在全世界首屈一指。

两位作者此前曾一起合作多年，为了这部珍贵的著作，两人再次携手合作，双方的分工也很明确。本书的前三章，即从航空史起源直到第一次世界大战爆发，都出自夏尔·多尔菲斯先生的手笔。1914 年以来，人类开始使用有动力飞行器，这种飞行器未来的前景又如何呢？对于这个话题，亨利·布歇在第四章和第五章里为当时的读者做了阐述。

本书的第二章至第六章对应航空史的五个重要发展阶段：

1. 无动力飞行器阶段，所谓"无动力"飞行器是指人类模仿飞鸟翅膀制作的扑翼飞行器以及热气球；

2. 有动力飞行器的试验阶段（1843—1900），其中以蒸汽动力为主；

3. 活塞式发动机以及装备此类发动机的飞行器阶段（1900—1914）：其中有可操控的气球，连续飞行的飞机，长途飞行，等等；

4. 第一次世界大战阶段（1914—1918）；

5. 大范围使用航空器的早期阶段。

每一章都有一段引言，引言对每一阶段的定义都做了明确的说明。此外，本书严格按照航空史的发展进程来编写。

在第一章和第二章里，所有由夏尔·多尔菲斯先生提供的图片并未注明出处，但其他图片均注明来源，其中有些图片是由航空博物馆、卡纳瓦雷博物馆、国家图书馆、巴黎市立图书馆、让－乌东博物馆（Musée Jean-Houdon）提供的，有些图片是莱昂·巴尔图先生的个人藏品。

第四章的图片及文献主要是夏尔·多尔菲斯先生的个人藏品以及由航空博物馆提供的图片，此外还有《航空爱好者》（*L'Aérophile*）杂志社的珍贵文献，这份杂志是在 1893 年创办的，当然还有《画报》所提供的丰富资料。那个年代展现航空业重大事件的图片之所以能保存下来，是因为许多摄影记者以极大的热情关注航空业在 20 世纪前 15 年的发展进程；能把这段历史进程记录下来，罗尔公司、布朗热公司以及莫里斯公司功不可没。

第五章的大部分文献都是此前从未发表过的，是亨利·布歇先生在第一次世界大战期间收集的资料。1915—1918 年，布歇先生任法国空军中尉，后晋升为上尉，曾多次驾驶侦察机，执行空中侦察任务，因此他的资料就更为珍贵。另外，在此章里，他还引用了《画报》、《历史及艺术文献》（*Archives d'art et d'histoire*）所发表的宝贵资料。有些文献是战争博物馆、帝国战争博物馆及国外出版社提供的；还有一些文献是战斗机飞行员提供的，不管这些飞行员是法国的，还是协约国阵营中其他国家的，或是敌方阵营的。

第六章的核心内容阐述了 20 世纪 30 年代航空的发展进程，此章所引用的文献大多摘自《航空》（*L'Aéronautique*）杂志，这是由戈蒂耶 - 维拉出版社创办的杂志，自 1919 年起，亨利·布歇先生一直在经营管理这份杂志，他因此得以搭乘飞机到世界各地去查阅出版社所掌控的文献。戈蒂耶 - 维拉出版社是一家专门出版科技著作的出版社，其丰富的文献可以为《航空》月刊提供大量的参考资料，也让我们这部《人类飞翔史》获益匪浅。最后，读者还会发现，美国空军以及军舰上的摄影师都提供了相当丰富的资料，这些照片是在美军飞行员进行飞行训练时拍摄的，美国驻外使节将照片转交给了我们。

说起原始文献的话题，我们还想明确说明本书的编辑特点，在此仅举例说明：在介绍18世纪热气球的先驱时，我们列举了孟格菲兄弟、皮拉特·德·罗奇耶、夏尔、罗伯特、布朗夏尔、布朗夏尔夫人等，这些人物的图片都是依照真人绘制的画像，而且是首次刊载，只有约瑟夫·孟格菲的画像此前曾发表过。

从1859年起，航空业的重大事件都是用照片记录下来的，在这些照片当中，我们可以看到有一张拍摄于1859年的飞艇照片，一张飞越大西洋的热气球照片，还有一些航空飞行者的肖像照片等，他们从事飞行事业的时间最早可以上溯到1821—1824年。

私人收藏家、出版社或公立机构出借的版画，我们会在版画下方标明出处。本书文献丰富，图文并茂，在编撰过程中，得到来自世界各地航空爱好者的帮助，在此谨向各位表示诚挚的谢意。

《人类飞翔史》所用的文献都是真实的，而且都是经过仔细甄别的。两位作者也是具有丰富驾驶经验的飞行员，他们尽力不把道听途说的传闻编入此中，不让自己的个人情感或思想去影响本书的写作。为了确保历史文献的准确性，我们对有些固有的看法做了部分修正，从而让本书拥有独树一帜的特性，这一特性并非源自其高档的装帧，而是源自其高质量的图片及高水准的文字介绍。在编撰过程中，尽管我们的工作做得十分严谨，但仍有可能出现纰漏，还望读者不吝赐教。

目 录

第 一 章

人类航空史的源头

本章首先回顾了古代有关飞行的传说，尽管这些传说并没有任何史实做依据；接着我们再看一下人类做过哪些飞行尝试，实施过哪些具体的计划，在这些计划当中，达·芬奇和拉纳的计划最为著名。飞行器的发现具有划时代的意义，这一技术从此为人类开辟了升入高空的途径，随后出现的各种飞行器只是在动力上做了某些改进。

热气球问世初期的发展过程极为辉煌，有关那一时代的文献都记录得非常完美。艺术家和工匠们被热气球的形态和色彩深深地吸引，对复制热气球抱有浓厚的兴趣。

在那个时代里，这一新发明取得突飞猛进的发展，制作工艺也令人感到震惊，比如巨大的球体、充气量等都十分惊人。飞行试验不断取得成功，驾驶热气球的试飞员的勇气令人钦佩不已，他们争先恐后地去做首次飞行尝试。虽然当时的飞行器还十分原始，但大部分试飞员都能很好地操控这些飞行器，只是降落时会碰到一些麻烦。

在人类历史上，没有哪种重大活动能引起人们如此高昂的热情，当林德伯格出现在航空舞台上时，这一热情达到巅峰。无论是重大的政治事件，还是法国国内最重要的消息，都未能激起民众的热情，但1783年的升空创举却让法国民众格外兴奋。

1783年6月4日，这项发明首次做了演示，而巴黎人到7月底才知道这一发明。8月27日，巴黎人看到第一只氢气球飞入天空。10月15日，皮拉特·德·罗奇耶首次乘氢气球升入天空，这距离报界公布这项发明仅仅过了两个半月。11月21日，皮拉特和达朗德完成了第一次空中飞行。10天过后，夏尔和罗伯特从杜伊勒丽宫起飞，所有巴黎人都看到了空中的氢气球。

在这项发明当中，法国赢得了全部荣誉，这个新生的飞行器是由孟格菲兄弟发明的，夏尔后来又对这一发明做了改进。那时候，第一批驾驶热气球飞入天空的飞行员全部都是法国人。

民众对一个个成功的创举已习以为常，但在控制飞行器方面所遭遇的失败也让公众萌生一些忧虑。接着，法国爆发了大革命，所有的飞行尝试都停了下来，但却催生出军用飞行器，这方面的活动组织得非常好，而公共安全委员会有时也会发布强制性的规定。在此后的几十年间，最显著的成就就是加纳兰首次实现了用降落伞着陆的伟绩，这是保护飞行员的重大安全举措，也是飞行员冒着生命危险而完成的壮举。

那时候，航空技术才刚刚起步，而乔治·凯利所从事的研究也没有引起足够的重视，他的研究只是在后来才被人发现具有很实用的价值，它表明飞机那"清晰的设计思路"早在1809年就已在英国问世了。在机械发明方面，英国毕竟拥有非常雄厚的实力，正是机械发明推动了现代文明的发展。

在1840—1850年，航空动力技术出现了转折，机械动力取代了风力，机械动力包括纽科门蒸汽引擎和瓦特的蒸汽机。这些机器后来经过不断完善，促使人们考虑将其用在飞行器或飞艇上。

古代传说中的空中飞行

借助于各种方法升入高空，并在空中翱翔一直是人类的梦想，尽管如此，在古代文明当中，很少能看到有关人类尝试制作飞行器的资料。不过令人感到震惊的是，古代确实有过制作无动力滑翔机的记载，古埃及人和古代中国人都曾在这方面做过尝试。同时，在古代神话故事里，总能见到长着翅膀的神仙及各路天兵天将仰仗各种神器穿梭于蓝天的描述。

本章的开篇放置了一幅古埃及青铜浮雕画，画中的人物是伊西斯女神，或奈芙缇丝女神，女神展开双翅，但翅膀并不是象征着她要飞上天，而是象征着她在保护自己的臣民。

在中国，在最引人注目的传说当中，就有《山海经》记载的奇肱国，这个国家的人只有一只胳膊，却有三只眼睛，出门远行乘坐风车。从插图上看，这些风车显然就是一种飞行器。我们在此采用的插图来自出版于 17 世纪的《山海经》和 18 世纪出版的葛饰北斋创作的《北斋漫画》。这两幅插图描述出风车形态：一只箱子或一只小船，配备两只带叶片的轮子及两只翅膀。葛饰北斋甚至还添加了一把伞，也许是用来当作降落伞吧。

古埃及青铜浮雕画：展开双翅的伊西斯女神（或奈芙缇丝女神）。（藏于卢浮宫）

在欧洲，所有关于飞行的传说都来自于神话故事，也许只有代达罗斯和其儿子伊卡洛斯的故事除外，他们俩的故事描述了人类的飞行尝试。

代达罗斯和儿子伊卡洛斯被国王米诺斯软禁在一座岛上，为了从岛上的迷宫里逃出去，他将羽毛粘在一起，用蜡封住，制成翅膀。在飞越爱琴海时，伊卡洛斯因飞得太高，翅膀上的蜡被太阳晒化了，随后跌入大海里死去，而代达罗斯则成功地飞越爱琴海，这是大家耳熟能详的故事。在希腊神话及罗马神话插图里，能看到许多描绘这一故事的画面。17世纪，佛拉芒艺术家也用浓重的笔墨来描绘这一场景，创制出许多油画和版画。

飞马、神车、洛克鸟、阿巴里斯箭、以利亚先知的火战车、在里昂阿戈巴尔主教时代载人飞来飞去的云、借助烟雾飞入天空的西亚人：人类在天空中飞翔的想象和尝试不胜枚举。在位于菲律宾和澳大利亚之间的加罗林群岛上，流传着一个传说：一个名叫欧勒法的年轻人得知自己的父亲是天神后，便想飞到天上去找父亲，他还真的飞起来了，但很快就摔倒在地上。后来他又做了一次尝试，"点燃一个大火堆，借着烟雾飞上天"，最终找到了自己的父亲。这也许就是热气球的一种尝试吧。

《山海经》版画插图，一个奇肱国人坐在风车上。（版画绘于17世纪，藏于卡纳瓦雷博物馆）

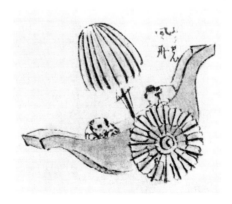

奇肱国人坐在风车上，葛饰北斋在18世纪创作的版画。（收藏于巴黎吉美博物馆）

16 世纪波斯袖珍艺术品：波斯国王乘仙鹤抬的轿子飞上天空。（收藏于法国国家图书馆）

古波斯文献《列王纪》记载了波斯王的故事，这位传说中的国王曾乘坐由四只仙鹤抬的轿子，飞上天空。这种空中旅行方式在许多神话故事里都有记载：伊索驯服了几只小鹰，让小鹰载着孩童飞上天；亚历山大大帝曾让一群飞鸟驮着飞上天，他把前方的诱饵指给飞鸟看，诱使飞鸟载他飞行；据说宁录也曾乘坐一架风车飞上天，风车由四只老鹰驮着。

柏拉图的朋友阿尔库塔斯既是物理学家，又是一个能工巧匠，他制作了许多飞行器，尝试着飞上天。据说风筝就是他发明的，但这一说法并不靠谱，不过他确实用木头做过一只会飞的鸽子。古罗马作家格利乌斯在《阿提卡之夜》里描述了这只木鸽子："一套机械结构能让鸽子飞起来。鸽子靠震颤悬在空中，一股神秘的气流驱动着木鸽子，这股气流就来自于鸽子体内的装置。"

公元60年，为颂扬罗马帝国长治久安，尼禄在罗马城举办欢庆活动。在活动当中，一个罗马人尝试飞上天空来表演自己的技能，但不幸的是，此人从空中跌落摔死。古罗马历史学家苏埃托尼乌斯讲述了这段轶事。

在英国，李尔王的父亲布拉杜德也是在一次飞行尝试中被摔死了。

在西方古代，没有任何描绘风筝的图画和文字。而在中国，有关风筝的文献可以一直上溯到汉代（公元前206年）：韩信将军想测量一下被围困的城市中心距离围城部队有多远，便命人制作风筝，待风筝放飞到城市中心上空时，再测量风筝线的长度。因此，韩信被认为是风筝的发明者，他把这一方法应用于战事是极有可能的。中国古代文献指出，只是在几百年过后，风筝才成为供孩子们娱乐的玩具。

在暹粒，柬埔寨人很喜欢放飞天灯，早在孟格菲兄弟发明热气球之前，这一做法就已流行开来。古文献在记述民间节日时，也提到过天灯，在高棉语里，天灯又被称作"会飞的灯笼"。尽管如此，在东方古文献里却看不到这类飞行器的图画。

比利时有一个关于飞猫的古老传说。在中世纪，让小动物们飞起来是一个流传很广的做法，这一做法甚至一直延续到19世纪，在法国和意大利的许多城市里，都有类似的做法：每逢重大节日时，人们给动物穿上用帆布做的飘浮装备，将动物，尤其是驴子从一座高塔上推下去。动物下落时帆布打开，形成一顶巨大的降落伞，能确保其安全落地。

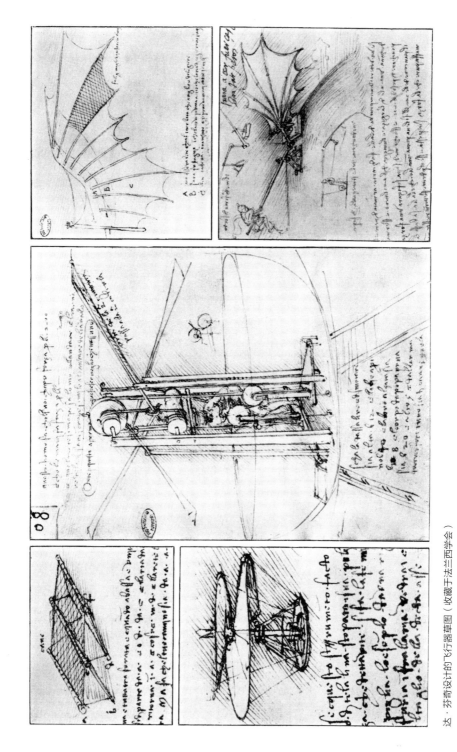

达·芬奇设计的飞行器草图（收藏于法兰西学会）

左上：单向阀试翅膀；左下：直升机；中图：四翼飞行器，靠人力驱动；右上：人工翼结构图；右下：扑翼试验。

02

达·芬奇与航空

最早对飞鸟进行科学研究,并模仿飞鸟制作机械飞行器的,正是文艺复兴时期的伟大艺术家达·芬奇。关于飞行方面的研究,他留下许多研究手稿和草图,米兰安布罗图书馆、法兰西学会、温莎城堡、尚蒂伊城堡及大英博物馆都藏有达·芬奇的手稿和草图。达·芬奇把自己的观察体会、想法及发明都用墨水绘在纸上,他的草图有时画得极为刚劲。他的笔记是用左手对着镜子写下的,行文用的是古意大利语,很难读得懂。在戈维、里克特、拉韦松-莫利安以及萨巴克尼科夫等学者的不懈努力下,达·芬奇的手稿得以翻译并发表出来。

在这些手稿当中,有他在直接观察飞鸟的飞行和滑翔后所做的描述,有会飞的脊椎动物解剖图,有空气动力学的基本原理,还有许多能让人飞起来的机器草图,比如可振动的翅膀,是模仿翼手目动物或飞鸟翅膀设计的,他并未盲目地模仿大自然,而是重新设计了机械结构。

在这些草图里我们可以看到,达·芬奇这位伟大的天才善于利用各种机械控制装置,比如双螺旋轴、换向轮、平衡杆等,他所设计的草图都是可以用现有的材料制作出来的,如木头、芦苇、金属、纺织物和绳索等。

他设计了这些大型装置或飞行器款式是我们确信无疑的,但除此之外,他为自己所写的笔记让人很难理解,不知在制作这些装置时,他究竟实施到哪一步了。有些飞行器装备着翅膀,实验者俯卧在飞行器上,手脚与翅膀相连;另外一些飞行器像是一艘划艇,艇两侧配上翅膀,由传动装置驱动,并由操纵杆控制,或者在划艇上立一支柱,将扑翼装在立柱上,驾驶员可以随意坐在划艇上,双脚踏在卡箍上来控制。

有两幅草图显得格外重要。第一幅草图画的是一架直升机,直升机配一只巨大的连动式螺旋桨,由一人转动绞盘驱动。笔记的文字描述也写得很清楚,这是最早记录主动性螺旋桨设计的文字。达·芬奇还明确指出,他成功地放飞了小型直升机,这类直升机是用弹簧来驱动的。

另一幅草图画的是一顶降落伞，形状像金字塔。这个设计也有文字解释，文字描述得很清楚，解释了降落伞的运行原理和制作方法。

03

想象中的空中旅行

16 世纪至 18 世纪，在法国及其他国家文学当中，涌现出一大批描绘空中旅行的小说。空中旅行在地球与其他星球，或在某一地区与另一神奇国度之间架起桥梁。这类小说往往都带版画插图，有意思的是，虽然风筝在中国已是家喻户晓，但在 16 世纪的法国，风筝却很少有人知道。下面来看一个很有趣的例子。

1581 年，弗朗索瓦·德·贝勒 - 弗雷斯特在巴黎发表了小说《十个奇妙的故事》，其中有一个篇幅很长的故事，配着一幅插图，这幅插图再现了 1579 年 2 月 18 日下午出现在巴黎上空的场景——一条巨大的飞龙。公众和贤士们认为这是魔鬼的化身，它的出现预示着瘟疫即将在巴黎肆虐，民众很快就要遭殃，但贝勒 - 弗雷斯特却得出如下结论：

"我认为这是另外一种东西，因为龙的表皮很像出自于某家丝绸店，不知哪位匠人把它做成飞龙的形状，然后从一座高塔上放飞，让它随风飘动。制作飞龙的匠人用细绳拉着它，其实是为了吓唬那些没有见过世面的小市民……"

1579 年 2 月 18 日出现在巴黎上空的飞龙造型。

1639 年，德马雷在巴黎发表了小说《阿丽亚娜》，著名画家亚伯拉罕·博斯为小说绘制了插图。小说讲述了一个十分惊险的故事，因犯梅兰特用床单做成一顶降落伞，成功地从监狱里逃了出去。那时候，确实出现过用这一方法从监狱里逃脱的案例。

赫里福德主教弗朗西斯·戈德温撰写了小说《月中人》，此书自 1651 年起被翻译成多种文字。小说主人公是一个西班牙人，名叫多明哥·冈萨雷斯，他借助一架由十只天鹅牵引的机器，在圣赫勒拿岛首次飞行。后来他驾驶这架飞行器飞到了月球上，最终从中国返回故土。

萨缪尔·布兰特在《卡克罗加利尼亚之旅》中也描述了类似的飞行器，只不过机器是由公鸡牵引的。这部小说发表

梅兰特借助降落伞出逃——德马雷所著《阿丽亚娜》中的插图，由亚伯拉罕·博斯绘制。

于 1727 年，讲述的是从牙买加飞往神奇国度的故事。西哈诺·德·贝热拉克在《月亮帝国的可笑故事》和《太阳帝国的可笑故事》中描述了飞往高空的不同方式：早晨初升的太阳能把露水瓶吸引过去，人只要把露水瓶绑在腰带上，就能被太阳吸入高空；月亮对牛骨髓有吸引力；把磁铁抛向高空，就能把铁椅子吸到空中去；多面体水晶球里空气稀薄，可让太阳作用于水晶球；给笼子配上"火箭"，"火箭"点燃后就可以把笼子送上天空。

罗伯特·帕托克在 1763 年发表了法语版《彼得·威尔金斯的冒险生涯》，这部小说把我们带到格勒姆人和格里斯人的国度，那里的人不论男女都长着翅膀。作者之所以选用威尔金斯这个姓氏，是因为切斯特主教就姓威尔金斯，这位主教在约一个世纪之前曾研究过利用飞行器到其他星球旅行的问题。

在热气球发明之前出版的最后一部有关航空的小说是《飞人在南方的发现》。小说描绘了一种全新的飞行器，它由一对翅膀和一把阳伞组成，这把阳伞并不是降落伞，而是一只弹簧翼，具有双向开合功能，书中多幅插图再现了作者的描述。

弗朗西斯·戈德温所著《月中人》卷首插画
（1666年）。

萨缪尔·布兰特所著《卡克罗加利尼亚之旅》卷
首插画（1727年）。

西哈诺·德·贝热拉克在《太阳帝国的可笑故事》
中描述的飞上天空的场景（1676年）。

"猴人"：《飞人在南方的发现》插图。（1781年）

04

17 世纪及 18 世纪的相关研究

1670 年，耶稣会教士弗朗切斯科·拉纳在布雷西亚发表了一部重要著作——《主桅帆技艺》。在此书中，他描述了空中飞船计划，这是第一艘根据空气静力学原理设计的飞船，尽管计划当中存在一些论证错误和计算错误，但他的研究既清晰又细腻。

鉴于球体抽成真空后，若放入空气当中，球体有升入天空的趋势，他建议用铜或白铁制作四个球体，并根据铜本身的重量来计算应该制作多大的球体，他认为重量应为每平方英尺（1 平方英尺约 0.09 平方米）3 盎司（1 盎司约 28.3 克）。这四个球体与一艘木船相连，木船配一风帆和若干只桨，木船作载人用。球体内形成真空的步骤是这样设想的：将空球体置于高处，球体底部设一龙头，龙头接水管，通到位于 47 掌尺（古罗马长度单位，1 掌尺约 0.074 米）下方的水罐里。从球体上浇口灌满水，然后将浇口封死，接着打开底部龙头，让水从水管流出，球体在气压作用下形成真空。这一设想很新颖，但却难以实现。

拉纳明确指出使用球体的好处，因为在相同体积下，球表面积最小，球体还能更好地抵抗大气压力。他提出控制飞船升降的理论是合理的，飞船的升降是靠压舱物和球体进气量来控制。在使用桨叶控制方向方面，他提出空气阻力的概念。拉纳还对空气的构成有一个明确的想法，对飞行员在高空中的身体状况十分担心。他指出，鉴于球体内无法达到绝对真空状态，球体将飞至平衡区域内，再往高空飞，空气就变得无法呼吸了。

在孟格菲兄弟发明热气球之前，单就科学技术价值来看，没有哪个计划能比得上拉纳的计划。孟格菲兄弟的发明绝对不是在模仿拉纳的设想，因为拉纳所设想的飞船计划是难以实现的，但意大利学者的研究值得钦佩。他的飞船还是引起了行家们的注意，莱布尼茨还特意做了专项研究，对他揭示的原理大加赞扬，但却认为这一计划根本无法实现。

后来，法国修士加利安神甫于 1755 至 1757 年在阿维尼翁撰写并发表了著作《空

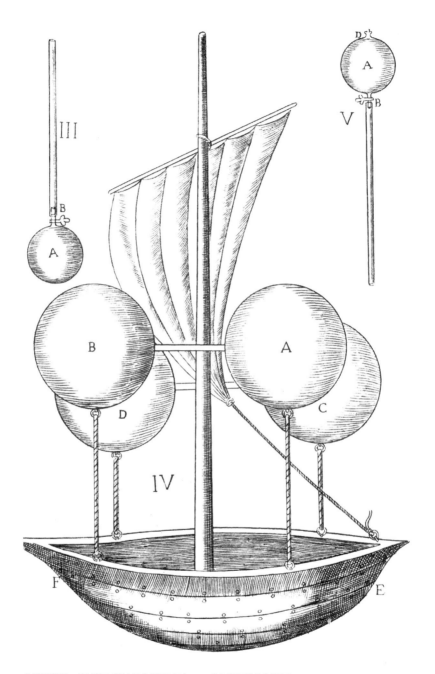

弗朗切斯科·拉纳的飞船计划（1670 年）——《主桅帆技艺》插图。

中飞行艺术》，设想出一艘巨
大的飞船，飞船用皮革制成，
船内装某种奇妙的气体，借助
这一气体，飞船可以飘浮在空
中。加利安神甫将到空气中去
寻找这一气体，并在一座高山
的山顶上建造这艘飞船。

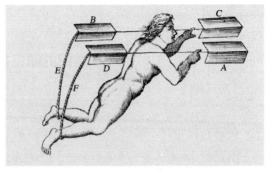

贝尼耶的飞行机，载于 1678 年 12 月 12 日的《博学者杂志》。

在拉纳的《主桅帆技艺》
发表几年后，《博学者杂志》就锁匠贝尼耶在曼恩省的萨布雷所做的试验发表了
一篇述评。这是有记载的首批试验，杂志的述评是有根据的，而且还配有一幅详
细的图表。

贝尼耶的试验是真实可信的，整个试验过程是循序渐进、合乎逻辑的，萨布
雷也由此成为法国航空工业的传统基地。杂志报道说，这架飞行器的双翼被拿到
吉布雷交易会上展览，后被"一位江湖艺人给买走了，艺人很高兴能把这对机翼
派上用场"。

在意大利之后，巴西也宣称自己是飞行器的发明者。一个名叫古斯芒的圣多
斯僧人于 1709 年在里斯本试飞过一架飞行器，飞行器里有可能放了一只热气球。
从当时的草图和版画来看，古斯芒的飞行器是一艘带翅膀的飞船，船后方装了一
个舵，中间放置一块巨大的帆布，像一幅横帆，但有些描述则把风帆形容为金字
塔形。此外，在飞行器上升过程中，燃火似乎发挥出很大的作用。由此，我们可
以把这架飞行器看作一个热气飞行器。古斯芒的飞行器有可能是用火箭送上天的，

古斯芒的飞行器（1709 年）——版画插图于
1784 年在法国发表。

就是用类似西哈诺·德·贝热拉克所用的方法，
18 世纪许多烟火制造者都会制作这类"火箭"。
帆布并不是把飞行器包裹起来，也许就是当
降落伞用，便于顺利降落。

尽管如此，古斯芒完全有可能试验过几
种不同类型的飞行器，其中一项试验很有可
能是在室内做的，是天灯一类的飞行器。但
是这类试验在技术上没有取得任何进展。

05

18 世纪的航空技术

　　在整个 18 世纪，酷爱飞行的人还是做了许多次有意思的飞行尝试。

　　巴克维尔侯爵人老心不老，虽然已经 60 多岁了，但还是热衷于飞行试验。他住在塞纳河左岸的泰阿丁河道街，1742 年，他为自己装上翅膀，从自己府邸的楼顶跳下去，朝塞纳河对岸飞过去。他真的越过了塞纳河，但却落在泊在河右岸边的一艘洗衣船上，把股骨给摔折了。

　　1757 年 9 月 13 日和 14 日，约翰·查尔兹进行了好几次"飞行"试验，其实也许就是手持降落伞从波士顿的教堂钟楼上跳下去，这是美洲大陆的第一次飞行试验。查尔兹此前已在英国进行过类似的飞行试验。

　　1772 年，埃唐普的议事司铎德福尔热神甫用柳条造了一台飞车，给飞车安装上两只翅膀。他快速地扇动翅膀，以确保飞车有足够大的升力，尤其是要给飞车提供足够的驱动力。飞车上还安装了一顶巨大的降落伞，以便于滑翔。这台飞车已兼有飞机和扑翼机的特征。德福尔热在埃唐普周边的山冈上做试验，一天，他从吉奈特塔上飞越而下，落到高塔脚下，只是崴了脚，未遭受其他损伤。

1773 年《王室年鉴》的装订盒图案，上面绘有德福尔热设想的飞行器。

　　在这位议事司铎的设想里，这台飞车的飞行速度可以达到每小时 30 法里（1 法里约合 4 千米），每天可以飞 300 法里，这个速度已经接近飞机的飞行速度了。飞行员要佩戴头盔，还要戴防风镜。

　　1781 年，布朗夏尔在拉维莱特和巴黎制作了一艘飞船。飞船的造型像一条威尼斯贡多拉，上有一尖形帆顶，帆顶支撑着两只巨大振翼的轴杆，另外四只小振翼横插在大振翼下方，大振翼由脚踏轮驱动，小振翼靠手摇驱动。振翼形似核桃树叶状，结构上近似于贝尼耶的设计，在轴向上设一铰链，最后再为飞船配置一顶巨大的降落伞。

布朗夏尔设计的飞船，在 1781 年至 1783 年制作，并进行了飞行试验。

布朗夏尔将飞船做得极为精致，制作的时候按照一定的步骤来做：他用一根粗大的绳子把飞船吊起来，绳子的另一端挂一个配重，在装配时要尽量减少飞船的重量。与此同时，布朗夏尔还按照实际尺寸制作了一架直升机，直升机配一立轴和一只巨大的飞轮，上面装着斜向叶片，直升机的重量最终还是减轻了一些。这一制作当时几乎无人知晓，但却非常有意义。1781年，他在圣热尔曼附近做了飞行试验。

1768年，波雄在其《阿基米德螺线理论》一书当中描述了一架直升机，其实它就是一把椅子，配上模仿翼手目动物的翼膜，或者说两只叶片，一只纵向叶片用于升降，一只横向叶片用于控制方向。

在1781年和1782年，英国的布莱克和卡瓦罗、日内瓦的巴尔比耶和沃尔塔都设想着要往气囊里充氢气，氢气气囊的升力已得到验证，但氢气气囊的试验最终还是没有成功，而法国人发明的飞行器最终大获成功。

06

飞行器的起源

第一个飞行器试验是由约瑟夫·孟格菲完成的，传记作家德·热兰多对此做了如下描述："在联军准备围困直布罗陀的那个年头，约瑟夫·孟格菲正在阿维尼翁。和以往一样，他独自一人待在壁炉前，在构思表现围困直布罗陀的版画，却发现联军很难抵达中心广场，走陆路和水路都行不通。'难道就不能从空中过去吗？烟雾飘升起来后从烟囱冒出去，为什么不能把烟雾收集起来，形成可以利用的浮力呢？'他在心里很快计算了一下一大张纸或一幅塔夫绸的重量，估算热气的膨胀系数以及相应的空气压力等。他请房东姑娘给他找几尺旧塔夫绸，接着就动手制作出一只小气球，灌入热气的气球飞到顶棚上。见此场景，房东姑娘既吃惊又兴奋。他马上给弟弟艾蒂安写信：'马上准备一些塔夫绸和绳索，你将看到震惊世界的东西。'他弟弟当时正在阿诺奈。"

约瑟夫·孟格菲（1740—1810），布瓦休绘制。（收藏于里昂博物馆）

艾蒂安·孟格菲（1745—1799），普热绘制。（由夏尔·多乐福收藏）

孟格菲兄弟的飞行器第一次升空试验的官方报告。

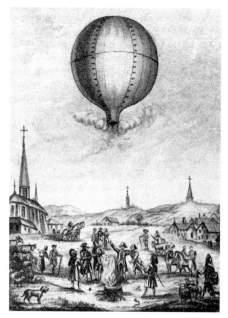

孟格菲兄弟往来信件的副本。

他们在阿诺奈做了热气球升空试验，这是首次在公众场合演示这项伟大的发明。通常大家都认为这次试验是在1783年6月5日完成的，但孟格菲兄弟的信件则表明，升空试验是在前一天，即6月4日实施的。试验报告马上提交给法国科学院，而科学院更看重实际结果，对试验日期并不十分重视，官方报告上书写的日期就是1783年6月5日。

1783年6月4日，在阿诺奈进行的第一次热气球公开试验。

$$07$$

发明热气球

经过几次小范围的试验之后，1783 年 6 月 4 日，孟格菲兄弟邀请维瓦雷议会的议员到市中心广场观看他们的热气球试验。这只新气球直径约为 11 米，是用一块块帆布组成的，帆布内衬一层纸，帆布之间用纽扣衔接起来，在将麦秸和羊毛点燃后，热气很快就把气球给充满了。那天尽管下着雨，但热气球很快就升入天空，10 分钟过后，便缓缓地降落下来，最后落到一片葡萄园的一堵院墙上，靠墙建的灶火把热气球给烧了。

人们把现场试验报告寄给巴黎的法国科学院，试验很快引起轰动，当时没有人怀疑试验的真实性。在人们普遍关注飞行设想的年代里，这一发明引起公众的热烈反响：在科学取得突破的时代里，这个发明将为人们开创出一个新世界。

法国科学院要求再次组织试验，于是艾蒂安·孟格菲受命前往巴黎。在艾蒂安到达巴黎之前，物理学家夏尔就已经同物理仪器制造商罗伯特兄弟展开合作，

1783 年 8 月 27 日，在战神广场上放飞的第一只氢气球。

气球落在戈奈斯地区，引起人们的恐慌。

在巴黎重复孟格菲兄弟的试验。夏尔当时并不知道孟格菲兄弟所用的方法极为简单，他想利用的是"易燃气体"氢气的轻盈性，当时许多科学家都在研究氢气。夏尔是一个富有创新精神的科学家，在合作者的支持下，他用漆上防水涂层的丝绸做了一个大罩子，并用工业手法制作出大量的氢气。这只气球直径为4米，体积达60立方米，气球在夏尔和罗伯特兄弟的居所充气，充满气球前后用了4天时间。他们趁着黑夜，把气球送到巴黎的战神广场，1783年8月27日凌晨5点钟，在现场观众的欢呼声中，气球被放飞，升入天空。

把气球底部的阀门头关死后，在氢气膨胀的作用下，气球被撑破了，落入戈奈斯地区。两个农民被这个怪物给吓坏了，他们把气球拉到村子里，村民们一怒之下把气球给撕坏了。村民们满怀怒气也是可以理解的，针对这一局面，法国政府只好对法国公众发布了一份《告国民书》，要大家看到这种像月亮似的气球不要害怕。当时给气球起的名字是"飞行球"或"浮空球"，后来又将其称为"浮空机"或"飞行器"，但"气球"和"飞行器"这两个名字很快就流传开来。

抵达巴黎之后，艾蒂安做了一只巨大的热气球，国王路易十六要求在凡尔赛放飞这只热气球，但在试飞时，热气球被大风和雨水给毁坏了。艾蒂安在5天之内又做了一只热气球，这一次是用蓝色棉布制作的，热气球上还漆着金色的国王姓名首字母缩写图案。

1783年9月19日，在凡尔赛宫前特设的平台上，这只直径达41法尺（法国古长度单位，1法尺约325毫米）的巨大气球在几分钟之内就充满了热气。国王和王后前来观看试验。热气球下方悬着一只篮子，篮子里放了一只绵羊、一只公鸡和一只鸭子，因为大家想确信空中的空气也是可以呼吸的，这说明当时人们对高空的空气构成尚不十分了解。

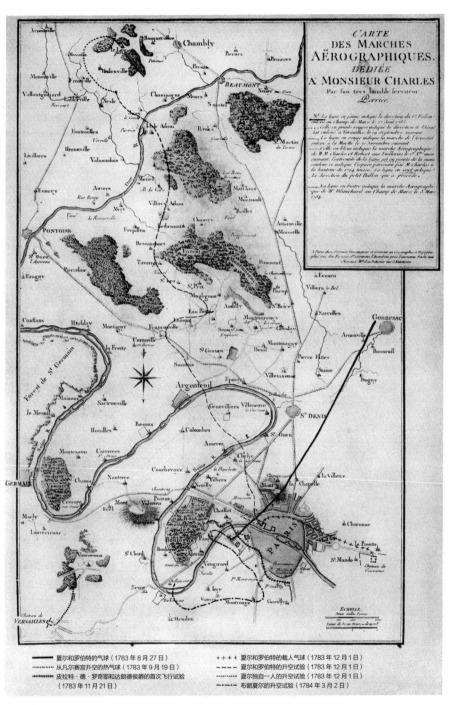

CARTE
DES MARCHES
AÉROGRAPHIQUES.
DÉDIÉE
A MONSIEUR CHARLES
Par son très humble serviteur
Perrier.

—————— 夏尔和罗伯特的气球（1783年8月27日）
.... 从凡尔赛宫升空的热气球（1783年9月19日）
+++++ 皮拉特·德·罗奇耶和达朗德侯爵的首次飞行试验
　　　（1783年11月21日）
++++ 夏尔和罗伯特的载人气球（1783年12月1日）
– – – – 夏尔和罗伯特的升空试验（1783年12月1日）
.... 夏尔独自一人的升空试验（1783年12月1日）
–·–·– 布朗夏尔的升空试验（1784年3月2日）

热气球在巴黎地区首批飞行试验线路图。

热气球摇摇晃晃地升入天空，但由于起飞时被刮破了，几分钟后，气球降落在沃克莱松。第一个赶到降落现场的是物理学家皮拉特·德·罗奇耶，后来他成为第一个飞行员。篮子里的所有动物都活着。

　　夏尔和孟格菲的成功举世瞩目，大家都在谈论这种新型的飞行器，他们由此开始制作能载人的飞行器。国王路易十六还特意授予孟格菲兄弟贵族称号，法国科学院给予他们出席会议的车马费，后来又任命约瑟夫·孟格菲和夏尔为院士。

08

首次空中飞行

　　在飞行器首次升空试验 4 个月后，有一个人飞离地面，飞入空中，这是人类史上第一次有人飞入天空。5 周后，人类又完成了第一次真人飞行。没有哪一种发明取得过如此迅速、如此完美的进步。艾蒂安·孟格菲又对在凡尔赛试飞的那一

弗朗索瓦·皮拉特·德·罗奇耶（1754—1785），第一个飞离地面的人。（普热绘制）

款热气球做了改进：增大了热气球体积，给热气球表面画上更漂亮的装饰，除此之外，他还制作了一个圆形吊篮，挂在热气球下面，这个吊篮用于载人。1783 年 10 月，艾蒂安在自家花园里做了多次试验，他所做的这只热气球可以说是现代热气球最原始的模板。

　　也就是在那个时候，弗朗索瓦·皮拉特·德·罗奇耶主动要求做乘坐系留热气球的试验。他进入吊篮里，让气球升到 80 法尺的高度，那是热气球被绳索拦住的最高界限。他在吊篮里待了 4 分 25 秒，然后便缓缓地降落下来。

　　第二天，在众多观众的注目下，他们又做

了一次载人飞行试验。10 月 29 日，皮拉特乘热气球上升到 250 法尺的高度，并依靠调控火焰强度来控制升降。此后，在吉罗·德·吉鲁的陪伴下，他把热气球升至 324 法尺的高度，并在空中滞留了 9 分钟。最后，达朗德侯爵又陪同他做了第三次升空试验。

在前一次飞行试验中，这只载人热气球因遭遇大风而险些失败，但在 1783 年 11 月 21 日，同一只热气球再次从米埃特公园升空，顺利地将弗朗索瓦·皮拉特·德·罗奇耶和达朗德侯爵升入空中。

09
1784 年的航空技术

虽然热气球取得很大成功，但探索其他类型飞行器的研究一直没有停下脚步。巴登亲王的建筑师米尔温在一本名为《鸟的飞行艺术》的小册子上发表了几篇文章，讲述了自己从 1781 年起所做的飞行试验。他制作了一架飞行器，并给飞行器绘制了草图，刊载在小册子上。这是一款单翼机，机身两边各设一片机翼，驾驶员卧在机身上，可以控制机翼扇动，但他并未详细地描绘整个控制系统。机身后设一尾巴，但草图过于简单，没有将其展现出来。

1784 年 4 月 28 日，洛努瓦和比安弗尼向法国科学院提交了一款小型直升机的试验报告，科学院对他们的试验非常感兴趣。直升机由一个钢弓和一只双叶片螺旋桨组成，螺旋桨轴缠着细绳，

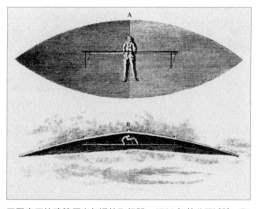

巴登亲王的建筑师米尔温的飞行器，1781 年曾公开试验，飞行报告发布于 1784 年。

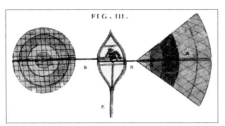
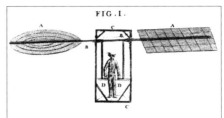

雷诺的飞行器（1784 年），飞行器的正视图和平面图展现出飞行器机翼的状态。

细绳与钢弓相连，另一只螺旋桨固定在钢弓上，但朝相反的方向旋转，直升机依靠这两只螺旋桨提供的动力升起来，可以一直飞到房顶上。

还是在 1784 年，雷诺的单向阀式机翼飞行器和热拉尔的扑翼飞行器同样引人关注。有一幅发表于 1784 年的版画非常漂亮，画面上描绘着身穿浮空衣的飞人从热气球里走下来的场景。这种浮空衣其实就是一种降落伞装，服装上附带着手控桨叶来控制飞行方向。这款降落伞装的发明人名叫蒂博·圣安德烈。这件服装很有可能未曾参与过飞行试验，尽管从版画上看，发明者至少做出过样装。

"降落伞装"演示会入场券，降落伞装附带手控桨叶来控制方向，由蒂博·圣安德烈发明。

与此同时，许多酷爱飞行的人做过多次飞行试验，这些试验有可能确确实实进行过，虽然我们没有看到详细的报道。1783 年 10 月 18 日的《布鲁塞尔政治报》曾报道过其中的一次飞行。此后，在 1784 年 7 月，《阿维尼翁信使》发表了昂布兰总检察官阿里耶斯的一封信："本月 20 日，我准备去布里昂松（距离昂布兰 7 法里），而且打算飞过去，于是我用黄铜线把两只帆布翅膀和一个飞鸟状的舵绑在腰间，再配上某种机械装置，这样可以轻松自如、随意控制我的翅膀。此前我做过试验，这一次成功的希望很大，况且在本月 8 日那天的试验过程中，我已飞到 70 法尺的高度……"

虽然这一描述略显夸张，但试验结果似乎还是可信的，然而他所计划的飞行并未实施。

10

艺术与热气球

民众对热气球表现出极大的热情，这一热情也感染了商家，他们拿热气球作为图案，制作出许多精美的艺术品、小摆件、奢侈品及日常用品。

自从战神广场的飞行试验造成轰动效果之后，时尚界也把这一发明当作追捧的热点：发饰、长裙、坎肩都配上热气球的图案，夏尔和罗伯特的热气球则是时尚界最喜爱的款式。

热气球图案也出现在瓷器上，描绘着热气球的瓷器成为最受民众欢迎的装饰品。纳韦尔、斯特拉斯堡、穆斯捷及马赛等地的瓷器厂制作出各种各样的瓷盘和菜盘，盘子上都描绘着热气球图案。塞弗尔、圣克鲁及巴黎等地的瓷器艺术家把热气球的飞行场面描绘在咖啡杯、汤盘和花瓶上。有些艺术家还把这一场景描绘在扇子上，扇子的另一面书写着讴歌热气球飞行的歌曲。

金表和挂钟也用热气球来作为装饰，其中有一座挂钟还是为王后玛丽·安托瓦内特制作的，有些挂钟甚至干脆做成热气球的形状。这一时尚潮流甚至影响到家具，比如有些座椅靠背就装饰着热气球，温度计框和化妆镜框都雕刻成热气球的形状，有些细木镶嵌家具、带铜拉手的五斗柜、鸟笼子、壁炉装饰物等都选用了热气球图案。

那时候，很多人都有使用鼻烟盒的习惯，鼻烟盒大多是用象牙、珐琅或黄金制作的，而盒盖上就描绘着热气球升空的场景，大多数鼻烟盒盖都选用夏尔和罗伯特的升空试验场景作为装饰图案。不过，令人感到奇怪的是，这一艺术潮流仅仅出现在法国，在国外很少能看到描绘热气球的艺术品。

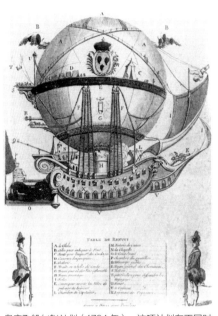

皇家飞船幻想计划（1784 年），这项计划在不同时代都被提起过，罗贝尔松在 1803 年特别提到过这项计划。

秘藏气球箱，店员打开时被吓坏了。这是刻于 1783 年的版画，再现了发生在佩罗纳的一件逸事。

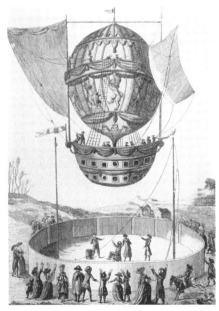

威尔士的乔纳森的升空试验，这类升空试验大多在 1783 年至 1785 年公布出来，但试验过程不可信。

热气球时尚，1783 年的漫画。（莱昂·巴尔图收藏）

配玻璃雕刻画的鼻烟盒，展现出夏尔在杜伊勒丽宫前放飞热气球的场景。

年鉴的山羊皮封面，上刻烫金"热气球"图案。

配小油画的鼻烟盒，展现出夏尔在奈斯勒第二次放飞热气球的场景。

代尔夫特的圆柱形花瓶。

装饰着"热气球"的挂钟。

里尔的酒罐。

11

外省的热气球升空活动

1784 年 1 月 19 日，第三次热气球飞行演示安排在里昂举行。约瑟夫·孟格菲、皮拉特·德·罗奇耶、利涅亲王、洛朗森伯爵、当皮埃尔伯爵、昂格勒福特伯爵等人登上"弗莱塞勒号"热气球，这是当时最大的无动力热气球，用轻薄的帆布制作，内衬一层纸，高 35 米，直径 31 米，体积为 2.3 万立方米。就在热气球马上要升空的那一瞬间，一个名叫方丹的年轻人跳上热气球，他是第一个未经允许升空的非法飞行员。虽然热气球在飞行途中被撕开一个大口子，但最终还是有惊无险地降落在地面上。

4 月 25 日，吉东·德·莫尔沃的热气球在第戎升入空中，此后不久，他又做了一次飞行试验。一只在南特制作的氢气球分别于 6 月 14 日和 9 月 26 日做了飞行试验，气球由古斯塔·德·玛西驾驶，这两次升空飞行意义非凡，因为气球还配了桨叶。

不过，总体来说，外省的飞行试验大多采用简易型的热气球，除了制作简陋之外，充气很简单，方法很原始，费用也不贵。尽管这些热气球很原始，要在地面上燃起一堆火，才能让它飞起来，但还没有发生过一起人员伤亡事故。

在整个 1784 年，法国在外省进行过多次飞行试验，参与飞行试验的城市有：埃克斯城、马赛、波尔多、罗德兹、斯特拉斯堡等。其中最引人注目的飞行当数 1784 年 6 月 4 日在里昂的试验，在画家弗勒朗的陪同下，迪博勒夫人飞上了天空，她是乘热气球升空的第一位女性。

虽然尚贝里尚未纳入法国的版图，但那里对热气球的热情也不逊于法国。1784 年 5 月 6 日，两个年轻人——布朗先生和扎维埃·德·迈斯特乘热气球开始了一次短暂的飞行。1784 年 6 月 23 日，皮拉特·德·罗奇耶和化学家普鲁斯特搭乘巨大的热气球"玛丽·安托瓦内特号"升入天空，当天法国国王路易十六和瑞典国王亲临现场观看了升空活动。

布朗夏尔是那个时代著名的试飞员，1784 至 1785 年，他在外省的许多地方做

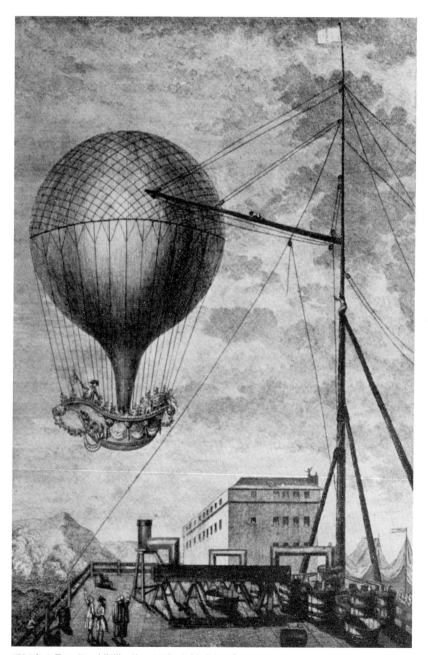

1784年6月14日，古斯塔·德·玛西驾驶"叙弗朗号"热气球在南特升空。

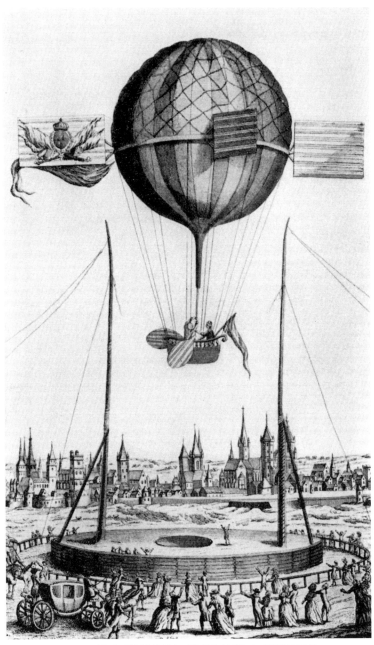

1784年4月25日，"第戎科学院号"热气球进行升空试验，飞船配桨叶和舵。

热气球在埃克斯城升空。

过飞行试验,而且是以煤气为燃料来驾驭热气球。1785 年 8 月 26 日,在一位记者的陪同下,他创下当时最长的飞行纪录,滞空时间长达 7 小时,从里尔一直飞到了塞弗隆。后来,他还驾驶由 5 只热气球组成的飞行器,先后在杜埃、南锡、梅斯、斯特拉斯堡等地升空。

因监管不周,热气球在落地时会酿成火灾,鉴于此,法国警署颁布了一条法令,宣布从 1784 年 4 月 23 日起,所有未经许可的燃火热气球不得再进行升空活动,这是第一个空中管制条例。此后,奥地利皇帝、西班牙国王以及德国的几位亲王也都颁布了类似的法令。

1784 年 5 月 6 日,布朗先生和扎维埃·德·迈斯特乘热气球飞行的海报。(收藏于巴黎市立图书馆)

1784 年 8 月 6 日，卡努神甫在罗代乘热气球升空。

12

国外的热气球升空实践

在法国之后，意大利是第一个在自己国土上升起热气球的国家。1784 年 1 月 23 日，在米兰附近的蒙库科庄园里，年轻的骑士保罗·安德里亚尼完成了第一次空中飞行，尽管飞行时间很短，但整个飞行过程非常完美。陪同他一起飞行的是两位著名建筑师卡尔罗和阿戈斯蒂诺·杰利兄弟，保罗乘坐的这只完美的热气球正是出自兄弟俩之手。

扇纸浮雕画，展现在法国之外的飞行试验：1784 年 2 月 25 日，
保罗·安德里亚尼和杰利兄弟在米兰附近的蒙库科庄园升空。

这只热气球与法国热气球有明显的差别，热气球下悬挂的并不是环形吊篮，而是一只飞船，飞船上方设一火盆，这一配置虽然有危险，但升空飞行的人会感觉更舒适。大约一个月之后，在两位乘员的陪同下，安德里亚尼又进行了第二次飞行，同样取得了成功。

英国人对这种新的旅行方式似乎持保留态度，因为这显然与英国的航海传统截然不同。最初几次试飞的热气球都飞丢了，几乎所有的试验都是旅英外国人进行的，其中有法国人、意大利人和瑞士人。在1784 年 8 月 25 日和 9 月 1 日，詹姆斯·泰勒在爱丁堡先后放飞了两只热气球，但都仅仅飞行了几秒钟，而且几乎没有人到

万桑·卢纳蒂的肖像。（巴尔托罗奇绘）

现场观看。这一事件几乎没有人提到，而放飞者本人也承认试验并不成功。

到了 1784 年 9 月 15 日，英国才实现了第一次真正的升空飞行，在伦敦的飞行试验取得很大成功，也打消了怀疑者的疑虑。驾驶这只气球的飞行员是一个意大利人，名叫万桑·卢纳蒂，他是那不勒斯王国驻伦敦使馆的随员。他独自驾驶自己制作的氢气球升入天空，氢气球配两片桨叶。升空后不久其中一片桨叶脱落。在升到一定高度之后，卢纳蒂开始下降，在北迷姆短暂停留后，继续向前飞行，最后降落在哈福德郡的威尔镇。

继卢纳蒂在英国成功完成第一次飞行之后，布朗夏尔也来到伦敦，进行了一系列飞行活动。这当中随他一起飞行的有谢尔登医生和杰弗里斯医生，杰弗里斯医生由此成为第一个升空的美国人。两位医生搭乘气球是为了完成自己的一项科学实验。在飞越加来海峡之后，布朗夏尔返回英国。1785 年 6 月 3 日，在伦敦的一次飞行试验中，他把一顶降落伞从气球上抛下去，降落伞上系着一只小狗，这是第一次搭载活物的高空降落试验。陪同他一起飞行的还有两个法国小姑娘，她们是姐妹俩，一个 17 岁，另一个 14 岁。

在德国升空的第一人是布朗夏尔，1785 年 10 月 3 日，他在法兰克福乘气球升空，一直飞到威尔堡。后来他又在德国多地进行飞行试验，尤其是在纽伦堡获得了巨大成功，普鲁士国王及各位王子亲临升空现场，观看他的飞行试验。1786 年，卢特根多夫男爵在奥古斯堡进

英国的首次飞行试验：1784 年 9 月 15 日，意大利人卢纳蒂在伦敦炮兵团驻地驾热气球升入天空。

布朗夏尔在德国的一次飞行活动（为鼻烟壶绘制的版画）。

布朗夏尔在德国首次飞行：1785年10月3日从法兰克福起飞，安全降落在威尔堡。

1786年6月18日，泰蒂-布里西在巴黎首次在夜间升空。

1787年，布朗夏尔在纽伦堡的升空试验。

行升空试验，但却以失败告终。直到 1804 年，德国飞行员才成功地飞上天空。

布朗夏尔同时还是在荷兰、比利时、瑞士、波兰及捷克境内升空的第一人：他分别于 1785 年 7 月 12 日在海牙、1785 年 11 月 20 日在根特、1788 年 5 月 3 日在巴塞尔、1789 年 5 月 30 日在华沙、1789 年 10 月 31 日在布拉格驾驶气球升入了天空。

1784 年 7 月 7 日，斯图弗抢在布朗夏尔前面率先乘热气球升空，那只热气球的造型很奇特，随他一起升空的还有三个人。这次试验原本只打算升空，而不做飞行。热气球本用绳索拉住，但绳索最后却被拽断了，大家赶紧去施救，却引起火灾，好在火很快就被扑灭了。热气球在不受控的状态下自由飞翔，一直飞越多瑙河，在一处地方安全降落下来。

在奥地利的首次升空试验：1784 年 7 月 7 日，斯图弗及三位乘客在维也纳普拉特公园升空。

在西班牙，一位名叫布什的法国人于 1784 年 6 月 4 日进行升空试验，但他却忘记解开拦着热气球顶的绳索，热气球升空之后，又被绳索拽回来，吊篮倾覆后，布什被烧伤，之后他从高处跳下来，大家以为他会摔死，但他还是保住了性命。后来，卢纳蒂在西班牙进行了氢气球飞行试验，并于 1784 年 8 月 24 日在里斯本飞行，让葡萄牙人首次看到了氢气球升空的场景。

布朗夏尔在美国的首次飞行是他的第 45 次飞行。在抵达费城之后，布朗夏尔立即着手准备飞行试验。1793 年 1 月 9 日，华盛顿总统亲临现场观看飞行试验，并亲自为布朗夏尔签发了一本护照。天公作美，飞行试验进展得很顺利，在空中飞行 47 分钟之后，热气球降落在一片树林里。

布朗夏尔在美国的首次空中飞行。

13

推进试验

　　最初控制气球方向的装置十分简陋，但有些设计还是引起了人们的注意。由第戎科学院制作的气球分别于 1784 年 4 月 25 日和 6 月 12 日进行了首批试验。控制方向的装置由桨叶组成，两片桨叶装在飞船上，在球体中间部分另装两片大桨叶，除此之外，再在球体底部装一只舵，在前面装一个破风阻的装置。在推进装置的作用下，飞行员控制飞船进行了转弯和旋转，但收效不大。

　　沙特尔公爵对飞行器一直表现出浓厚的兴趣，他让罗伯特兄弟制作出第一艘长形飞艇，并于 1784 年 7 月 15 日与罗伯特兄弟一起做了升空试验。飞艇内设一个小气囊，通过压缩空气来调整飞艇的升降。飞艇并未配置桨叶，而是挂了两把阳伞，但这一设计根本起不到控制方向的作用。

　　此后不久，罗伯特兄弟又制作了另一艘长形飞艇，其实就是把 1783 年设计的气球切成两半，中间接一只同等直径的圆筒，飞船上配置五片桨叶。1784 年 9 月 19 日，兄弟俩和妹夫一起驾驶飞艇飞行了 6 小时 40 分钟，最后降落在阿拉斯。飞行员凭借桨叶控制飞艇转弯，让飞艇偏离风向轴线达 22 度。布朗夏尔和卢纳蒂也做过带桨叶的飞船试验，但均未取得成功。

　　1785 年 7—8 月间，许多人都进行了推进飞行试验，其中"阿图瓦伯爵号"也参加了升空试验，飞船上配置小桨叶，桨叶可以在一个方向上缩进，用来控制升降，而飞船的推进则靠一只大螺旋桨来完成，螺旋桨配置两片或四片桨叶，试验取得良好成果。

"阿图瓦伯爵号"飞艇，1785 年在雅维尔飞试验取得良好成果。（大螺旋桨推进飞船，两片小桨叶控制升降）。

14

首次跨海飞行

从最初顺利完成升空飞行时起，布朗夏尔就希望能"实现首次海上飞行的壮举"。带着这个念头，他于1784年9月来到英国。一个名叫约翰·杰弗里斯的波士顿人，在英国军队里做军医，对布朗夏尔跨海飞行的计划非常感兴趣，请求陪同他一起实现这个壮举。两人商量好，如果出现风险，由军医自己承担后果。

他们在多佛尔安顿下来不久，就等来了顺风天气。1785年1月7日早晨，天空晴朗，但天气寒冷，根据空中云的走向及测风气球标出的风向，布朗夏尔决定立即起航。气球很快就充起来，下午1点5分，热气球在老城堡前升入天空。然而，两位飞行员的装备如此简陋，令人感到吃惊：一只体积不大的气球，防水性能也不可靠，三袋子压舱物，每只袋子重10斤，一大包宣传册，两只锚，两件软木救生背心，几个充满气体的猪尿泡，一些食物，还有望远镜、气压表、指南针等，另外还有一些厚衣服，总共约43千克。除此之外，还要加上桨叶、螺旋桨和舵及装饰物的重量。

气球起飞之后在海面上缓慢地飞行，大海十分平静，海面上一艘艘船舶在静静地航行。法国一侧的海岸很快就出现在他们眼前，由于气球在上升时总在旋转，他们轮番看到英国海岸和法国海岸。

1点50分，气球开始下降了，飞行员便把两袋子压舱物抛下去，并利用气球上升的机会，把吊舱内的缆绳布置好，以做好应急准备。在飞过航程一半时，气球又开始下降，他们把最后一袋压舱物和宣传册都抛下去，但是在2点15分时，气球又开始下降，他们感到有些害怕，这时已能看见法国海岸边的格里内和布朗内。看到稍远处的加来，他们顿时又有了信心和勇气。他们把吊舱中没用的东西都扔了下去。2点30分，气球下降得很快，他们把食物、桨叶、螺旋桨和舵都扔了下去。抛下这些东西之后，气球还是没有升起来，于是他们把装饰物也扔掉，还把随身携带的一瓶葡萄酒也扔了。

气球越来越抵近海面了，他们把锚扔下去，把身上穿的厚衣服、大衣、外套、裤子都脱下来扔掉，只穿着救生背心。此时他们已经飞过四分之三的航程，杰弗

热气球首次飞越加来海峡：

1785 年 1 月 7 日，布朗夏尔和杰弗里斯从多佛尔起飞，当日抵达加来市。

里斯甚至提议跳海做出自我牺牲，但布朗夏尔坚决不同意。就在这关键时刻，气球又升起来，海岸的风景逐渐展现开来，这时距离海岸还有四五海里。气球最后一次升空飞得很高，3 点钟，气球从格里内和布朗内之间飞越海岸，布朗夏尔扔下一包信件，这是第一批航空信件。

飞越海岸之后，风势依然很大，他们朝一座森林飞去。为了减轻吊舱落在树枝上的冲力，他们把救生背心、猪尿泡等物都抛下去，最后终于安全降落在距离加来城几法里远的吉纳森林里。附近的村民很快赶来，拿来衣服给他们穿上。第二天，加来市政府为他们举办了欢迎仪式，并授予布朗夏尔荣誉市民称号，还把气球购买下来，存入教堂里。吊舱如今依然收藏在加来博物馆里。

法国国王在凡尔赛宫接见了两位飞行员，布朗夏尔还获得 1.2 万古法郎（法国古代的记账货币，与现代法郎没有换算关系）的奖励和 1200 古法郎的年俸。为纪念这一重大事件，加来市于 1786 年在吉纳森林里竖立起一个纪念柱。

15

首次空难

从 1784 年中起，皮拉特·德·罗奇耶就一直想乘气球从法国飞到英国。他的梦想就是驾驶气球从巴黎起飞，最后抵达伦敦。他的计划得到卡洛纳大臣的支持，此外他还拿到一笔 4.2 万法郎的贷款。皮埃尔－昂热·罗曼发明了一种防水布，他又和罗曼展开合作，开始建造一个氢气球，氢气球下再挂一个圆筒形小热气球及一个吊舱，用于搭载乘客。

氢气球直径为 33.5 法尺，用涂着亚麻油的塔夫绸制作，三层橡胶薄膜粘在塔夫绸上，粘接物是用高黏度胶水、蜂蜜和油混合而成的，这是罗曼的秘方。氢气球外面还贴着假金箔，画着装饰画。不过氢气球的密封性确实很完美，充满氢气两个月过后，气球外表没有出现任何漏气痕迹。圆筒形小热气球高 25 法尺，用帆布制作，顶面用羚羊皮封口。

出发地点选在滨海布洛涅，皮拉特和罗曼在 1784 年 12 月就在那里安顿下来。皮拉特一直担心他的竞争对手布朗夏尔抢在他前面飞越海峡，为此，他还特意跑到英国去见布朗夏尔。此后不久，他获悉布朗夏尔成功飞越海峡的消息，这对他来说无异于一个重大打击。于是，他来到巴黎，试图说服卡洛纳大臣退出这一计划，大臣答应了他的要求，不过条件是要他自己去承担额外的费用。

背负着沉重债务的皮拉特骑虎难下，只好返回布洛涅。1785 年 1 月，他几次把氢气球充满了氢气，但都因天气原因未能起飞。到了 4 月，风向还是不利于飞行。此时，报界的批评声不绝于耳，而器材也出了一些问题，氢气球被老鼠啃噬，寒冷气候对气球造成损坏，而他们只是做了简单的修复。

1785 年 6 月 13 日，他们决定实施飞行计划，将氢气球充满氢气。15 日早晨，气球准备就绪。风向似乎也有利于飞行。7 点 7 分，气球升入天空，飞行员们好像把焦虑和不安丢到了脑后，而观看飞行的民众露出激动的神色，默默地看着气球飞走了。气球升空后，朝海面飞去，但仅仅飞了一法里远，气球又飞了回来。起飞 27 分钟之后，气球在维默勒上空盘旋，有人发现乘员在做紧急补救措施，要把煤气炉的火焰降下来。这时氢气球顶燃起大火，几秒钟之内，气球就瘪了，连带着吊舱和小热气球一起坠向地面。皮拉特当场摔死，罗曼还有一口气，但已说不出话来。两位飞行员被安葬在维米尔墓地里。

首次空中灾难：1785 年 6 月 15 日，皮拉特·德·罗奇耶和罗曼的热气球在维默勒上空起火坠落。

维米尔墓地里，皮拉特·德·罗奇耶和罗曼的墓冢。（绘于 1808 年的水粉画）

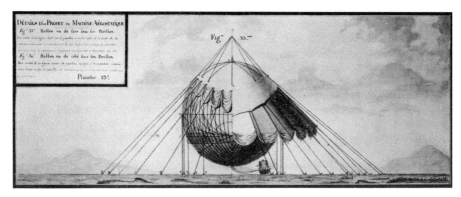

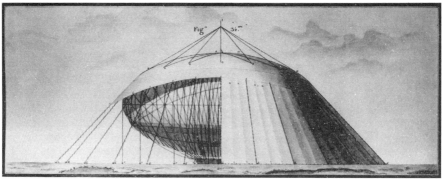

默尼耶的飞艇，置于飞艇库（中），正视图（上）及侧视图（下）。

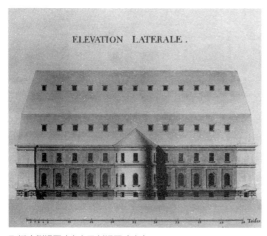

飞艇库侧视图（左）及剖视图（右）。

Planche 9

DÉTAILS D'UN PROJET DE MACHINE AÉROSTATIQUE.

Fig.e 27. Vue en long du Ballon et de la Gondole, pour montrer les haubans de Suspension, l'assemblage de Sangle qui sert de filet, les échelles de cordes, marche-pieds et filets de sûreté.

Echelle de   Mètres.

默尼耶的飞艇计划（1785 年），配螺旋桨、皮带网、气囊、风扇、停机装置。（水彩画，收藏于航空博物馆）

16
首批军用气球飞行员

　　吉东·德·莫尔沃是一位伟大的学者，在创建军用气球方面发挥过重要作用。在他的建议下，公共安全委员会于1793年6月决定为法国军队装备系留气球，用于高空侦察瞭望敌军的行动。为了在给气球充气时不使用硫酸，有关部门要求物理学家库泰勒研究出一种新工艺。从10月25日起，军方决定为北方军队制作一只气球，并把默登城堡当作试验基地和培养飞行员的学校。公民库泰勒、物理学家孔泰及洛蒙承担起全部试验活动和培训任务。

吉东·德·莫尔沃　　　　让－马利－约瑟夫·库泰勒　　　　尼古拉－雅克·孔泰
（1737—1816）　　　　　（1748—1835）　　　　　　（1755—1805）

　　1794年4月2日，第一个气球飞行连宣告成立，由库泰勒指挥。两个月过后，首个军用热气球在莫博热升空："无畏号"气球载着库泰勒和将军助理拉岱升入天空。后来所有投身于升空试验的军官都毫无保留地支持这种侦察瞭望的新方法。此外，由于新装备入列，法军的士气一下子受到鼓舞，而敌方阵营，尤其是奥地利军队对这种神奇的气球感到无所适从。借助于气球，法军的将军们准确地观察到敌军的行动部署，挫败了敌军的行动计划，并于6月25日发动攻击，迫使敌军缴械投降。第二天，法军又在弗勒里斯向科堡的军队发起进攻。"无畏号"一整天都悬浮在空中，库泰勒和莫尔洛将军把观察到的敌情用信号传达给了地面部队。

1795 年左右，默登城堡里制作军用热气球的长廊。

飞行员在制作热气球的橡胶薄膜。（孔泰绘制，现收藏于航空博物馆）

儒尔丹将军的亲笔信，信函笺头的
图像描绘着"无畏号"热气球升空
的场景。

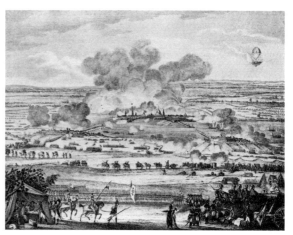

1796 年 8 月，曼图亚争夺战。
（意大利版画，画中展现了法国军用热气球）

飞行连跟随北方军征战于沙勒卢瓦、朱梅、弗勒里斯及朗博萨等地。7 月 5 日，在松布莱夫战役上，儒尔丹将军亲自登上气球观察敌军的部署。他对气球的军事作用给予很高的评价。随后，气球又出现在列日和布鲁塞尔的对敌作战上。就在飞行二连创立的同时，飞行大队也随之创建起来。1795 年飞行一连参加了围攻布特塞德、埃伦布赖特施泰因、波恩及科布伦茨的战役，而飞行二连则被派去增援皮舍格吕的部队。1796 年，飞行一连在维尔茨堡被俘，他们的气球如今还作为战利品收藏在维也纳军事博物馆里。飞行二连在德国各地参加了多场战役：气球在连续 3 个月内飞行 300 多千米，这表明气球的制作工艺已经十分完善，飞行员控制气球的能力也有显著提高。

由于作战形式出现了变化，远距离运输热气球已变得十分困难，1797 年，飞行大队大部分被解散。尽管如此，拿破仑还是把飞行一连派往埃及，但飞行器材却在半路被弄丢了。

17

首次利用降落伞着陆：雅克·加纳兰

在航空史和救援史上，安德烈－雅克·加纳兰是名副其实的降落伞创造者，也是从空中使用降落伞着陆的第一人。他于 1769 年出生于巴黎，亲眼目睹了夏尔和罗伯特兄弟的热气球升空试验，对热气球表现出浓厚的兴趣，靠自己的双手成功地制作出一只热气球，并独自一人驾驶热气球进行了升空试验，那一天是 1790 年 5 月 31 日。

1794 年，雅克·加纳兰作为军队特派员在执行任务时被俘，在狱中他常常想到降落伞，希望能用这个方法从监牢里逃出去。大家知道，达·芬奇是画出降落伞的第一人，弗斯托·韦兰奇奥在 1595 年也曾详细描绘出降落伞。布朗夏尔和约瑟夫·孟格菲在年轻的时候也曾研究过降落伞的构造和设计，约瑟夫还于 1783 年在阿维尼翁做过相应的试验；布朗夏尔则从热气球上把小动物们抛下去，进行着陆试验。所

利用降落伞着陆试验。

蒙梭公园的庆祝活动：1797 年 10 月 11 日，加纳兰的热气球升空表演。

有这些试验加纳兰都做过，直到确信没有问题时，他才亲自披挂上阵进行着陆试验。

1797 年 10 月 22 日，加纳兰乘气球在蒙梭公园升空，当气球升到 1000 米时，他勇敢地割断了与气球相连的降落伞绳索，尽管这顶降落伞极为简陋，而且刚刚制作好。降落过程还算顺利，由于降落伞中间没有设置透风孔，下降时出现了剧烈的晃动，后来他接受了天文学家拉朗德的建议，对降落伞做了改进。

加纳兰夫人也和丈夫一样，极为喜欢飞行，她曾多次和丈夫一起在法国北部乘热气球飞行，甚至一度想和丈夫一起飞越英吉利海峡。她是第一个驾驶热气球的女性，也是第一个用降落伞着陆的女性。她在法国、英国、德国和俄国等地进行过多次升空飞行。

另一位女性飞行员就是布朗夏尔夫人。在 1804 年嫁给布朗夏尔后不久，她就投身于驾驶气球进行升空飞行的活动。即使在 1809 年丈夫去世后，她仍然没有放弃飞行生涯，在法国、荷兰、比利时、德国和意大利等地进行飞行表演。从 1818 年开始，她为夜间飞行施放烟火，让飞行看起来更加壮丽。1819 年 7 月 6 日，因燃放烟花，她的热气球失火，她本人坠地身亡，死后被埋葬在拉雪兹神甫墓地。她的墓志铭是这样写的："为艺术和勇气而献身。"

让－皮埃尔·布朗夏尔（1753—1809）和布朗夏尔夫人（1778—1819），根据真人绘制的肖像画。

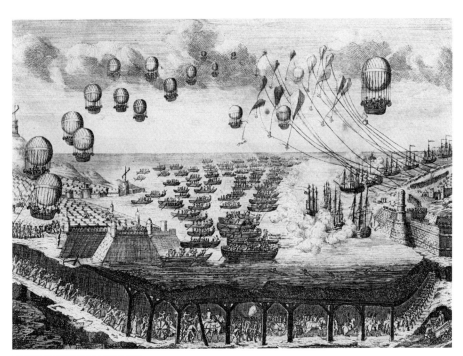

空降英国计划的漫画（1803 年）。

1803 年 10 月 7 日夜间，三位意大利飞行员从波伦亚乘热气球起飞后，坠入亚得里亚海，后被船员救起。

18

19 世纪初的航空技术：乔治·凯利

19 世纪初，在航空技术领域取得突出成绩的
当属乔治·凯利，他是名副其实的飞机发明者，
也是人类航空史上最伟大的天才之一。那时候，
英国在机械领域涌现出一大批优秀的发明家，
他们的发明影响了现代社会的走向，他们展现
出的智慧给后人留下深刻的印象，而凯利正是其
中的一个代表人物。

乔治·凯利（1773—1857），
飞机的发明者。

作为优秀的理论家，凯利善于在想象的空间
里做设计，他所描述的机器不但比例合适，而且
体积匀称合理，这正是伟大发明家最重要的素质。从 1796 年开始，他利用一架小
型弧形直升机来重复试验洛努瓦和比安弗尼所做的尝试。直到生命的最后一刻，
他仍然在设想飞机的动力装置。他在早期论著里就已明确阐述了"飞机的原理"，
相信人类飞上天空并非如大家所想象的那样，需要很大的动力，并明确表示要放
弃扑翼设计。他认为机械飞行的重点在于要"设定好机翼面，为它提供的动力足
以让它在气流中产生升力，并克服空气阻力"。

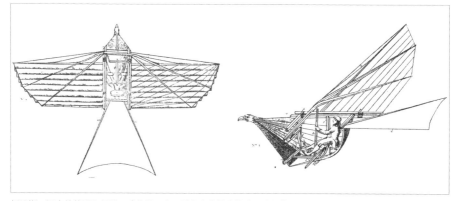

托马斯·沃克的扑翼飞行器。（收藏于大不列颠皇家航空协会图书馆）

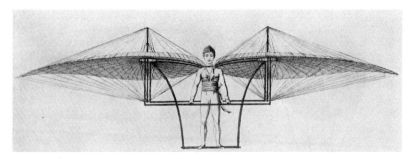

雅各布·德根设计的扑翼机，1806—1811 年在维也纳试飞，1812—1813 年在巴黎试飞。

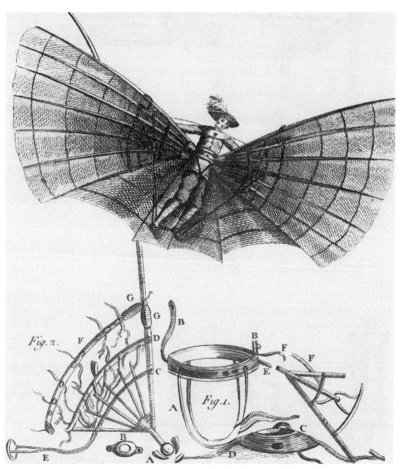

雷尼耶将军设计的扑翼机，1788 年制作完毕，并于 1801 年在法国昂古莱姆试飞。

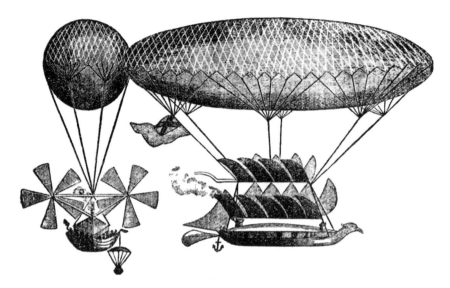

凯利设计的蒸汽动力飞艇，配备螺旋桨和机翼（1816—1837 年设计）。

他把表面各异的机翼固定在训马装置上，进行空气动力学试验，根据试验结果，找出最有利于升力的机翼角度。那时候他就认为，凹面比无弧度的平面更有利。此后，他明确指出机翼必须制成上反角状，以保持飞机侧滑时的稳定性。此外，飞机除了要配备方向舵之外，还要装备升降舵。

在推力方面，凯利设想利用扑翼的部分动力，或利用螺旋桨。一旦深入研究之后，他发现人力是远远不够的，因此建议使用蒸汽机，但要配备轻型蒸汽机锅炉，抑或用煤气发动机，或者活塞式发动机，当时法国已制作出这类发动机（发明家尼普瑟制作出以石松粉为燃料的内燃机，也试验过用柏油作为燃料的内燃机）。

尼普瑟设计的内燃机。早期内燃机的燃料是石松粉，这是尼普瑟申报专利时所绘的图纸。（收藏于法国工业产权署）

总之，凯利提前 100 多年就已经描绘出现代飞机的模样了。1810 年，他明确指出双翼

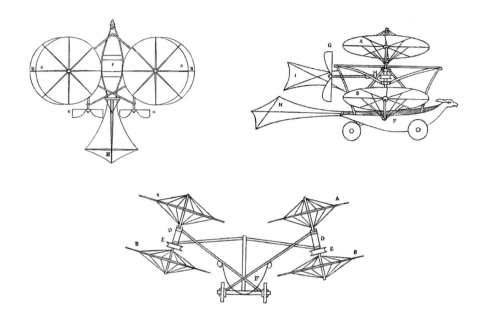

凯利设计的直升机（1843 年），摘自《机械杂志》。A 和 B：升力螺旋桨，飞行时，桨叶转为水平向；D：中轴；E：传动装置；F：机身；G：推进螺旋桨；H：升降舵和机尾；I：方向舵。

飞机固定翼表面制作起来要比单翼飞机更简单，也更结实。与此同时，他还进一步指出流线型机身在飞行时可以减少阻力。凯利很喜欢自己动手试验，早在 1809 年之前，他就制作过一架无动力滑翔机，分别进行了有人驾驶和无人驾驶试验。1843 年，凯利在《机械杂志》上撰文，介绍了一艘配备螺旋桨的飞艇，螺旋桨旋转后可让飞艇垂直起飞，接着再启动两个推进螺旋桨，螺旋桨的升力面转成水平状，形成类似飞机的机翼面。这艘飞艇还装备着一个起落架和升降舵及方向舵。

凯利善于兼收并蓄，对航空业的发展趋势认识得很清楚，他意识到大规模的飞行还是要靠飞艇来实现，为此他撰写出多篇有分量的论文。从 1816 年起，他就设想出一款长形飞艇，用机翼或螺旋桨做推进器。根据这一设想，在未来几十年当中，人们将会制作出硬式飞艇，飞艇内设隔离舱，每一舱内放置煤气包。他还研究制作出一艘小飞艇的木质骨架，以确保飞艇的强度。1857 年 12 月 15 日，这位伟大的航空业的先驱和天才设计家在布隆普顿去世，享年 84 岁，他把自己的毕生精力都奉献给了航空事业。

19

1818 年的军用航空技术

阿道夫·德·朗贝蒂伯爵（1789—1846）于1813年参军服役，后晋升为营长，他去世后留下一批颇有价值的文献，这些文献也是不久前才发现的。通过这些文献，我们看到一个营级军官极为关注军用航空技术的发展。这批文献当中有手稿和水彩画，朗贝蒂伯爵把一个个军用飞行器的设计都画在记事本上，最引入注目的飞行器就是一架"飞机"的设计图。这是为军队设计的飞行器，配备四只扑翼：前后各设一只飞行扑翼，以确保飞行器有足够多的升力；两侧各设一只导向扑翼，为飞行器提供推力、导向，并增大它的升力。所有乘员都去压一种类似杠杆式的装置，将其所做的功传给扑翼。

朗贝蒂伯爵设计出一款仅搭乘两名乘员的小飞行器，还设计出一款大飞行器，设9名机组人员，其中含一名指挥官和两名机械师，这两个人的作用相当于船上的水手。这只大飞行器的主架分为三层，中间一层为控制室，乘员负责控制扑翼，上面一层为瞭望哨，下面一层为机组人员轮换休息室。

朗贝蒂伯爵还设计了一架名副其实的直升机，配备一片连续运转的大桨叶，一个人在圆形机舱里凭借双把手来驱动大桨叶，圆形机舱上方设一小机舱，为大桨叶做主轴。直升机主架用柳条或轻木制作，外面蒙塔夫绸，并用绷绳拉住。直升机用绳索吊在大飞行器的下面，一个乘员可下落到直升机里操作。朗贝蒂伯爵甚至还为这支空军部队设计了军装。

1812 年，俄国人在莫斯科设计了一艘大飞艇，打算用来轰炸法军，但进入莫斯科的法国士兵把这艘飞艇给捣毁了。

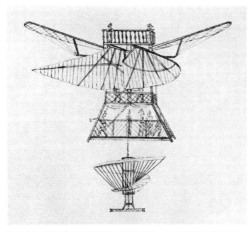

1818年，朗贝蒂伯爵设计的扑翼飞行器，用于高空瞭望侦察。（朗贝蒂伯爵绘制）

朗贝蒂伯爵设计的空军士官军服。

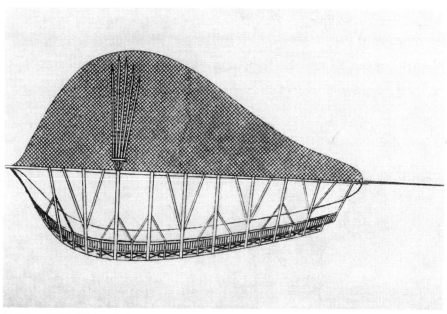

1812 年，俄国人建造的军用飞艇。

20

围困阿尔及尔时氢气球的作用

作为浮空器的专业制作者，让·马尔加自 1809 年起就开始制作橡胶薄膜气球，先在法国，后在其他国家进行过一系列升空表演。1829 年，他还特意为法国工兵团的官兵们演示了氢气球快速充气的方法。在法国政府决定向非洲派遣远征军时，他向政府提议让载人气球随军出征。陆军部接受了他的建议，并向他支付了一笔两万法郎的资金。

为把这批浮空器材运到非洲，马尔加吃尽了苦头，渡海途中，帆船四次险些倾覆，他所运输的器材给双桅船造成巨大损失：用于制作氢气的硫酸都装在大玻璃瓶子里，由于风高浪急，玻璃瓶被撞碎了，引起火灾，烧毁了船上装载的医疗器材，损失高达八万法郎。

1830 年 7 月 4 日，马尔加放出一只系留氢气球，以对帝王城堡进行高空侦察。当时的升空条件极为危险，炮弹爆炸后的弹片乱飞，给氢气球造成很大威胁，陆军部还特意发文，表彰马尔加的英勇行为。漫画家南特伊还从阿尔及尔发回一幅速写。

南特伊的漫画，画中有围困阿尔及尔时，马尔加的氢气球（远处）。

ARMÉE D'EXPÉDITION

D'AFRIQUE.

Etat-Major-Général.

EXTRAIT.

Je soussigné, Maréchal-de-Camp, Sous-Chef de l'Etat-Major-Général, certifie que M. MARGAT, Aéronaute attaché à l'expédition, a toujours montré beaucoup de zèle dans le service qui lui a été confié, et que le 4 de ce mois, lorsqu'il reçut l'ordre de se porter en avant pour faire une ascension devant le Château de l'Empereur, il s'avança malgré le feu de l'ennemi, et eut plusieurs des voitures portant ses appareils atteintes par les boulets.

A Alger, le 24 juillet 1830.

Signé Général Tholozé.

Vu par le Lieutenant-Général, Chef d'Etat-Major-Général de l'armée d'expédition d'Afrique.

Signé Desprez.

托洛兹将军为马尔加颁发的嘉奖信。

马尔加的气球组。

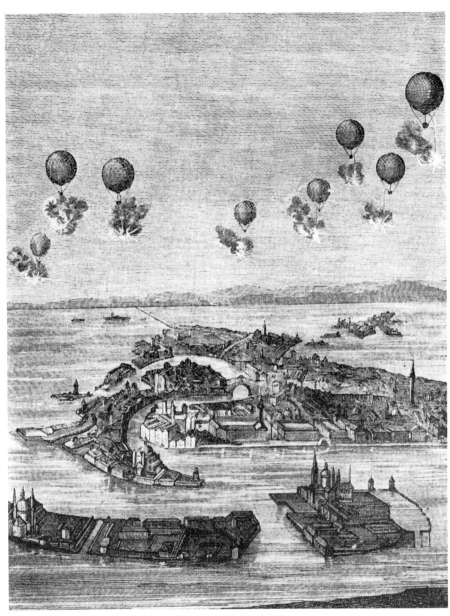

1849 年，在围困威尼斯时，奥地利人利用气球对地面实施轰炸的尝试。

其实早在 1815 年，在围困安特卫普时，卡尔诺就曾使用系留气球来侦察对方的军事部署。1848 年 3 月，奥地利人把米兰城围得水泄不通，他们利用气球向米兰人散发传单，这一方法后来在第一次世界大战中也得到广泛使用。

1849 年，在围困威尼斯时，奥地利人想出一个利用气球去轰炸敌方阵地的主意：每只气球挂上一枚炸弹，再根据风速估算出导火索的长度。但这一尝试遭到彻底失败，只有一枚炸弹落入敌方阵地，其余的炸弹因风向突变都被刮回到奥地利军队阵地上，把自己人给炸死了。

21

飞艇试验

1830 年至 1850 年，机械领域的发明创造层出不穷，其中包括很多新颖的飞艇设计。1835 年，斯特拉斯堡的一位神甫撰写了一篇论文，描述了多款螺旋桨硬式飞艇的设计思路。同一年，皮埃尔·费朗也推出一款螺旋桨飞艇：飞艇本身作为轴架挂着一只巨大的螺旋桨，桨叶连续不停地运转。这个设计思路很不实用，但后来许多人依然会想到这个设计。

1823 年至 1828 年，拿破仑三世在意大利进行过多次试验，试验是在他兄弟的协助下完成的，值得关注。他们要测试螺旋桨的牵引力，先把滑架放在一根拉直的绳索上，接着把推进器固定在一只气球上，让螺旋桨去牵引滑架，然后查验气球的移动状态。

1832 年，勒诺克斯伯爵在蒙马特高地也进行了一次飞艇升空试验，飞艇配备桨叶，据说他们成功地从空中给旺多姆圆柱扔下了一只花环。后来他们还制作了一艘 2800 立方米的飞艇，飞艇还配备着轮子，可运载 17 名乘员。1834 年 8 月 17 日，这艘飞艇挣脱罩网飞走了，艇身也被撕破了。1839 年，厄勒里奥在巴黎战神广场也进行了一次飞艇升空试验，飞艇形状不对称，前大后小，这个形状的设计极为合理，但完全靠人力来控制方向是无法成功的。

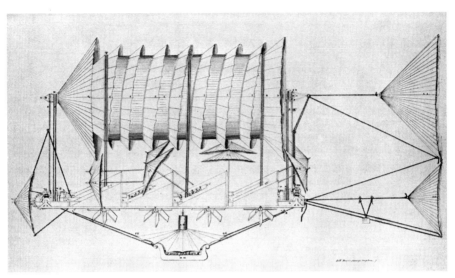

皮埃尔·费朗设计的螺旋桨飞艇。

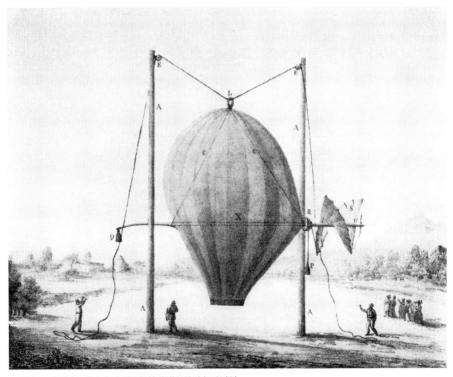

1828 年，拿破仑三世在意大利用螺旋桨进行拉动气球试验。

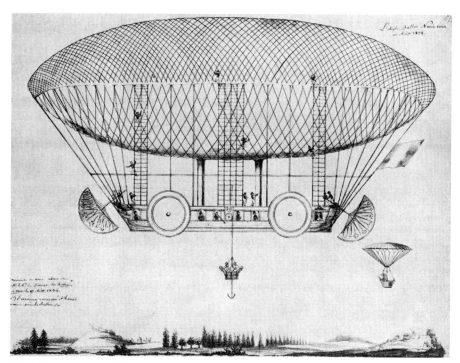

勒诺克斯于 1834 年制作的飞艇。

厄勒里奥在战神广场升空飞行表演的海报（1839 年 10 月）。

22

其他国家的升空实践

在 19 世纪初，热气球并未在欧洲的地界里故步自封，就在热气球问世的初期，法国国王路易十六就向中国皇帝赠送了 12 只小气球和充气用的材料，而法国航海家拉彼鲁兹则在智利进行了一系列热气球升空表演。克拉克在其《发现之旅》一书中描述了在北极圈内放飞第一只热气球的场景。罗伯森是在丹麦和瑞典乘热气球飞上天的第一人，他的两个儿子则把空中飞行推向了遥远的国度。

1825 年至 1836 年，欧仁·罗伯森从纽约起飞，一直飞到新奥尔良，在美国完成了几次升空旅行。他 1828 年在哈瓦那、1835 年在墨西哥城和韦拉克鲁斯进行了飞行表演，让那里的人们认识了热气球。1836 年，他兄弟迪米特里去了印度，分别在加尔各答和勒克瑙进行了飞行表演。

1816 年，在北极圈内放飞第一只气球。

1828 年 10 月 10 日，欧仁·罗伯森在纽约附近的城堡花园升空飞行。

23

查理·格林

查理·格林无疑是那个时代最出色的飞行员。1821 年，格林开始投身于热气球飞行，从第一次升空飞行开始，他就致力于钻研新的发明，这一发明意义十分重大：他使用照明用煤气为热气球充气，这是一个突破性的设想。当时英国各地均已能生产煤气，并开始广泛使用煤气来照明。

格林具有优秀飞行员所具备的素质——沉着冷静、机智果敢。此外，他还是一个出色的能工巧匠。1821 年至 1852 年，他驾驶热气球升空 504 次，安全地运载几千人次做飞行旅行。1836 年，在他的倡议下，热气球比赛成为一项体育运动，这对推动英国热气球的发展起到了至关重要的作用。

查理·格林（1785—1870），这位飞行员最古老的照片，在《画报》上首次发表。

1836 年，格林用红黄绸布制作了一只巨大的热气球，其体积达 2500 立方米。热气球投入使用后先后进行了几百次升空飞行，服务了将近 40 年。同一年 11 月 7 日晚上，在两位乘员的陪伴下，格林从伦敦的沃克斯豪尔起飞，飞越英吉利海峡，再飞越法国北部、比利时、德国等地，经过 18 个小时的飞行之后，降落在拿骚的威堡附近。后来，这只当时飞过最远距离的热气球被命名为"拿骚号"。

1837 年 7 月 24 日，格林同意搭载倒锥形降落伞的发明人罗伯特·考克应。降落伞挂在"拿骚号"热气球的下方，在飞越一段距离之后，格林割断了系在热气球下方的绳索。降落伞的设计没有问题，但制作得很差，在下降过程中，

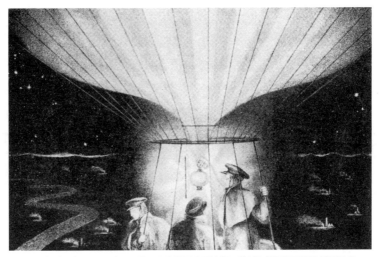

气球首次长途飞行：1836年11月7日夜间至8日凌晨，格林和另两位乘员飞越默兹省。

罗伯特·考克应的倒锥形降落伞事故
（1837年7月24日）。

查理·格林的飞越大西洋计划，气球装
备推进螺旋桨和浮动平衡器（1840年）。

降落伞没有展开，罗伯特被摔死了。由于卸掉了降落伞这个压舱物，热气球飞到了创纪录的高度。

格林是第一个正常使用气球调节索的飞行员，他曾计划驾驶一只热气球飞越大西洋，为保持飞行高度，他特意为热气球设计了浮动绳索和变向螺旋桨。

1853年，格林再一次飞越英吉利海峡，此时他已经68岁了，他的勇气和能力令人佩服。格林的许多飞行都是为了科学考察。1870年，格林在伦敦去世，享年84岁。

24

迪布伊-德尔库

航空业界另一个有意思的人物是朱勒－弗朗索瓦·迪布伊－德尔库，他本人是飞行员，又是航空史学家。由于从小就对航空很感兴趣，每逢有飞行试验，他都会赶过去观看，不仅目睹了著名的飞行成就，还看到几起重大的飞行事故。和投身于航空事业的许多人物都有联系，他便设想要把所有和航空有关的文献、版画、广告招贴画及实物都收集起来。

迪布伊－德尔库（1802—1864），纳达尔摄。

1824年，他开始驾驶气球飞上蓝天，在很长一段时间里一直热衷于飞行。1836年，他向法国科学院提交了一项用铜片制作系留气球的计划，气球顶部设一尖头，利用其导电特性，防止空中形成冰雹。不久之后，他又根据这一设想，打算制作出一个能自由飞翔的铜制气球。恰好在这时，他找到一个名叫马雷－蒙热的合作伙伴，此人是资金借贷者，由此迪布伊－德尔库还真把这只金属气球给制造出来了。1844年的《画报》对此做了如下描述："这只气球是用铜箔制作的，铜箔厚度仅为0.8毫米，一条条铜箔带用里什蒙伯爵发明的工艺焊接起来（用氢煤气火焰将铜箔带接缝熔化焊在一起）。整个铜气球的焊缝长达1500米。气球直径为10米，重约400千克。"这只金属气球的体积为530立方米，金属壳的重量为310千克。

制作的时候要先搭建一个球形模子，待气球焊接好之后，再把球形模子撤掉。撤模子时，要连续不断地向球体内充气，这个过程要持续好几个月。最后再从球体顶部充入氢气，将球内的其他气体从底部压出去。

迪布伊－德尔库和马雷－蒙热的铜箔气球（1844年）。

就在接近成功之际，马雷－蒙热却对这项计划失去了信心，中途退出，迪布伊－德尔库只好用自己有限的资金做最后的搏击。1844年8月，为了节省资金，他把充好气的气球放在一辆平板车上，运到别人借给他的一间铸造厂里，运输的路程要穿过整个巴黎城。但他最终还是资不抵债，不得不放弃这项宏伟的计划，把第一只金属气球的外壳投入铸铜炉里。

比利时的凡赫克一直在研究螺旋桨的升力作用，迪布伊－德尔库也投身于这项研究的试验当中。1849年，他和雷尼耶先生合作，在巴黎卢森堡公园的大温室里展出一艘飞艇的模型。这艘长形气球飞艇配一支撑梁，前面设一螺旋桨，中间设一升降舵，后面设一方向舵。发动机则选用简谐运动系统做驱动。

1852年，迪布伊－德尔库创建了世界上第一家航空学会，即后来的法国航空学会。航空学会组织各类比赛及技术交流活动，尤其是研究空气阻力的测量方法、螺旋桨的设计方案、热气球的防水织物、热气球的机械升降装置等。1864年4月2日，迪布伊－德尔库在贫困中去世，他的藏品被多名收藏家及航空博物馆收藏。

25

螺旋桨与气球

在航空业尚未采用发动机做动力之前，有几项成就还是很有意思的，其中就有用螺旋桨做驱动的试验，虽然那时候航海业对使用螺旋桨依然犹豫不决，但航空业已决意采纳这一技术。

1840 年前后，格林做了一只小气球，用螺旋桨推进，并在多个场合演示这一成果。1843 年，和格林一起乘"拿骚号"气球进行长途飞行的蒙克－马松在伦敦展示了一艘飞艇模型：这只长形气球配备一只舵和大螺旋桨，螺旋桨靠一套简谐运动系统来驱动。受这一设计的启发，帕特里奇也设计出一艘飞艇，用螺旋桨和离心风扇推进，飞艇中央装一横梁，以确保飞艇内部的强度。

1848 年，休·贝尔申报了一项专利，详细描述了自己的发明，即一个飞行器——一艘飞艇。飞艇的外观很像帕特里奇的设计，飞艇还配备一只小气囊，一个帆布带子网在罩住飞艇之后，把吊篮悬在飞艇下方，吊篮配两只侧翼螺旋桨和一只舵，飞艇整体设计得非常匀称。此后，贝尔制作了一艘飞艇，并于 1850 年进行了两次升空试验。这是在英国最早升空的飞艇，但这艘飞艇没有动力，无法控制方向，长形气球体积达 500 立方米。

1847 年，凡赫克和迪布伊－德尔库合作在布鲁塞尔进行了一次升空试验。这次采用了一个全新的设计，他们用压舱式螺旋桨，也就是说，螺旋桨为立轴设置，这样在不抛弃压舱物或不使用煤气的情况下，也能确保气球升空。此外，立轴螺旋桨还可借助风势来调整航向。

蒙克－马松的螺旋桨飞艇模型（1845年）。

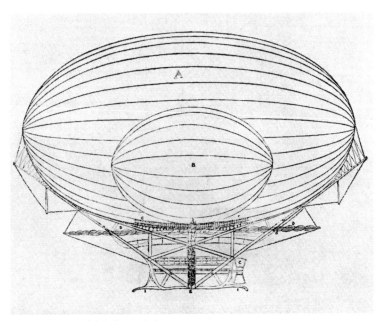

帕特里奇的飞艇设计方案（1843年）。

贝尔设计的飞艇从沃克斯豪尔起飞（1850年）。

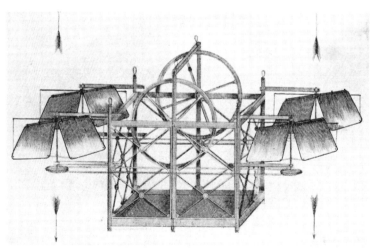

凡赫克设计的带升降螺旋桨的吊舱（1847年）。

26

首次飞越阿尔卑斯山

在法国国王路易－菲利普王朝时代，热气球的发展由升空试验转入飞行表演形式。但使用热源加热升空的气球有很大的危险性，有时候为避免出现火灾采取了相应的措施，但这些措施又会增大热气球骤然升空的危险，而且难以控制其着陆。1843 年至 1845 年，就出现了好几起重大的飞行事故。

那个时代最伟大的飞行员之一是里昂人弗朗西斯克·阿尔班，他在法国、意大利、奥地利和西班牙进行过多次升空飞行，每一次飞行都非常完美。1849 年，他从马赛起飞，驾驶热气球飞越阿尔卑斯山，成为飞越这座欧洲著名山峰的第一人。后来，他详细描述了这次难忘的飞行经历：

"9 月 2 日星期日，傍晚 6 点半，我从花堡起飞，8 点左右时飞越艾斯特雷尔森林。在将近两个小时的飞行中，我一直被包裹在厚厚的云团里，天气很冷，皮大衣都遮挡不住寒冷，但我还是决意继续往前飞。皓月当空，月光洒在我身上，如同白昼一样。我飞到阿尔卑斯山脚下，皑皑的白雪、湍急的瀑布、明亮的小溪都看得很清楚，峡谷和岩石形成一条条巨大的黑影……

"夜里 11 点，我飞临阿尔卑斯山顶峰，远方一览无余，我的飞行也变得非常平稳，这时我的高度应该在海拔 4600

弗朗西斯克·阿尔班（1815—1849）

科马斯基驾驶热气球在君士坦丁堡升入天空。（平版印刷画，在土耳其发表）

米。我要继续往前飞，一直飞到意大利皮埃蒙特，但我脚下却笼罩着一片混沌，在这样的条件下是无法降落的。吃过晚饭之后，我把一只空酒瓶扔下去，如果将来哪位勇敢的登山者来爬这座山峰，这件遗留物会告诉他，此前已经有人来过此地。凌晨 1 点时，我飞越维佐峰，勃朗峰就在我的左侧，几乎和我处于同一高度，这座山峰宛如一块巨大的水晶石，闪着一道道亮光……"

此后，阿尔班又进行了一次飞行，但这次飞行却是致命的。1849 年 10 月 7 日，这位伟大的飞行员从巴塞罗那起飞后，消失在地中海上空。直到 1924 年，另一位法国飞行员勒内·拉图才再次完成飞越阿尔卑斯山的壮举。

1851 年，《画报》发表了迪布伊－德尔库的一篇文章，并刊载了一幅图版。这篇文章概述了解决飞行问题的若干个方案，其中有些方案仅仅是设想，有些则已进入实施阶段。在这些方案当中，有斯科特男爵的鲸鱼形热气球，有保利的飞艇，还有吉耶的气球滑翔机，但是所有这些方案都没有配备发动机。1852 年，吉法尔推出机械发动机，并成功地完成了试验。从此，无动力飞行器开始走向衰落。

1843 年，一个名叫盖然的小孩被气球带入空中。

1844 年，在蒙梭公园试飞时，基尔施的气球发生事故。

在发动机问世之前，飞行器的驱动方案。

第 二 章

飞 行 器

本章所介绍的这段时期比较短，在这一时段里，航空业主要还是侧重于研究与试验。从这时起，蒸汽机开始应用于飞行器，随着活塞式发动机的问世，这一阶段也就宣告结束了。

因此，1843 年至 1900 年这一时段并不是人们从主观上选定的。实际上，1843 年是航空业具有里程碑式意义的一年，W.S. 亨森把第一个完整的飞机计划公布出来，这是一个富有开拓性的设计方案。第二年，航空业首次采用了机械发动机：勒贝里耶将小型蒸汽机安装在了他设计的飞艇上。同一年，亨森和斯特林费罗将蒸汽机安装在一架大型飞机上。四年过后，斯特林费罗首次让用蒸汽机驱动螺旋桨的飞机升入高空。

在 19 世纪下半叶，航空业一直在试验新的驱动方式，而且取得了极为重要的成果：1852 年，吉法尔用他的大型飞艇演示了新的推进技术；1884 年，勒纳尔和克雷布斯操控"法兰西号"飞艇，在进行环绕飞行之后，再返回到出发点；1890 年，克莱芒·阿代尔展示了蒸汽驱动飞机起飞的可能性；1891 年至 1896 年，奥托·李林塔尔展示了飞行器的转向装置，这些飞行器比空气重，却依然保持了良好的稳定性。

在操控气球飞行方向这一领域，人们进行过大量的试验和尝试。继朱利安的多次试验之后，亨利·吉法尔制作的飞行器不但获得成功，而且积累了经验，这是一个历史性的事件，因为这是人类首次将蒸汽机用于航空领域。然而，在随后的 30 年里，竟然没有一个试验者敢于再次尝试把机械发动机装到飞行器上，只有亨莱茵用燃气机进行了一次尝试，直到 1883 年，蒂桑迪耶兄弟才研制出用电发动机驱动的飞行器。

勒纳尔和克雷布斯的成功不仅仅取决于良好的技术设计，还取决于优秀的试验方法。他们为航空动力所提供的首套方案极为可靠，这套方案经过多次试验，没有出现过一例失败。

沃尔弗特虽然遭遇了失败，但他仍然是采用活塞式发动机最勇敢的开拓者，1896 年，他把活塞式发动机安装在了飞艇下方。一年过后，施瓦茨推出金属硬式飞艇，展示出飞行器的未来趋势，但这一工艺并没有持续发展下去。此后不久，桑托斯－迪蒙和齐柏林伯爵开始采取截然不同的工艺，他们经过反复试验，最终推出两款现代飞艇，既柔软又有刚性。

在这半个世纪当中，航空技术越来越受到人们的重视，研究人员和公众极为关注比空气重的飞行器问题。当时的发动机技术尚无法解决这个问题，尽管如此，我们在这一章里还是能看到航空业在发动机技术方面做了许多设计和试验。有些先驱者的设计和研究还是十分精准、无懈可击的，其中有迪唐普勒、佩诺、克雷布斯、朗格雷、哈格雷夫等人的设计。

与此同时，1890 年至 1891 年，有两个人也拿出了试验成果，虽然方法不同，但他们同样在航空史上占有一席之地。克莱芒·阿代尔制作出一架完整的飞行器，飞行器用发动机驱动。他驾驶飞行器，克服地心引力，在距离地面 50 米的高度飞行了一段距离。奥托·李林塔尔则认为，人首先应该学会像鸟儿那样飞翔。他成功地做了两千多次滑翔试验，滑翔高度甚至能达到几百米，他的滑翔表演及航空技术传播为后来的沙尼特和莱特兄弟奠定了良好的基础，现代航空业由此而生。

01

亨森的飞机

1843 年 4 月 8 日出版的《画报》第六期用了很大篇幅报道了亨森的蒸汽动力飞机，这项发明刚刚在英国申报了专利。这台蒸汽动力飞机的造型给人留下了深刻印象，公众隐约意识到，这一设计思路合情合理，是航空业的未来发展方向。

1842 年 9 月 29 日，威廉·亨森为自己的发明申请了专利，这是航空史上具有里程碑意义的重要事件，因为这是人类首次对机械型飞机做出详细的描绘。大家相信，这架刚刚研制出的飞机具备足够大的动力，完全可以飞上蓝天。无论是从整体上看，还是从细节着眼，这项设计都比 1907 年至 1910 年所设计的飞机要好很多。

根据专利的描述，这架飞机的主要装置及其特征有：带三根纵梁的机翼，机翼边缘设计成迎角，配普通型和加强型翼肋，机翼外形弯曲，双面蒙布，设翼梁、拉紧螺杆和缆绳，以加强飞机的整体结构；纵梁采用挖空的木质结构；推进式螺旋桨；可控制的方向舵和升降舵；弹簧式起落架；呈封闭状的蒙布座舱。整架飞机各个部分的比例设计得很协调。亨森最后描述了飞机所采用的轻型蒸汽机——

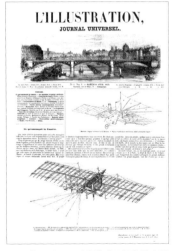

1843 年 4 月 8 日出版的《画报》第六期首页。

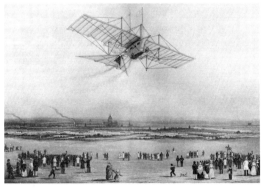

亨森的"阿里埃尔号"飞机，英国版画，发表于 1843 年。

亨森的飞机，根据 1843 年 4 月 8 日《画报》所刊载的插图绘制。

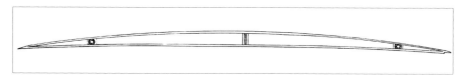

亨森设计的飞机翼肋以及翼梁剖面图。

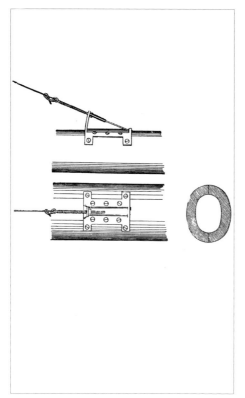

亨森设计的飞机翼梁用挖空的木头制作（正视图、俯视图和剖面图），拉紧螺杆及螺母。

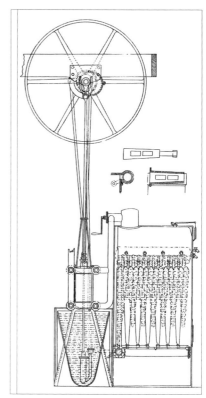

亨森设计的飞机所采用的蒸汽机，根据英国专利书绘制。

这是第一台航空发动机，还详细描述了所配备的锥形沸腾器锅炉，它可以提供 20 马力的动力。

1842 年，亨森设计出两款简谐运动系统驱动的飞机，两年后，他和斯特林费罗合作制作出专利书中所描绘的飞机。1847 年，他在查德（萨默赛特）附近进行了试飞，但没有成功，这架原型机收藏于伦敦科技博物馆。

02

约翰·斯特林费罗的杰作

作为亨森的合作者，约翰·斯特林费罗是查德（萨默塞特）地区的工业家，他不但勇于创新，还是一个能工巧匠，是让机械动力飞机飞上蓝天的第一人。他所制作的首架由机器驱动的飞机是一架单翼飞机，翼展 3.04 米，长约 1.67 米，垂直尾翼高 1.06 米，机翼面积为 1.3 平方米，用小型蒸汽机做动力，蒸汽机配多组沸腾器锅炉。机翼外表呈曲面，前缘做迎角设计，后缘做挠性设计。斯特林费罗把凯利和沃克的原理应用于这架飞机的设计上，这也许是他成功的因素之一。飞机从 1846 年开始制作，直至 1848 年才制作完毕，原型机收藏于伦敦科技博物馆。

1848 年初，斯特林费罗对这架单翼机进行了试飞：飞机挂在一架滑车上，滑车在铁丝上飞快滑动，待达到一定速度时，飞机自动释放出去。首次试飞时，飞机垂直尾翼的角度开得太大，飞机突然升起，紧接着便呈典型的失速状掉下来。飞机修复好之后，又进行了第二次试验。这一次试验的条件要好很多，飞机缓慢起飞后，向前飞了一段距离，落在一张铺开的帆布上。斯特林费罗后来又进行了多次试验，飞机最远能够飞 40 多米，他对试验结果感到满意，但感觉很难以此为

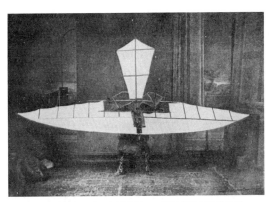

世界第一台由机器驱动飞行的飞机——斯特林费罗的单翼机。

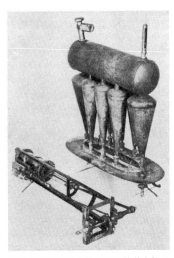

斯特林费罗的单翼机所采用的蒸汽机及锅炉。

斯特林费罗设计的蒸汽驱动三翼飞机，拍摄于 1868 年。

模型制作出大型飞机，这个项目被搁置了 20 年。

1868 年，在大不列颠航空协会举办的飞机设计竞赛上，斯特林费罗推出了一款更完美的飞机——一架三翼飞机，机翼面积达到 2.6 平方米，飞机不含尾翼的重量为 16 千克。两只螺旋桨为飞机提供推力，一台小型蒸汽机驱动螺旋桨。在这次设计竞赛上，他还推出一台轻型蒸汽机，这台蒸汽机设计得非常完美，因此获得了航空协会颁发的 100 英镑奖金。

03

钟表匠朱利安

皮埃尔·朱利安原本是一个工人，后来做了钟表匠，但他确实很有天赋，一直对航空很感兴趣。在反复的试验中，他善于动脑筋，仔细琢磨，把自己的创造性和天赋发挥到极致，他也因此成为航空业的开拓者之一。

朱利安从 1845 年起开始研究飞机的推进系统，把研究重点放在螺旋桨上：他首先测试滑车在铁丝上的滑动速度，滑车是靠不同形态的螺旋桨推进，而螺旋桨本身则由一套简谐运动系统驱动；接着，他又研究飞艇的形态，并从水中游动的鱼身上获得灵感，开始测试各种木质流线型飞艇的入水速度及其在水中的形态，这一方法是十分科学的；后来，他又试验把螺旋桨装在鱼形飞艇上，看哪一种螺

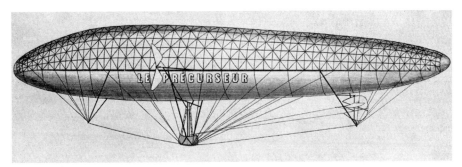

皮埃尔·朱利安的"先驱号"飞艇，1852 年设计制作。

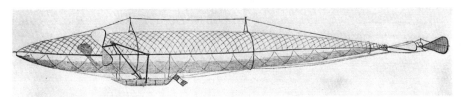

朱利安设计的推进系统，1852 年 11 月 10 日在跑马场试飞。

旋桨更合适。推力试验成功了，但飞艇俯仰得很厉害，这时他突然萌生一个想法：要在飞艇尾部装一个水平尾翼，这个尾翼亦可当作升降舵用，他是提出这个设想的第一人。

　　1850 年 11 月 6 日至 10 日，朱利安在跑马场试飞了一艘新飞艇。1850 年 11 月 16 日，《画报》报道了试飞过程，并对飞艇做了详细的描述："这艘小飞艇长 7 米，配备着一套很简单的机械系统。在室内训马场里，小飞艇飞起来没有任何问题，因为室内没有风，但来到室外跑马场上时，我们看到试验结果感到格外吃惊：当时正刮西南风，而小飞艇则逆风飞行，接着又让小飞艇朝各个不同方向飞。整个试验非常成功。"这艘飞艇体积为 1.2 立方米，总重仅 1160 克，由两只螺旋桨推进，一套简谐运动系统驱动螺旋桨。

　　跑马场的老板阿尔诺给予朱利安很大的鼓励，和他一起申请了专利，并出资帮助他制作了一艘更大的飞艇（15 米长），新飞艇在 1851 年的试飞同样获得了成功。

　　1852 年，朱利安在马波夫街展示了一艘按照实际飞行尺寸制作的飞艇，并将其命名为"先驱号"。飞艇长 50 米，宽 11 米，直径 8 米，配备两只螺旋桨，飞艇外形呈不对称设计，从空气动力学角度看，设计完美无缺。一个巨大的帆布带网托着吊舱，将螺旋桨设在靠近阻抗中心处，尾翼当作方向舵和升降舵使用，其位置与现代飞艇所设尾翼位置几乎完全一样。仔细审视"先驱号"的设计图，就会发现朱利安的发明具有很高的价值，飞艇于1852年11月被运往帕西煤气厂充气，但遗憾的是，这艘飞艇没有试飞。

1858年，朱利安试飞一架小飞机，飞机长1米，仅重36克，由两只螺旋桨推进，而发动机就是一根皮筋，皮筋缠起来，绷在两根圆锥体上。在短短5秒钟之内，这架小飞机就飞行了12米。

1865年前后，朱利安开始研究轻型电发动机，制作出用电池发动机驱动的小飞机，为这架仅重37.5克的飞机提供1马力的动力。遗憾的是，有关这架飞机的文件没有存留于世。

04
跑马场的升空试验

在1850年和1851年，法国人再次掀起乘气球升空的高潮，各大报纸连篇累牍地报道气球飞行表演，抑或描述下一步的飞艇计划。这股热潮和巴黎跑马场的老板有关，老板名叫阿尔诺，是一个狂热的航空迷，当时跑马场坐落在星型广场附近，即现今维克多·雨果大道旁。

每周四和周日，阿尔诺都在跑马场组织气球升空表演，同时为配合气球升空，还安排一些杂要节目：在气球上挂一架梯子，让人登在梯子上升空；让芭蕾舞女演员驾云腾空而起，云彩是用纸壳做的背景；还让观众做跳伞运动。他还让一个名叫普瓦特万的飞行员骑着马，随着气球一起升空。

普瓦特万在妻子的陪伴下，驾驶由两匹马拉的敞篷四轮马车，或者率领由三匹马组成的马队，让一只巨大的气球把马车或马队吊起来，升入空中。有一次，他甚至骑着一只鸵鸟升空，但鸵鸟拼命挣扎，吓得他赶紧让气球返回。令人感到奇怪而又欣慰的是，他们的表演从未出现过任何事故。

1850 年在巴黎战神广场，飞行员普瓦特万骑着马升空表演。（版画，刊载于《画报》上）

05

巴拉尔和皮克休的升空科学试验

　　1850 年，两次升空科学试验引起极大反响，同时也向公众表明，除了应用于娱乐之外，热气球还承担着一个重要使命，即使在今天，这一使命仍没有得到足够的重视。在法国科学院及法兰西学院的赞同及协助下，科学家巴拉尔和皮克休乘气球进行了两次科研飞行，但此前他们俩都没有乘过气球。尽管如此，6 月 29 日，风雨交加，他们驾驶一只糟糕透顶的气球升入了天空。

　　在穿越厚厚的云层之后，两位飞行员看到了灿烂的阳光。他们忙着操控各种实验设备，其中有温度计、偏振仪、大气采样球，待发现膨胀开的气球涌入吊舱时，已经太迟了，他们用刀子割破气球，气球在 7 分钟之内一下子就从 6000 米高空急速下降，他们只好把携带的各种设备抛下去，最终有惊无险地落入一片葡萄园里。

　　7 月 27 日，他们再次勇敢地飞入天空，而且又是刻意选择了风雨交加的时候。气球升入 7049 米的高空，气温也降至零下 39 摄氏度，而在 6000 米高度时，气温还在 9.5 摄氏度呢。降落至 4000 米时，他们飞越一个凝聚着小冰珠的云层，还观察到极为罕见的阳光折射现象。

1850 年 6 月 29 日，巴拉尔和皮克休驾驶气球进行科学试验。
（版画，刊载于《画报》上）

亨利·吉法尔首创的蒸汽动力飞艇

　　亨利·吉法尔是为法国机械业赢得荣誉的重要人物之一，他是天才的发明家，出色的技师，勇敢的试验家，他发明的火车机头引燃喷射技术为法国铁路的发展留下永久的回忆，这一技术目前仍以他的名字命名。1844 年，他为勒贝里耶博士做助手，设计制作第一艘蒸汽动力飞艇。

　　1852 年，在戴维和夏玛的协助下，吉法尔制作出一艘体积为 2500 立方米的飞艇。这艘梭形飞艇长 44 米，直径为 12 米，一只巨大的帆布带网罩在飞艇上，帆布带网端头系着一根 20 米的长杆，长杆用来保持飞艇的形态，同时又当舵使用。飞艇下方挂一只吊舱，吊舱里装备着一台蒸汽机。蒸汽机配备一台立式锅炉，内设无管炉胆，燃烧生成的煤气经炉壳随蒸汽一起从烟道排出，烟道口设在吊舱下方。一个立式气缸以每分钟 110 转的速度驱动一只三叶螺旋桨，每只叶片的直径为 3.4 米。蒸汽机能产生 3 马力的动能，但它本身仅重 150 千克，起飞时携带 60 千克的水和煤炭。

亨利·吉法尔（1825—1882）的肖像，版画创作于 1863 年，由德沃绘制。

亨利·吉法尔的第一艘蒸汽动力飞艇模型（收藏于航空博物馆），正视图。

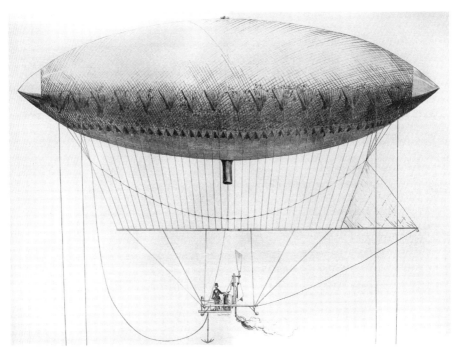

亨利·吉法尔的第一艘蒸汽动力飞艇试飞广告（1852 年 9 月 24 日）。

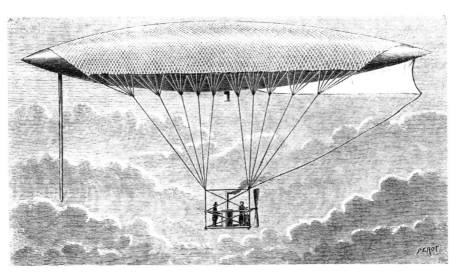

亨利·吉法尔的第二艘蒸汽动力飞艇，1855 年试飞。

这艘蒸汽动力飞艇仅试飞过一次，于 1852 年 9 月 24 日在跑马场进行。作为第一个驾驶蒸汽动力飞艇的飞行员，吉法尔后来仅仅做了一个简单的描述："9 月 24 日下午 5 点 45 分，我独自一人驾驶飞艇从跑马场起飞，风势较猛，但我不必考虑与风势搏斗，因为蒸汽机有足够的动力去克服风阻——此前已经过仔细的计算和验证。我成功地控制飞艇做了圆弧运动和侧转。驾驶飞艇时能明显感到舵在起作用，我只轻轻地拉了一下控制舵的缆绳，马上就见地平线在我周围旋转起来……"另一位目击者卡塞先生也确认亲眼看到飞艇在空中画了一个圆弧。

待飞艇升到 1800 米时，吉法尔熄灭了锅炉，排放掉蒸汽，在黄昏时分安全地降落在埃朗古尔。

1855 年 8 月，吉法尔驾驶另一艘蒸汽动力飞艇从库塞尔煤气厂起飞，这艘飞艇长 70 米，直径为 10 米，体积达 3000 立方米。飞艇升入天空后剧烈摇晃起来，飞艇上罩的帆布带网也在滑动，于是吉法尔紧急操控飞艇下降，就在吉法尔和同伴、年轻的飞行员加布里埃尔·约恩落地的瞬间，飞艇和帆布带网完全脱离开来，折成两半，落在倾覆的锅炉旁。这次试验过程太短暂，没有获得任何有益的成果。

1851 年，吉法尔申报了一项专利，在专利书中，他提出航空动力的问题，并拿出了解决方案。1855 年，他又申报了第二项专利，专利描述了一艘 22 万立方米的飞艇，配备的蒸汽机可提供 80 马力的动能。飞艇腹部具有伸缩性，可以防止飞艇变形，这一设想直到很久之后才被人重新发掘利用。

07

不同的飞艇方案

在 19 世纪 50 年代航空业大发展时期，涌现出许多飞艇设计方案，有些方案所采用的装置后来也被现代飞艇所采纳。最著名的设计就是佩坦的方案，他的飞艇完全建造好之后，却没有进行飞行试验。飞艇由四只巨大的气球组成，气球外面包裹着可倾斜的曲面，悬挂一吊舱，吊舱内有一台蒸汽机和一台绞车，来驱动螺旋桨。

1850 年，佩坦的航空船设计方案。（版画，刊载于《画报》上）

普罗斯珀·梅勒设计出的飞艇是一艘名副其实的硬式飞艇，飞艇完全用铁皮制作，或者把帆布绷在飞艇的骨架上。螺旋桨的位置、飞艇的比例都与齐柏林飞艇极为相似。此后不久，卡里耶神甫也推出一个硬式飞艇方案，飞艇用铜皮制作，铜皮蒙在飞艇骨架上。这一设计与齐柏林飞艇的结构十分相似，推进器由摇摆型百叶窗叶片组成。

1855 年，约瑟夫·普林首次推出一架飞艇滑翔机，滑翔机外观像一只飞鸟，内部是一个个巢房，里面充满气体，再配上几只螺旋桨，这是朝现代航空迈进的一大步。

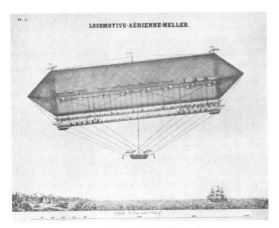

普罗斯珀·梅勒的硬式飞艇设计方案（1851 年）。

同一年，特佐罗提出另一个推进方案，由风扇提供动力，但并不是依靠风扇的反作用力，而是让风扇直接去吹风帆。1860 年，贡捷－格里吉设想让帆布宽带子做摇摆运动，作为推进器使用。拉塞涅等人则设计出很怪异的飞艇，这和梅勒及卡里耶神甫的设计截然不同。

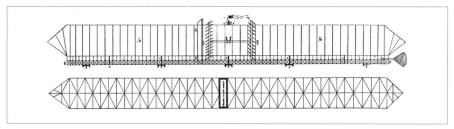

卡里耶神甫设计的飞艇方案：内设骨架的硬式飞艇（1853年）。

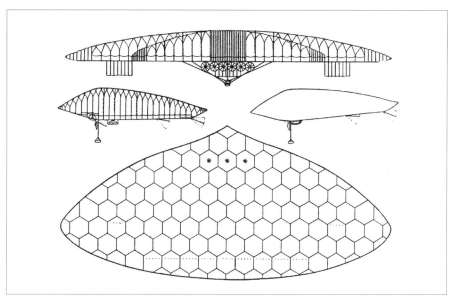

约瑟夫·普林设计的飞艇滑翔机（1855年）。

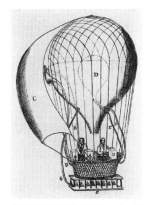

特佐罗设计的带风帆的气球，用鼓风机来吹风帆（1855年）。

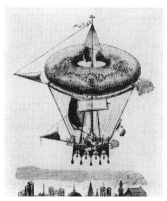

拉塞涅设计的环状飞艇（1851年）。

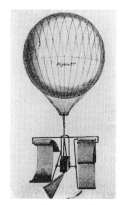

贡捷－格里吉设想的波动曲面型推进器（1860年）。

08

美国的热气球

约翰·怀斯无疑是那个年代美国最伟大的飞行员，他升空的次数及重要性堪与查理·格林相媲美。1835年，怀斯在费城首次飞上蓝天，开始其飞行员生涯。正是他发明了撕裂绳，如今撕裂绳或撕裂板是控制气球停飞的装置，这一装置拯救了众多飞行员的生命。1838年，怀斯本人亲自试验了撕裂绳，这根绳子可将气球瞬间撕裂。

在很长一段时间，怀斯一直保持着飞行距离最远的纪录。从理论上讲，因受大气环流影响，由东向西飞越大西洋是完全可能的，怀斯梦想着能利用气球在美国和欧洲之间建立起快速航线。1859年，他找到几家赞助商，创办了一家学会，来研究跨洋飞行的可行性。为了确保成功飞越大西洋，他们先尝试了一次长距离陆地飞行。1859年7月1日，怀斯驾驶一只大气球从圣路易斯起飞，气球携带着一艘救生艇和许多食物，陪他一起飞行的有助手拉蒙坦，还有凯哲先生和海德先生，一人是赞助商，另一人是记者。在整个的飞行过程中，他们飞越印第安纳州的韦恩堡，又飞到伊利湖上空，飞经尼亚加拉瀑布。此时，他们遭遇到暴风雨，狂风把气球吹到安大略湖上空，最后他们有惊无险地降落在纽约州的杰斐逊县的树林里。他们在22个小时里飞行了1292千米。此外，他们的"大西洋号"气球还携带了信袋，也算是美国航空邮政的处女航吧。其中一封信里还装着一张1000英镑的汇票。

此后不久，拉蒙坦和哈多克再次驾驶"大西洋号"气球长距离飞行，最终降落在加拿大境内的森林里。他们在森林里险些被饿死，最终不得不把气球丢弃在那里。从那时起，跨大西洋航空邮政服务也出现了竞争，另一个美国优秀飞行员泰德·洛夫也投身到竞争中来。他制作了一只

约翰·怀斯（1808—1879）

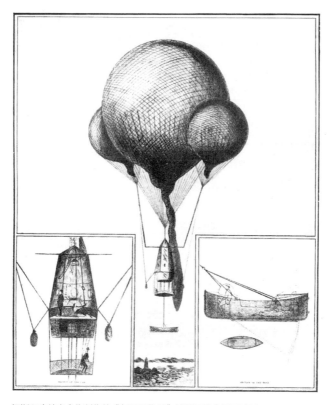

怀斯和唐纳森合作制作的"每日图像号"越洋气球（1873年）。

2万立方米的气球，将其命名为"纽约城号"，并为试飞做了充分的准备：救生艇是一艘较大的金属船，挂在吊舱下面，还配备了一台小型外燃发动机，一只垂直螺旋桨用来控制气球升降。

1859年，洛夫在纽约为他的气球充气，整个充气过程持续了好几天，但大风把气球给吹破了。1860年，洛夫驾驶新命名的"大西方号"气球在费城升入天空，气球并没有完全充满气体，只是进行了短暂飞行。1861年4月20日，洛夫驾驶气球从辛辛那提起飞，一直飞到南部卡罗来纳海岸。但美国南北战争让飞越大西洋的计划搁浅。

1873年，怀斯再次萌生飞越大西洋的念头，并与唐纳森合作制作了一只2万立方米的大气球，但气球最终也被大风给吹破了。在进行第479次飞行时，怀斯在密歇根湖上空失踪，享年71岁。

1860年6月28日，洛夫在费城给越洋气球充气。这只气球的体积超过2万立方米。

洛夫的越洋气球所携带的吊舱，救生艇以及提供升力的水平螺旋桨（1859～1860）。（照片由洛夫·布朗巴赫提供）

09

飞机的早期形态

就在大家热衷于乘气球升空的同时，也有人极想像鸟那样在天空中自由飞翔。在1853年和1854年，弗朗索瓦·勒蒂尔在巴黎、里昂和鲁昂做了几次空中飞翔试验。他先乘气球升入空中，然后驾驶自己发明的可控降落伞式飞行器飞翔。飞行器配备一个硬质曲面，中间设一长柄，就像遮阳伞一样，再配两只巨大的翅膀当推进器用。不过，试验结果并不理想，在伦敦上空的一次试验当中，他把自己挂在热气球下，却被大树刮下来摔死了。

1851年，奥博申报了一项专利，这个发明兼有飞机和直升机的形态，有固定的水平翼、起推进作用的翅膀及两只提供升力的螺旋桨。

一个名叫米歇尔·露的里昂工人设计出了法国第一架飞机，设计方案于1853年公诸于世。飞机机身上托着巨大的机翼，机翼两侧设计成凹形，给螺旋桨留出足够的空间，机身下方设几个小轮子，飞机尾部设方向舵和升降舵。

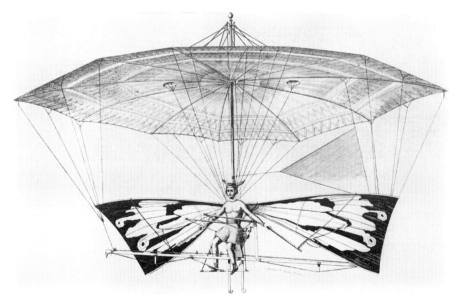

弗朗索瓦·勒蒂尔的可控降落伞式滑翔机（1852年）。

与此同时，卡林福德子爵也在英国为自己的设计申报了专利。这是第一款牵引式螺旋桨飞机，他设想利用在铁丝上飞快滑动的滑车把飞机发射出去，后来费伯在早期试验时沿用了这一做法。

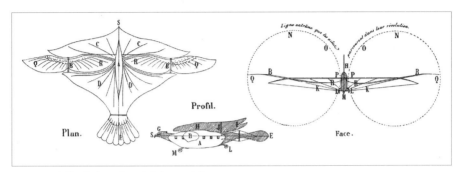

米歇尔·露的第一架法国飞机设计图（1853 年）。

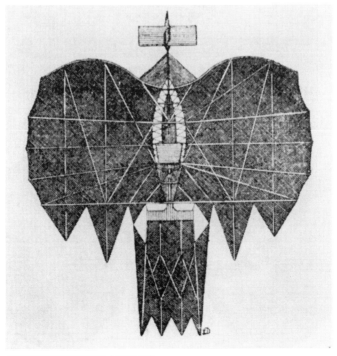

卡林福德子爵设计的飞机（1853 年）。

10

迪唐普勒设计制作的飞机

　　法国第一架飞机的完整设计是由费利克斯·迪唐普勒完成的，1857年5月2日，他拿到了飞机设计专利证书。费利克斯和路易兄弟俩都是海军军官，他们起初在一起从事飞机设计，后因意见不合而分道扬镳，最终完成飞机设计和制作的是费利克斯。

　　就在拿到专利证书的同一时间，费利克斯制作出了这架飞机，它"类似一种轻型小艇，在其上斜面、中间靠前处设两只展开的机翼，机翼与机身呈14度夹角。螺旋桨设在小艇前部，最初打算用简谐运动系统驱动螺旋桨，后改用一台小型蒸汽机驱动。机尾设两只飞行舵：一只水平设置，用来增大或减少机翼的倾斜角度；另一只垂直设置，其作用和水平舵的一样。起飞时，小飞艇落在自身配备的小轮子上，机身下部呈倾斜状，机翼也呈倾斜状，发动机器之后，螺旋桨驱动整个系统，其速度足以让升力大于小飞艇本身的重量，于是小飞艇便飞上天空，待螺旋桨停止转动后，小飞艇平稳地降落下来。因为机翼起到降落伞的作用，小轮子落在地上，就像飞鸟用双脚落地一样"。这是路易·迪唐普勒在看过弟弟试飞之后所做的描述，这是一个历史性的事件，可惜当时并没有得到人们足够的重视。这是飞机依靠自身携带的动力飞向蓝天的处女航。

费利克斯·迪唐普勒（1823—1890）

路易·迪唐普勒（1819—1889）

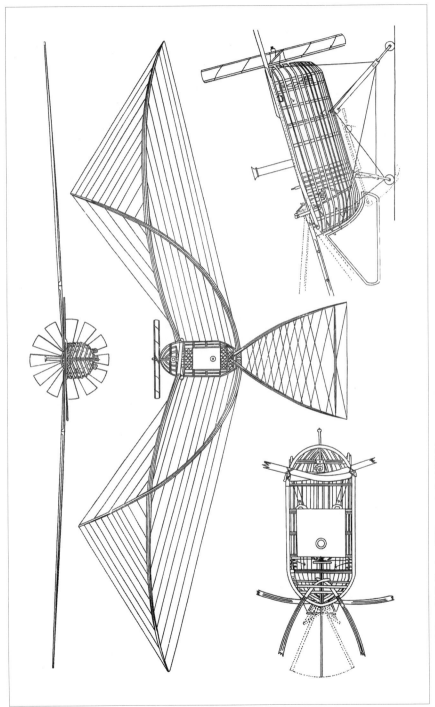

费利克斯·迪唐普勒设计制作的飞机。根据 1857 年专利书绘制。

这架飞机最初设想采用蒸汽机作为发动机，不过迪唐普勒还是希望能够借助机械动力，在制作飞机时，他曾一度考虑选用勒努瓦的煤气发动机，这种发动机当时刚刚问世。但他最终还是给这架飞机配备了外燃发动机。

11

气球的实战范例

19世纪中叶，气球开始大量应用于军事作战，但这一用途却很少有人知道。1859年，在法意战争期间，将气球应用于战场上虽说是突发奇想，但还是有人真的进行了尝试：欧仁·戈达尔当时携带着自己的装备，随时听候法国参谋总部的调遣。他带着家人匆匆忙忙赶到意大利，负责在米兰为法军修复气球，甚至还见到了拿破仑三世。

1859年6月10日和11日，欧仁·戈达尔在米兰城前乘系留气球升入天空。在蓬蒂城，他再次升空对敌人阵地进行高空侦察。6月20日，戈达尔驾驶气球从卡斯特诺多罗升空，升到400米高空时，他刚好来得及侦察敌军阵地。6月23日，他再次驾驶气球进行高空侦察，并带回了有价值的情报。在这段时间里，他又制作了另一只气球，并于6月28日与一位军官一起乘气球进行了高空侦察。

美国南北战争期间，1861年至1863年，联邦军曾多次使用系留气球侦察敌军的行动。1861年初，林肯总统把飞行员洛夫召至华盛顿，并决定创建一支气球部队。与此同时，飞行员艾伦也主动提出要帮助部队完成侦察任务。这支部队先后装备了10只气球，为一线作战部队提供广泛的支持，他们所用的装备质量也很好，还配备有专门制作氢气的"汽车"。有些热气球甚至装上了电报线，能和参谋部直接联系，甚至可以直接与华盛顿联系。1861年，洛夫在气球上向林肯总统发出第一条空中信息。除此之外，他们还尝试了空中摄影。

1866年，在巴西与巴拉圭爆发战争期间，佩德罗皇帝请艾伦兄弟前来协助，他们带上洛夫制作的系留气球前往巴西，取得了非常好的战果。

1859 年，欧仁·戈达尔驾驶气球对佩斯基耶拉要塞实施空中侦察。

在法意战争期间，欧仁·戈达尔给气球充气。

隶属于联邦军的飞行员洛夫（1832—1913）。

1862年，费尔奥克斯战役期间，洛夫的系留气球升空。

1862年5月，在费尔奥克斯战役之前，洛夫用移动氢气装备为气球充气。

把"宪法号"气球的煤气输送给"无畏号"气球。

系留在地面上的"无畏号"热气球及其电报装备。

12

戈达尔家族

19世纪下半叶，在驾驶气球升空活动方面，最响亮的名字当数戈达尔家族，在将近60年间，欧洲各地许多气球升空表演活动都是由戈达尔兄弟完成的。到20世纪初期，许多上年纪的人仍然把气球称作"戈达尔气球"。

1847年，欧仁在里尔驾驶一只十分简陋的热气球升入天空，由此开始了飞行员生涯，甚至还把整个家族也带上了飞行员之路。欧仁十分聪明，完全是自学成才，凭借一股韧劲和勇气制作出气球，并驾驶气球升空飞翔。

1850年，在被跑马场老板阿尔诺聘为气球飞行员之后，欧仁从一开始就取得很大成功，许多乘客搭载他驾驶的气球在夜里安全降落在奥斯坦德之后，在报纸上发表文章，颂扬这次难忘的飞行经历。此后，要求搭乘气球的人越来越多，于是欧仁便开始训练自己家族的人做飞行员，其中有他父亲，叔父，弟弟路易、朱勒和奥古斯特，还有妹妹欧仁妮。再往后，他的六个侄女也都当上了飞行员，先后驾驶气球升入空中。

在欧洲各地进行升空表演之后，欧仁又前往美国进行巡回升空表演，在返回法国之后，他携带气球参加了法意战争。在巴黎遭受围困期间，他创建了40座气球观察哨所，并指导士兵学会掌控观察哨所的技能。他还制作出巨大的气球，其中"雄鹰号"气球的体积达1.4万立方米。

无论欧仁·戈达尔去哪座城市进行飞行表演，都有许多人慕名前来搭乘他的气球，跟随他前往法国的各大城市，甚至前往布鲁塞尔、维也纳、柏林或阿姆斯特丹。公众不但认可他的驾驶技术，而且对他的气球也给予很高的评价。

欧仁的弟弟路易和朱勒也是出色的气球制作者、优秀的飞行员，他们在欧洲、埃及和土耳其有过多次升空表演。

后来欧仁的儿子莱昂－欧仁、路易的儿子小路易也当上了飞行员，小路易还是一位著名的气球制作者。

从左至右：欧仁·戈达尔（1827—1890），路易·戈达尔（1829—1885），奥古斯特·戈达尔（1833—1859），朱勒·戈达尔（1838—1885），欧仁妮·戈达尔（1835—1910）。

欧仁的父亲埃得姆（1802—1873）、叔父方方（1808—1867）和朱勒及路易在 1862 年的合影。

范妮·戈达尔（1839—1880）身穿飞行服，驾驶热气球，摄于 1879 年。

欧仁·戈达尔的气球"雄鹰号"的吊舱和锅炉。（摄于1864年，右一为欧仁·戈达尔）

朱勒的热气球在圣多昂充气，气球放在地面上，呈鲸鱼状，这是当时飞行员常用的充气法。

1866年，路易和朱勒·戈达尔在圣克鲁进行热气球升空表演。（此为当时拍摄的照片）

13

1863 年的航空技术

纳达尔（1820—1910），乘热气球升空，摄于 1866 年。

纳达尔是 19 世纪巴黎最奇特的人物之一，他是绘画家，后来当上摄影师，推动了人物肖像艺术及摄影技术的发展。他口才极好，能言善辩，认识许多名人。1861 年，他发表了《空中自动力宣言》，为飞机或直升机等飞行器的发展出谋划策。1863 年 7 月，他掀起了一场宣传飞行器的运动，取得良好的成果。他还创办了航空协会，以推动重型飞行器的发展。借协会成立之际，他出资创建《飞行员》杂志，创刊号印刷了 10 万册。为了募集制作小型发动机的资金，纳达尔独自一人出资建造了一只 6000 立方米的气球，并将其命名为"巨人号"，希望靠气球升空表演来获得研制发动机的资金。

1866 年，加入航空协会的已达 418 人，其中有维克多·雨果，这位著名作家还特意给纳达尔写了一封诗体信；还有奥芬巴赫、乔治·桑、大仲马、小仲马、儒勒·凡尔纳等人。为鼓励创新，航空协会还设立了研发奖，许多有意思的发明脱颖而出，其中有庞顿·达梅古尔的小直升机。该直升机用简谐运动系统驱动，或用小型蒸汽机驱动，是第一台用铝材制作的蒸汽机。还有迪什奈和德·格鲁夫设计的扑翼飞机。

1872 年，航空协会改称为法国航空协会，这个协会如今依然存在。此前，英国人于 1866 年创建了大不列颠航空

"巨人号"热气球运至汉诺威的库房。

1863年10月18日，"巨人号"热气球（6000立方米）在战神广场进行升空表演。
旁边做对比的小气球为500立方米。

庞顿·达梅古尔设计的小直升机（1861—1863）。
左：双简谐水平运动系统驱动的直升机；右：配备降落伞的直升机。

协会，后改称为英国皇家航空协会，如今这家资格最老的协会在航空领域里仍然发挥着很大的影响力。英国皇家航空协会在成立初期组织了一系列活动：1868年，它在水晶宫组织了一届航空展览会，还举办了一次轻型发动机设计竞赛，斯特林费罗获得设计大奖。

加布里埃尔·德·拉朗代尔（1812—1886）；约瑟夫·普林（生于1828年）；伊夫·居约（1843—1928）；L.-G. 德·路西－弗萨里厄（生于1822年）。

庞顿·达梅古尔设计的蒸汽驱动直升机。（1863年，收藏于航空博物馆）

14

航空拍摄初期

1855 年至 1859 年，纳达尔多次尝试从空中拍摄照片，但最初的试验全都失败了。1858 年初，纳达尔似乎在珀蒂－比塞特成功地拍摄出了第一张感光片。此前一天，他驾驶热气球飞行，尝试着航空拍摄，但却以失败告终，于是他在珀蒂－比塞特短暂停留，让气球保持充气状态。第二天，他携带从巴黎取来的摄影材料，再次升空，让气球系留在 80 米的高度，打开照相机开始拍摄，随后便下落到地面上。底片马上冲洗出来，露出"一幅画面黯淡，但很清晰的图像"，图像上现出一座农庄、一家客栈和小村庄的警察局，乡间道路上还有一辆车。

在法意战争期间，纳达尔继续从事航拍的尝试，但都没有成功。1858 年 10 月 23 日，专利局向他颁发了航拍装置专利书，专利书详细描述了这套装置："在气球吊舱里装好照相机，镜头垂直向下，用黄色厚呢绒盖住照相机，将吊舱改造成暗房。"最关键的是要控制好快门，让底片能准确曝光，并冲洗出照片来。

在航拍方面，美国走在世界各国的前列，是第一个利用气球成功拍摄出高空照片的国家。1861 年 4 月 18 日，飞行员载着摄影师布莱克乘气球升入波士顿上空，气球系留在 400 米高空。前一次升空拍摄的图像并不成功，第二次升空，他们拍摄了六张照片，其中两张很成功，用当时的技术水准来衡量的话，这已经是非常棒的照片了。

1862 年 3 月，在美国南北战争期间，飞行员洛夫乘系留气球在里士满上空拍摄了几张照片，有助于军队的部署及调动。

1868 年，纳达尔乘吉法尔的系留气球，在吊舱里拍摄巴黎城鸟瞰图像，拍摄得非常成功，在这张照片上，我们可以看到巴黎星形广场当时的风貌。后来在 1878 年，达格龙也乘吉法尔的系留气球拍摄了巴黎城的鸟瞰图像。

1861 年，从系留气球上拍摄的波士顿城的照片。（收藏于巴黎工艺博物馆）

吉法尔的大型系留气球，外面用围墙围起来，摄于 1868 年。

1868 年，纳达尔拍摄的巴黎星形广场街区。照片前景为福熙大道，右侧为星形广场，稍远处是蒙梭公园和蒙马特高地。（照片由纳达尔之子保罗·纳达尔提供）

到了 1880 年，从自由翱翔的气球上拍摄的照片才真正达到令人满意的效果，其中有两张非常成功的照片：一张拍摄于 1880 年 6 月 14 日，气球恰好从梅尼尔－埃纳尔城上空飞过，是一张垂直的鸟瞰图；另一张是鲁昂城的侧鸟瞰图，当时气球就是从鲁昂升空的。这两张照片都是摄影爱好者德玛莱斯先生的作品。

15

职业飞行员

除了戈达尔家族之外，在法国还有许多职业飞行员，他们的职业素养和能力得到全世界的认可，因为他们既是气球制作者，又是气球驾驶员。其中有普瓦特万夫人，她先后升空 571 次，她的儿子迪特－普瓦特万、女婿西维尔都是飞行员，

他们娴熟的驾驶技巧得到大家的广泛好评；卡米耶·达尔图瓦，他从 1853 年开始飞行，一直飞到 1904 年，其飞行生涯长达 50 余年；加布里埃尔·约恩，他一直和吉法尔合作，是出色的气球制作者和飞行员；朱勒·迪吕奥夫，他高超的飞行技巧和勇猛的作风得到人们的称赞，他是驾驶气球从巴黎冲出围困的第一人；还有加布里埃尔·芒然和格洛里厄，他们的飞行生涯从 1861 年一直持续到 1904 年，先后升空 641 次，在法国北部和比利时成为家喻户晓的人物。

朱勒·迪吕奥夫（1841—1898）和他的助手巴莱特，摄于 1868 年。

朱勒·迪吕奥夫的"无畏者米歇尔号"气球，
1874 年摄于拉维耶特。

1870 年，芒然在亚眠为"乔治·桑号"
气球充气，准备返回被围困的巴黎。

1868 年，加布里埃尔·芒然（1836—1905）、加斯东·蒂桑迪耶（1843—1899）和阿尔贝·蒂
桑迪耶（1839—1906）在拉维耶特煤气厂进行科学升空试验，他们正在给气球充气，用罩
形网把气球罩住。

16
科学升空试验

巴拉尔和皮克休的科学升空试验首先得到英国人的响应，查理·格林和美国人拉什曾驾驶气球升到很高的高度进行科学考察，查理职业生涯最后四次升空活动就是载着物理学家威尔士做科学试验。

10年过后，英国航空协会出资组织了30多次科学升空试验，著名气象学家格莱舍多次升空采集气象资料，尽管年事已高，但他还是毫不犹豫地升到很高的高空，观察各种气象条件。在英国飞行员考克斯韦尔的出色驾驭下，格莱舍首次升空就升到7000米。1862年9月5日，他们进行第三次升空科学试验，气球升到8838米，这一纪录一直保持了30多年。虽然高空空气稀薄，气压很低，但他们俩都没有吸氧，顽强地扛住了高空反应。格莱舍用笔把气球爬升的高度记下来，直到自己昏厥过去，而考克斯韦尔在双手抬不起来的情况下，用牙齿去拉阀门的系绳，以打开阀门。

后来，格莱舍又多次升到7000米的高度，高空科学考察取得丰硕的成果，这让人们认识到：由地面升起的水蒸气越往高空就越稀少；夜间温度并非逐渐降低，而是随高度升高有一个先增后降的过程；太阳光谱里始终存在水汽条纹，只有在高空才能观测到这一现象。

1867年，法国人威尔弗里德·德丰维埃尔和卡米耶·弗拉马里翁各自展开一系列科学升空试验活动。弗拉马里翁虽然升空次数不多，但每次科学考察活动持续的时间以及飞行距离都是非常可观的。他搭乘欧仁·戈达尔驾驶的气球，飞越巴黎，朝法国南方飞去，每次滞空时间长达12小时。

1873年至1875年，法国航空协会组织了多次高空科学考察。1875年3月23日、24日，西维尔驾驶"苍天号"气球，载着克罗塞－斯皮皮奈利、蒂桑迪耶兄弟和约贝尔进行了一次长

西维尔的"北极星号"气球，1873年摄于莱比锡。

时间的科学飞行考察，他们在大气中飞行了 22 小时 40 分钟。此后，"苍天号"再次升空，进行爬高升空试验，参加试验活动的有西维尔、克罗塞－斯皮奈利和加斯东·蒂桑迪耶，但只有蒂桑迪耶一个人返回地面，他的同伴因高空反应在途中去世。

17

第二帝国末期的飞行器设计及试验

第二帝国时期，飞艇设计方案如雨后春笋般涌现出来，但真正投入试飞阶段的样机并不多见。1859 年，发明家卡米耶·韦尔在工业宫试验了自己研制的大型飞艇样机。这架样机配备一台蒸汽机，以驱动两只螺旋桨，还配备了两只升降舵和一只方向舵，整个飞艇的造型设计令人满意。韦尔在卢浮宫内院向拿破仑三世展示了样机，后来又把样机送到外省去展出。这艘飞艇是被拍成照片的最古老的飞行器。

面对新崛起的航空技术的压力，热衷于飞艇的航空爱好者设计出许多新方案，也进行了许多试验。1865 年，一个名叫德拉马尔纳的飞行员在加布里埃尔·约恩的帮助下，制作出一艘飞艇。飞艇的造型很有特色：飞艇呈圆筒型，内部分成隔舱，前面制成尖锥形，总体积达 2000 立方米。凭借两条巨大的伸缩带，飞艇在靠近底座的中间位置两侧各配了一只三叶螺旋桨。吊舱前面设计出减阻风挡，配备两只推进螺旋桨和两只升力螺旋桨。三四名飞行员用臂力来驱动所有的螺旋桨，螺旋桨设计

马里奥特在旧金山对飞艇进行试验（1869 年）。

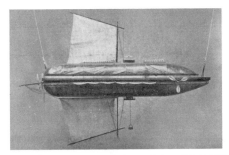 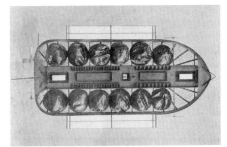

瓦奈斯的硬式飞艇设计方案（1863年）。（缩小比例复制模型照片，收藏于航空博物馆）

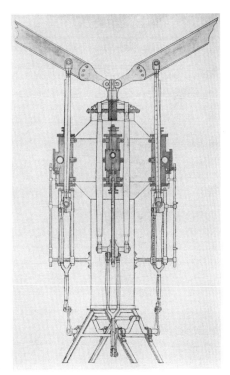

出横断边缘，以减少能量损耗。尽管飞艇制作得并不完美，但这艘"期望号"飞艇还是在1865年分别在巴黎和伦敦进行了几次升空试验，在试验过程中，方向舵没有起作用，不过，升力螺旋桨还是发挥出了很大的作用。

1869年，曾和斯特林费罗密切合作的马里奥特在美国安顿下来，他在旧金山对自己研制的飞艇进行了试飞。飞艇长10米，两侧各设一只螺旋桨，由蒸汽机驱动。飞艇还装备上水平机翼，当驱动飞艇尾部的升降舵和方向舵时，水平翼便带动飞艇做垂直上升运动。

最后，我们再看一下法国人瓦奈斯的设计，1864年，瓦奈斯展出了一台飞艇模型，飞艇由硬质框架和软质气囊组成，很像后来的齐柏林气球。

马克·塞甘设计的飞行器，在制作出样机之后，塞甘的儿子在1864年1月26日对其进行了试飞。

此外，机械行业还有一个能工巧匠，名叫马克·塞甘，是约瑟夫·孟格菲的外甥，他一直在从事飞机研制工作。1846年前后，他对一只大型升力螺旋桨进行了试验，后来又试验了多款扑翼机。从1864年起，他着手设计一款四翼扑翼飞机，每只扑翼由一台机器驱动，通过一套连杆结构，让四台机器同步运行。

18

儒勒·凡尔纳与航空

在法国 19 世纪文学当中，儒勒·凡尔纳占有一席特殊之地：无论是想象力，还是叙事才华；无论是表述手法，还是丰富的思想内涵，他都是无与伦比的，直到今日，他的作品仍然是广大青少年最喜爱的读物之一。

有人常说儒勒·凡尔纳是发明家，其实这一说法是不准确的。凡尔纳并不是发明家，他熟悉各种发明，凭借自己丰富的想象力，有预见性地想象出这些发明的用途。此外，他还勇于冲破各种真实技术的局限，密切跟踪科技界所取得的进步。为此，他加入到纳达尔所创立的团体当中。在以米歇尔·阿尔当为笔名发表的《从地球到月球》一书里，他描述了纳达尔的人格特征。

确切地说，凡尔纳正是从撰写短篇小说《乘气球的一次旅行》开始，跨入文学创作领域。1851 年，这部短篇小说以连载方式刊载在报纸上，后来被编纂成册出版。

1863 年，《气球上的五星期》出版发行，这是凡尔纳创作的首批带插图的作品之一，书中的插图给那时喜欢读书的年轻人留下了深刻的印象。这部小说描述了探险家乘气球飞越非洲的故事。

热气球后来还出现在他的其他小说里，在《太阳系历险记》里，彗星能从大气层转移至地球，就是仰仗气球才得以实现的；而在《神秘岛》里，主人公从美洲出发，乘气球来到那座神秘的海岛上。

儒勒·凡尔纳（1828—1905）

令人感到奇怪的是，飞机很晚才出现在凡尔纳的作品里。其 1886 年发表的小说《征服者罗比尔》描绘了这一飞行器，而罗比尔的飞艇其实就是一架螺旋桨直升机，螺旋桨都装在桅杆上，这一设想出自加布里埃尔·拉朗代勒的设计方案。这架飞机可以轻松地环球飞行，小说中的某些片段如今读来仍然十分扣人心弦。

儒勒·凡尔纳写了这么多有关飞行的故事，其实他本人只乘气球飞行过一次：1873 年，他在亚眠乘欧仁·戈达尔驾驶的气球进行过一次短暂的飞行。

短篇小说《乘气球的一次旅行》的插图。

小说《气球上的五星期》的插图。

小说《征服者罗比尔》的插图。

小说《征服者罗比尔》的插图。

19

巴黎遭受围困时期

在 1870 年普法战争中，气球发挥出至关重要的作用，在普鲁士军队的围困下，正是凭借气球观察哨，巴黎才坚守了四个多月。当时，气球和信鸽是巴黎与外省沟通的唯一渠道。

1870 年 9 月初，当普鲁士军队向巴黎逼近时，纳达尔、威尔弗里德·德丰维埃尔、欧仁·戈达尔等飞行员主动要求保卫巴黎，他们带来飞行器材，以升入高空侦察敌人的动向。巴黎人在蒙马特高地圣彼得广场、意大利广场和沃吉拉尔建立了三个系留气球观察哨。高空观察哨有人昼夜值守，但当巴黎完全被普军包围时，三个观察哨就显得势单力薄了。于是，飞行员们于 9 月 17 日聚集在一起召开会议，决定组建一个气球观察哨所服务网，先把巴黎可利用的气球都利用起来，与此同时，抓紧时间制作 1200 立方米至 2000 立方米的气球，以确保巴黎能和法国临时政府保持通信联络畅通。

纳达尔在圣彼得广场组织了第一次飞离巴黎的行动：9 月 23 日，迪吕奥夫驾驶他的"海王星号"气球勇敢地飞出巴黎，飞越凡尔赛上空时，普鲁士首相俾斯麦看到后极为震怒。热气球降落在埃夫勒附近。

欧仁和朱勒·戈达尔兄弟以及约恩和达尔图瓦分别在巴黎奥尔良站和北站建立了气球制造厂，先后制作了 60 多只气球，组织了 70 多次载人飞行，其中大部分飞行安排在夜间。气球携带大量的信函和电报飞离巴黎，还把许多肩负着使命的重要人员送出巴黎。第二只飞离巴黎的气球携带着信鸽，他们采纳达尔贡的微缩技术，把文件拍照微缩到胶棉胶片上，一份 16 页的文件可以微缩到一张 3 厘米×5 厘米的胶片上，每张胶片仅重半克，每只信鸽可以携带 20 张胶片。

在一批批著名飞行员飞走之后，培养飞行员就成为当务之急，于是欧仁·戈达尔便去培训海军水手，而约恩和达尔图瓦则负责培训飞行志愿者。气球飞离巴黎，冲破围困的行动取得了了不起的成果。尽管有些气球是匆忙制作出来的，飞行大部分都安排在深夜里，冬天的天气越来越寒冷，有些驾驶气球的飞行员甚至没有任何飞行经验，但整个过程没有出现重大的事故。仅有两只气球在大海上空失踪，

迪吕奥夫的"海王星号"气球是冲出围困的第一只气球，飞离巴黎之前在蒙马特高地的圣彼得广场利用气球瞭望观察。（纳达尔拍摄）

气球携带的信函复印件。

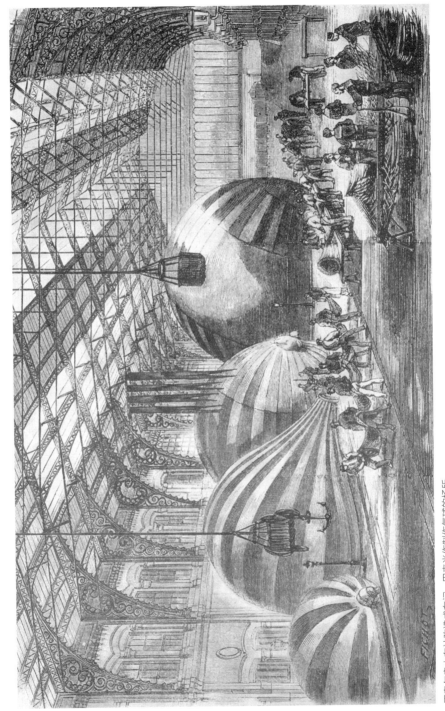

原奥尔良火车站改造成车间，用来当作制作气球的场所。

巴黎遭受围困时期的飞行员，1870 年摄于图尔。

1871 年 5 月 3 日，在巴黎市政厅广场上给一只气球充气，气球将携带"巴黎公社公告"，飞上蓝天。（这是市政厅遭遇火灾前的最后一张照片，收藏于卡纳瓦雷博物馆）

飞行员下落不明，有六只气球因飞到德国境内或敌占区而被敌人截获，还有一些气球落到普军阵地上，但飞行员和乘员得以逃脱。

乘热气球冲出围困的人中最显赫的一位是临时政府首脑莱昂·甘必大。10 月 7 日，飞行员特里凯驾驶"阿尔芒－巴尔拜斯号"气球，从圣彼得广场起飞，把甘必大和他的秘书送出巴黎，飞行过程有惊无险，最后降落在一棵橡树上。

在巴黎遭受围困期间，气球共送出 11 吨信件，相当于送出 250 万封信；气球放飞 400 多只信鸽，但仅有 57 只信鸽安全返回。66 名飞行员护送了 102 位乘员。飞抵外省的气球最后汇集到图尔和里尔两地，有些飞行员试图再驾驶气球返回巴黎，但由于风向问题，这一行动最后被取消了。

20

迪皮伊·德洛姆和海伦的飞艇

在飞艇发展的过程中，1872 年曾进行过两次重要的发明尝试。在巴黎遭受围困时期，一大批导向型飞艇设计方案提交给国防部，其中只有一项设计进行过试飞，但结果并不理想。1870 年 10 月 29 日，国防部向海军工程师迪皮伊·德洛姆提供了 4 万法郎资金，要他建造一艘可以从空中进出巴黎的飞艇。但这艘飞艇直到普法战争结束很久之后才建造出来，并成功试飞。有人责备德洛姆没有弄明白当时法国所面临的问题，认为他过于追求细节的完美，从而浪费了太多的时间，甚至责备他不敢应用 20 年前吉法尔发明的蒸汽机。但当德洛姆把飞艇造出来之后，人们才发现，他在应用技术方面取得了可观的进展。

实际上，德洛姆首次采用了绳索悬挂系统，以确保吊舱与气球之间的连接系统不会变形，即使气球发生倾斜，吊舱也不受影响。这套系统包括一个悬挂套，一个气囊，一只风扇，风扇向气囊送气，以确保飞艇的外形始终保持不变。他还发现悬索和吊舱突出部位的风阻系数要比飞艇本身的风阻系数大，这是空气动力学方面的重要发现。

迪皮伊·德洛姆的飞艇（1872 年）。

迪皮伊·德洛姆飞艇的吊舱。

海伦的飞艇（1872年）。

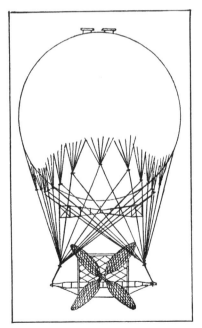

海伦飞艇的后视图。

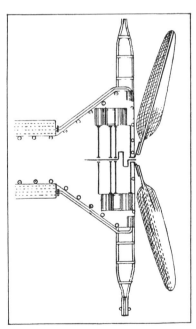

海伦飞艇的煤气发动机和螺旋桨。

纺锤形飞艇是用带橡胶涂层的双层丝绸布制作的，总体积达 3454 立方米，飞艇上罩着三角形悬挂套，悬挂套与吊舱相连，吊舱配备一台巨大的绞车，绞车和一只双叶螺旋桨的主轴相连，螺旋桨直径为 9 米，需要 8 个人转动绞车，以驱动那只巨大的推进器。飞艇长 36.12 米，直径 14.84 米，总高达 29.12 米。

1872 年 2 月 2 日，飞艇首次试飞，那天风刮得很大。德洛姆和他女婿及主要合作者都参加了试飞。螺旋桨转动之后，飞艇的速度达到每秒 2.82 米。飞艇的坚实度和稳定性得到很大提升，降落也很平稳，但飞艇的方向控制并不成功。

与此同时，一个名叫海伦的德国人在奥地利也进行了一次试飞，但试飞的成果并没有得到人们的重视。早在 1865 年，海伦就获得了一项飞艇专利，他设计的飞艇配备一台煤气发动机，发动机是参照勒努瓦的最新发明所做的设计。这艘飞艇为圆筒形，两端呈圆锥状，长 50.4 米，直径 9.2 米，总体积为 2408 立方米。一个交叉形罩网挂着一根长长的支架，支架用于保持飞艇的形态，同时便于均匀地分布拉力。吊舱内设一台煤气发动机，其设四个水平气缸，对向排列，在每分钟 90 转时，可提供 3.6 马力的动能，点火系统采用鲁姆科夫的点火线圈。飞艇发动机重 233 千克，散热器重 110 千克，此外还要携带 75 千克水。

1872 年 12 月 13 日和 14 日，飞艇试飞了几次，但结果都不理想。飞艇没有足够的升力，在拿掉压舱物之后，飞艇也没有完全放飞，而是挂在系留装置上。为制作这艘飞艇，海伦已花掉 20 万法郎，随后奥地利遭遇严重的经济危机，试验不得不停下来。。

21

飞行试验与空难

1874 年 7 月 9 日，比利时人万桑·德格鲁夫驾驶自己制作的飞行器，从伦敦克里莫恩公园起飞，飞行器挂在一只气球下方。升空几分钟后，飞行器与气球脱离，但飞行器随即倾覆，机翼也折了，跌落在切尔西的一条街道上，德格鲁夫在送到

1874 年 7 月 9 日，万桑·德格鲁夫死于空难。（漫画）

医院后不治身亡。这架飞行器配备一个垂直支架，人站在支架上，支架上方设两只扑翼，扑翼用铰链装置固定在支架上，飞行器尾部设一方向舵。这架飞行器很早以前就制作好了，曾在地面上进行多次试验。

德格鲁夫在比利时曾试飞过两次，但都没有成功，于是他来到英国试飞。1874 年 6 月 29 日，他乘气球升入空中，但在最后时刻，却不敢与气球脱离开来。而接下来的试飞却夺去了他的性命，他也由此成为空中自由飞翔的第一个牺牲者。驾驶气球的飞行员约瑟夫·西蒙险些被这次事故夺去性命。

约瑟夫·西蒙的风筝（1876 年）。

德格鲁夫的飞行器脱离气球之后，气球猛然升入高空，西蒙失去知觉，待他苏醒过来时，发现气球落在一条铁路上，一辆火车正朝他疾驰而来。

西蒙设想用一串风筝进行高空侦察。他设计的风筝呈三角形，由三根独立的直杆组成，不放飞的时候，易于收拢，只是在放飞时，才撑开成三角形。1875 年，他试飞风筝，但只有一只风筝飞起来了，其他风筝都被风吹散了。

那时候，气球飞行表演还是出了一些事故，但大部分事故都是飞行员粗心大意造成的：有的人在起飞前准备工作做得不够细致，飞行器材出了故障；有的人则忘记了控制气球的基本要领。

22

佩诺

阿方斯·佩诺是航空史上最引人注目的人物之一，他为人谦和，处事低调，思维敏锐，判断力强，在其涉足的所有领域里一直走在研究的前列。他既是出色的技师，又是优秀的理论家，虽英年早逝，却给后世留下了一个不朽的杰作。

阿方斯·佩诺（1850—1880）

佩诺生于 1850 年，父亲是海军上将，他成年后也加入海军，成为年轻军官中的佼佼者，后来因患绝症而成为残疾人，但他却把全部心血都投入到了研制飞机当中。1870 年 4 月，他发明了用皮筋驱动的飞机模型，后来小型飞机模型试验时大都采用皮筋作为动力。皮筋动力首次应用在一架小型直升机上，这架直升机配备了两只螺旋桨，一只固定在支架上，另一只可以转动。小直升机很轻盈，轻而易举就能飞到顶棚处，悬空一段时间后才降落下来。后来他让钟表匠布勒盖根据他的设计制作了一架小型直升机，直升机最小的金属部件用铝材制作，螺旋桨做镀金处理，以增加螺旋桨表面的光洁度。

1871 年 8 月 18 日，佩诺首次公开演示小型飞机的飞行过程，演示在杜伊勒丽花园举行。这是一架单翼小飞机，靠皮筋驱动，飞机尾部设一稳定尾翼。这次试验的重要意义不言而喻，它表明飞机是完全可以飞上天的。这架单翼机的成功试飞让佩诺开始研究飞机纵向平衡法则。为了抵消螺旋桨的转矩，他把一侧机翼面弄弯曲，或给另一侧机翼增加一些重量。1872 年至 1873 年，他发表了多篇有关空气阻力定律的文章，并提出一种研究风阻的方法，后来为研究鸟的飞翔而提出研究鸟的飞行轨迹方法。在那个时候，他就明确指出地面对飞行器的干扰作用、飞机翼型焦点的重要性、鸟翼升力与推力的划分。

佩诺设计的直升机（1870—1874），高 280 毫米，直径 315 毫米，重 6 克。

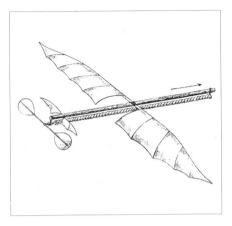

佩诺设计制作的单翼小飞机（1871年），翼展450毫米，重16克。

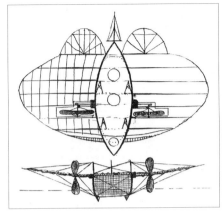

佩诺的两栖飞机设计草图（1873年）。设计草图原稿由法国航空协会收藏。

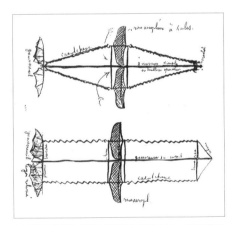

佩诺的旋转翼飞机设计草图（1874年）。设计草图原稿由法国航空协会收藏。

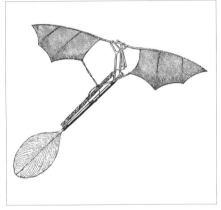

佩诺设计的机械飞鸟（1874年）。

    1875年，佩诺提出飞行问题的三个要点——空气阻力、材料阻力、轻型发动机，并由此开始重点研究前两个要点，设法把空气阻力的好处利用起来，去抵消空气阻力的弊病。佩诺把自己的全部心血都投入到飞机的设计当中，他与机械师保罗·戈绍合作在1876年为这一设计申报了专利，专利书极为详细地描述了这架飞机。

    这是一架单翼两栖飞机，无机尾，配备两只牵引螺旋桨。他们原本设想用金属材料制作机翼，或用木结构作为骨架，外设蒙皮作为机翼，取消稳索系，希望能

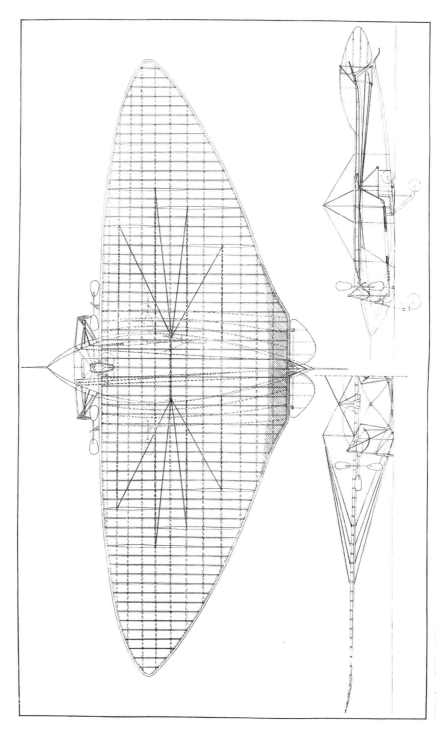

1876年，佩诺和戈绍申报专利的两栖飞机（正视图、侧视图和俯视图）。

以板式稳索或用细缆绳取而代之；起落架可收放，轮子上加固板，采用橡胶减震或气压减震；机身密封，下部呈斜面向内弯曲，翼端配浮标，采用变螺距螺旋桨，升降舵和方向舵由一个装置来控制，再配一个垂直尾翼。专利书没有明确说明采用哪种发动机，但佩诺认为最好还是采用以碳氢化合物为燃料的发动机。座舱和机翼可以用来作为冷凝器。

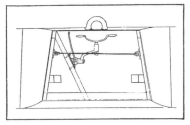

佩诺和戈绍设计的飞机升降舵和方向舵由一个装置控制。

　　佩诺希望能把这架飞机造出来，但在材料方面却碰到难以想象的困难，他由此而变得格外消沉，甚至还和法国航空协会断绝了来往。原本希望能得到吉法尔的支持，没想到却遭到对方的拒绝，一气之下，他把自己的设计方案装进一只小棺材里，放到吉法尔家里，返回自己家中后自杀身亡。

23

维克多·塔坦

　　维克多·塔坦是第一个模仿佩诺飞行器的航空爱好者，后来成为佩诺的朋友。他继承朋友未竟的事业，实现了他们的共同梦想。塔坦是一个心灵手巧的钟表匠兼机械师，受佩诺的启发，他制作了一只机械飞鸟，并在 1874 年将其推荐给法国航空协会，由此开启了他的航空事业。

　　这只机械飞鸟非常小，仅重 5.15 克，翼展 24 厘米，也用皮筋作为驱动。虽然这只漂亮的飞行器很小，但在没有外来助力的情况下，可以独立飞行 20 米左右。后来，塔坦又对这类飞行器进行过多次修改和试飞，尝试过用蒸汽来驱动扑翼飞行器。最后，

维克多·塔坦（1843—1913）

他和佩诺一样，彻底放弃了扑翼类飞行器的试验，转而专注于研究固定翼飞行器。他的第一架飞机是完全靠手工制作出来的，这架飞机收藏于航空博物馆。

这架飞机的机身是用铁片制作的，把铁片螺旋卷成筒状，接缝处用铆钉铆起来，共用了 1300 多颗铆钉。机身里贮存着压缩空气，为一个气缸提供动力，以驱动两组螺旋桨。机翼呈平面状，固定在机身上部。整架飞机翼展 1.9 米，总重 1.8 千克，其中包括 3 只轮子和 80 克压缩空气。1879 年，他试飞这架小飞机，将飞机用线绳系在一根木桩上，飞机起飞后飞了几秒钟，从一个观众头顶上飞过去。但他并没有进行自由放飞试验。

24

航空技术试验

1872 年，夏尔·勒纳尔少尉在军营里制作了一架试验性飞机。由于纺锤形机身较重，他便在机身中间设一桅杆，桅杆上挂着十面滑翔帆板，机尾设稳定尾翼。除此之外，他还设计了一个新装置，在机身两侧各设一个水平副翼，两个副翼连在一起，在摆锤的作用下可以朝反方向旋转。勒纳尔的设想是，如果飞行器发生倾斜，引发机翼旋转，那么副翼就可以发挥作用，将飞行器矫正过来。1873 年，他试飞了这架飞行器，飞行器可以正常滑翔，但却呈螺旋状旋转起来，这是因为摆锤在第一个转弯时就受到离心力的影响。

也就是在那个时候，若贝尔和罗·德维勒诺夫将其设计的机械飞鸟提交给了法国航空协会。若贝尔还制作了几个双翼和四翼飞行器模型。

1877 年，奥地利人威尔海姆·科莱斯曾制作出多款直升机，在经过多次试验之后，转而去研究固定翼飞机，并制作出好几款单翼机，配备两只推进器，用皮筋驱动，这些小飞行器都能飞起来。

后来，一个名叫当德里厄的玩具制造商制作出一款扑翼飞机，他把这款用皮筋驱动的直升机推向市场，得到航空爱好者的广泛好评。

科莱斯的机械飞鸟。（1888 年，收藏于慕尼黑德意志博物馆）

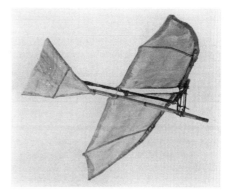

塔坦的机械飞鸟（1875 年），翼展 330 毫米，长 190 毫米，重 6 克。（收藏于航空博物馆）

塔坦设计制作的压缩空气飞机（1879 年），翼展 1.9 米，重 1.8 千克。（收藏于航空博物馆）

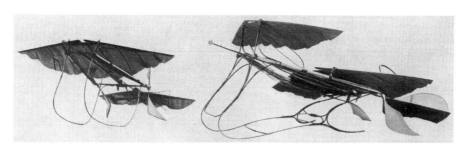

科莱斯设计的飞机：左为 1880 年设计的款式，右为 1877 年设计的款式。

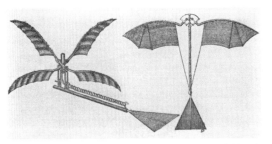 

若贝尔的机械飞鸟（1873年）与罗·德维勒诺夫的机械飞鸟（1872年）。

夏尔·勒纳尔的十帆滑翔机（1873年）。

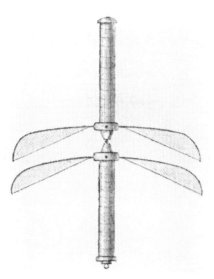 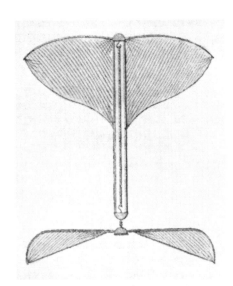

当德里厄的双弹簧直升机（1879年）。

当德里厄的直升机（1879年）。

直升飞机

第一架蒸汽动力直升机是意大利工程师恩里科·弗拉尼尼在 1877 年设计制作的。不过，早在此之前，英国人菲利普在 1842 年就制作出了一架类似直升机的飞行器。菲利普是灭火器的发明人，他为这架直升机设计了两只垂直螺旋桨，用喷气反应来驱动螺旋桨。螺旋桨臂是一根根管子，管子释放出混合气体（类似灭火器喷出的那类气体）。直升机突然飞向高空，在飞越两块麦田之后，落在地上，把螺旋桨叶片甩出很远。

弗拉尼尼的直升机设一固定螺旋桨，直径 2.8 米，装在支架上，一台小型两缸蒸汽机也固定在支架上，通过螺旋伞齿轮传动来驱动上螺旋桨，上螺旋桨尺寸稍小一些（直径 1.8 米），为直升机提供升力，而下螺旋桨则确保直升机能平稳降落。蒸汽机锅炉起平衡配重作用，以保持飞行器的平衡。锅炉就是一只金属球，设在飞行器的下方，锅炉只是在起飞前为直升机加热用。整架飞行器重 3.5 千克，其中发动机重 1.6 千克，带水的锅炉重 1 千克。螺旋桨升力面达 2 平方米，发动机动力为三分之一马力左右。

1877 年 6 月 29 日，弗拉尼尼先后在亚历山德里亚和米兰试飞直升机。直升机自由放飞，最高飞至 13 米，在空中悬停 20 秒钟。这架直升机收藏于米兰博物馆。

恩里科·弗拉尼尼（1848—1930）

与此同时，法国人卡斯特先生也制作出一架直升机，用压缩空气驱动，且造型新颖：一副立式支架设在四只轮子上，支架支撑一根横杆，横杆两端各设一个由八只叶片组成的螺旋桨，每一组螺旋桨朝相反的方向旋转，在旋转时，每组叶片可以单独倾斜，便于直升机转向。整机重 22.5 千克，每组螺旋桨直径为 1.7 米。压缩空气通过橡胶管输送到气缸里。试飞采用系留方式，但第一次试飞时，直升机直接撞到一堵墙上，撞碎了。

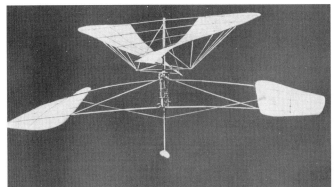

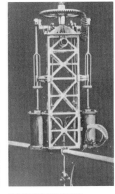

弗拉尼尼的蒸汽动力直升机（1877 年）。

直升机的机械系统。

卡斯特设计的压缩空气动力直升机（1879 年）。

26

系留气球

亨利·吉法尔是系留气球升空表演项目的首创者，在将近 40 年里，系留气球成为大型展览会的传统娱乐项目，有好几万人乘气球升空，实现了"空中洗礼"的愿望。

在 1867 年巴黎世界博览会期间，吉法尔组装了首个蒸汽系留大气球，气球总体积达 5000 立方米。这只巨大的气球引起很大轰动，甚至连拿破仑三世的皇后都想登到气球上看一看。吉法尔当时采用了很多新技术：气球用多层厚帆布制作，既结实又有良好的密封性；吊舱设计成圆形，让吊绳从吊舱中间穿过；绞车配备万能滑轮，用蒸汽来绞动；还有大批量制作氢气的设备等。

1868 年和 1869 年，吉法尔在伦敦先后组装了两只大型系留气球，一只体积为 1.05 万立方米，另一只为 1.2 万立方米。1869 年，他把前一只气球命名为"北极号"，并在巴黎自由升空飞行，这是当时自由飞行的最大气球之一。

吉法尔最精彩的杰作是在杜伊勒丽宫广场上组装一只大型系留气球，这只气球打破了多项纪录：气球直径 36 米，高 55 米，充填了 2.5 万立方米氢气，气球用七层橡胶和帆布制作，气球帆布总重达 5300 千克。吊舱直径 6 米，每次升空可载 50 名乘客，升空高度为 500 米。在 7 月 10 日至 11 月 4 日期间，共有 3.5 万人次登上气球升空。

吉法尔的大型系留气球在杜伊勒丽宫广场上升空（1878 年）。

吉法尔的大型系留气球的绞车系统，左侧是杜伊勒丽宫宫遗迹。

27

穆亚尔

路易－皮埃尔·穆亚尔是一位伟大的宣传者，在航空史上享有特殊的地位。他既不是数学家，也不是发明家，更不是航空器的创造者，却在航空业开拓者当中赢得了很高的声誉。作为画家、诗人、作家，他热情奔放，才思敏捷，给后人留下一部简短的著作，但却影响了一大批有志于投身航空事业的人，其中包括沙尼特和怀特兄弟。当他们研究屡遭失败，感觉沮丧泄气时，正是穆亚尔的这篇著作让他们重新鼓起了勇气。

路易－皮埃尔·穆亚尔
（1834—1897）

穆亚尔于 1834 年出生在里昂，从小就对航空非常感兴趣，年轻的时候，还萌生过要准确测量飞鸟的想法。后来为了谋生，他来到阿尔及利亚和埃及，开始研究各种飞鸟，研究鸟扇动翅膀的动作和滑翔时的姿态。

虽然穆亚尔也喜欢动手做飞机模型，但他的作品并不成功。1856 年他在里昂制作自己的第一架飞行器，但没有做完就放弃了。后来又在阿尔及利亚制作过两架飞行器，其中一架遭遇彻底的失败，另外一架是滑翔机，试飞时在距离地面不高处飞出 43 米，这让穆亚尔感到很吃惊。此后他又在开罗制作了一架大的飞行器，但由于自身健康原因，他没有试飞此飞行器。

穆亚尔在开罗设计的飞机。

1881 年，穆亚尔发表了《空气帝国：应用于航空的鸟类学》。10 年后，他又撰写了《非扑翼飞行》，此书在他去世之后才得以出版。

28

风筝气球

把风筝的特性赋予系留气球，让气球在大风天气里，不出现剧烈摇晃或急速转向的现象，这一想法由来已久。1844 年，特朗松设想给气球装备一面伞状风帆，风帆的倾斜角度可以调整。1847 年，马雷 – 蒙热设计出一款长形系留气球，用系留绳索来调整气球的倾斜度。

1851 年，普罗斯珀·梅勒设计出一款新型系留气球，球体的端面形成一顶风筝的样子。最早对风筝气球深入研究的恰好是航空业的两位著名人物：阿方斯·佩诺和夏尔·勒纳尔。

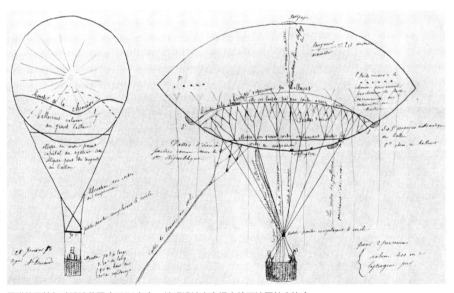

佩诺的风筝气球设计草图（1874 年），这项设计方案提交给了法国航空协会。

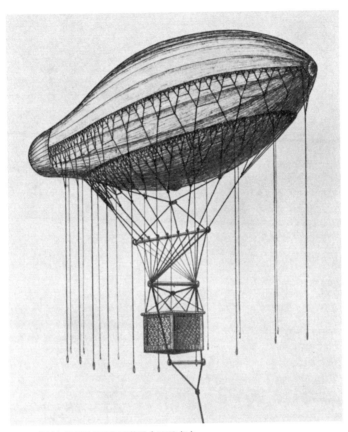

夏尔·勒纳尔设计的风筝气球草图（1878 年）。

1874 年，佩诺展示了自己设计的军用或气象用系留气球。这是一只长形气球，两端对称，外挂悬罩，悬罩底边配悬带，悬带在气球下部编织成一个月牙形，再与吊舱绳索连在一起。一只风扇向气球送气，以保持气球的形态。吊舱配控制绳索和自动阀门。佩诺还做了几款类似的设计，并首次提出"桥式悬挂"系统。此外他还完善了吉法尔的设想，气球底部用橡胶制作，使其具有伸缩性。

1878 年 12 月，夏尔·勒纳尔就野战器材起草了一份报告，他对圆气球和长气球的升空条件做了详细的对比研究。他设计的长形气球同样外挂悬罩，悬罩底部配操控悬带，操控悬带与两根横杆相连，两根横杆用线束连接起来，下横杆用来悬挂吊舱，便于吊舱自由晃动。

军用气球

29

1874 年，军用气球首次被当作一种军事装备列装法国军队，法军特意创建了一个新兵种，并将其列入到工兵阵营里。在洛斯达上校的领导下，军用气球委员会创建。从 1875 年起，委员会组织了多次气球试飞活动，勒纳尔被招募到委员会当中，后来管理委员会的工作也交给了他。1877 年，他创立了沙莱 – 莫登支队，建立了实验室和制作车间，法国所有军用气球装备都是这个车间制作的。

自 1880 年起，法国军用系留气球及蒸汽绞车系统频频出现在各大演习行动中，并参加了几次重大战役，如 1884 年的对越战争，1900 年的对华侵略战争，以及 1907 年的对摩洛哥战争。

从 1879 年起，英国人也参照法国人的做法，创立了气球部队。1885 年，英国气球部队在南非和苏丹投入实战。在这两次战争中，军队首次使用管道来输送压缩氢气。1887 年，在攻打埃塞俄比亚的战役中，意大利人使用了法国气球，把充填气球的煤气装入气囊里，用骆驼来运输。

1890 年，军事演习中的法国系留气球，右侧为装载绞车设备和气球的马车。

在攻打埃塞俄比亚的战争中，运送意大利军用气球的骆驼队（1888 年）。

后来，大部分国家在创建气球部队初期都采用了法国制作的气球，这些国家创建气球部队的时间是：俄国，1884 年；西班牙，1884 年；中国，1886 年；荷兰，1886 年；比利时，1886 年；丹麦，1889 年；奥地利，1890 年；日本，1890 年；保加利亚，1893 年；美国，1893 年；瑞典，1897 年；瑞士，1897 年。

30

比奥和古皮的试验

也就是在那个时候，有人进行了一些有意思的试验，但这些试验几乎无人知晓。一个名叫比奥的设计师在 1861 年发明了一款无尾锥形风筝，后来在 1868 年，他把这款风筝挂在一只大风筝上，无尾风筝自行爬升了一段距离。1879 年，他制作了一架单翼滑翔机，机翼是用飞羽粘成的，很像飞鸟的羽毛，在每次试飞之前，机翼的倾斜角度是可以调整的。比奥在克拉玛镇附近成功试飞了几次。这架滑翔机收藏于航空博物馆，是现存馆藏飞机实样当中年代最悠久的。

1883 年，一个名叫古皮的工程师制作出一架单翼飞机，飞机重 50 千克，翼展 6 米，总长 8 米，机翼面积达 27 平方米。在对这架单翼飞机进行试验的第二年，

比奥的飞羽滑翔机（1879—1880）。

古皮根据试验结果公布了一款蒸汽动力飞机的设计方案，飞机配备优良的装备：流线型机身，机头设一只螺旋桨，机身下设弹性靴，机身上装两只空心机翼，翼展不大，但翼弦较大；机尾装备一水平尾翼，尾翼可以调整，还装备一只方向舵，飞机前部装备一对副翼，发明者将其称为"调节器"，这两只硬质副翼可手动控制，也可自动控制，副翼的动作为联动式，一侧副翼压低时，另一侧副翼则抬高。古皮首次明确指出，副翼是飞机侧面矫正的重要部件。一套悬摆系统自动控制副翼，而悬摆本身的配重就是让一个乘员坐在摇摆座椅上。

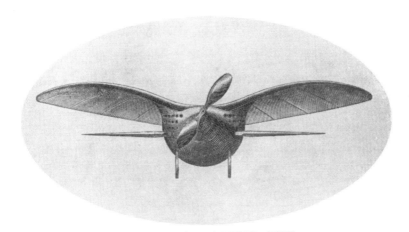

古皮的蒸汽动力飞机，配备两只副翼，正视图。

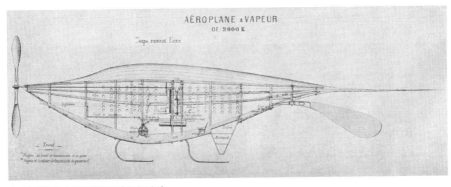

古皮的蒸汽动力飞机剖面图（1884年）。

31

马雷与飞鸟研究

　　艾蒂安－朱勒·马雷是最早研究鸟类飞行的科学家，是这类研究里出类拔萃的人物。1860 年至 1880 年，他尝试过许多观察鸟的飞行轨迹的仪器，大部分仪器都以他发明的气动鼓为主，气动鼓把飞鸟运动形态传送到一个记录仪上。那时候，马雷还特意研究了飞鸟翅膀扇动时的形态。1882 年，依照佩诺的一个设想，借助于一架即时摄影仪，马雷成功地把飞鸟连续飞行的影像拍摄下来，每秒可拍摄 50 张连续飞行影像，通过一个旋转镜，对影像做分隔或断开处理。1887 年，马雷使用三台即时摄影仪，同时拍摄出三个视角的影像，即侧视、俯视和斜视图。

　　1882 年，马雷发明了一支摄影枪。后来在 1888 年，他用一条热敏感纸带取代固定底版，热敏感纸带可以卷动，每当碰到快门圆盘时，纸带就停下来。1889 年至 1890 年，马雷对这一仪器做了改进，改用赛璐珞敏感纸带。1892 年，他把用即时摄影仪拍摄的一系列照片投映到了荧幕上。晚年时，马雷借助烟雾，研究了各种不同物体在空气中所产生的涡流现象。

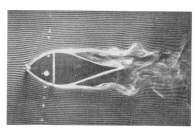

火绒施放的烟雾对气流造成的扰动。

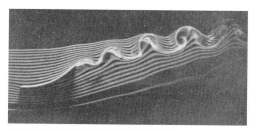

气流碰到流线型物体及曲面时形成的扰动。

蒂桑迪耶的电动飞艇

蒂桑迪耶兄弟是把电力应用到航空领域的首批工程师。1881 年，加斯东和阿尔贝·蒂桑迪耶用一艘飞艇做了试验，飞艇螺旋桨由一台电发动机驱动，靠蓄电池供电。后来他们将飞艇送到了电力展览会上展出。

小型飞艇试验成功之后，兄弟俩又开始尝试在大型飞艇上试验，委托拉尚布勒制作了一艘流线型飞艇。飞艇长 28 米，直径 9.2 米，总体积为 1060 立方米，艇身覆盖悬带网，下挂一竹制吊篮。吊篮配一只直径达 2.85 米的螺旋桨，由一台直流发电机驱动，其能量为 100 千克力米（力距单位）。蓄电池组由 24 块重铬酸钾电池组成。加斯东负责研制发电机和蓄电池组，而阿尔贝则负责设计飞艇。此外，兄弟俩还制作了一台快速充填氢气的设备。

1883 年 10 月 8 日，第一艘电动飞艇载着两位发明者飞上蓝天。凭借这 24 块电池，飞艇在布洛涅森林上空逆风飞行了将近 20 分钟，但由于飞艇侧面稳定性不佳，未能完成全部试验。一年后，兄弟俩对改进后的飞艇进行了第二次试飞，飞艇飞越巴黎城，逆风飞行了很长一段距离。在试飞过程中，飞行舵发挥了重要作用。

1883 年 10 月 8 日，蒂桑迪耶兄弟制作的第一艘电动飞艇起飞前的场景。

第一艘电动飞艇的吊篮，左为加斯东，右为阿尔贝。

"法兰西号"飞艇首次往返飞行

法国实现了第一次载人升空和第一次载人往返飞行。这一重大事件发生在1884 年 8 月 9 日，"法兰西号"飞艇载着其发明者夏尔·勒纳尔、阿尔蒂尔·克雷布斯，从沙莱－莫登起飞，升空之后，在空中飞行一段路程，又返回起飞地点，安全降落下来。

夏尔·勒纳尔是 19 世纪法国最优秀的科学家之一，在其所涉足的领域里，他既是理论家，又是实践家。他把自己大部分精力都贡献给航空事业，同时在其他领域里也有不少建树。他在沙莱－莫登创建了飞行支队，并制作出第一艘飞艇，将其命名为"法兰西号"。他负责研究空气静力学和电化学，把动力部分交给克雷布斯去研究，让他弟弟保罗去监督制作飞艇。

"法兰西号"飞艇长 50.42 米，直径 8.4 米，总体积 1864 立方米，外罩悬挂网带，网带与吊舱相连。吊舱是用竹子编的，长 33 米，前面设一螺旋桨，后面安装一只方向舵和一只小升降舵，升降舵主要起平衡作用。电机由克雷布斯设计制作，是一台多极电机，转速达 3600 转时可提供 8 马力动能，电机经减速器处理后驱动螺旋桨，因为螺旋桨的设计转速为每分钟 50 转。电机由一组蓄电池供电，电池重 400 千克，可在 1 小时 40 分钟内连续提供 16 马力动能，这是当时重量最轻的发电机组。"法兰西号"往返飞行路线约为 7.6 千米，在飞行了 23 分钟之后，飞艇安全返回出发地。

后来"法兰西号"飞艇又试飞过多次，每次试飞之后，他们都会对飞艇做一系列的改进。在 7 次试飞当中，飞艇 5 次准确地返回了出发地。

夏尔·勒纳尔（1847—1905），照片拍摄于 1884 年。

首次完成往返飞行的"法兰西号"飞艇（1884 年）。

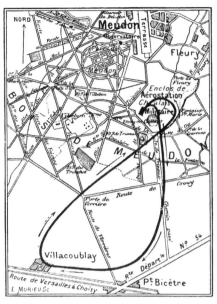

"法兰西号"飞艇首次往返飞行路线图（1884年8月9日）。

克雷布斯为"法兰西号"飞艇设计制作的电发动机。（收藏于航空博物馆）

"法兰西号"飞艇从沙莱库房中被拖出来，准备升空（1884年）。

安置在"法兰西号"飞艇吊舱里的第二台发动机（1885年）。

"法兰西号"飞艇吊舱装在一艘驳船上，准备运往巴黎博览会会场（1889 年）。

34

推进尝试

有些研究人员一直设法在推进或升力方面取得进展，除了用螺旋桨做推力之外，他们还研究了其他的推进手段或方式，这方面的尝试非常多。大部分尝试只是对大型装置做交替运动试验，而且试验结果也不尽如人意，但看一看这类尝试还是很有意思的。

蓬佩延·皮罗模仿翼手目动物的扑翼设计出的多款飞行器，都制作得十分巧妙。从 1879 年起，他对自己设计的一款扑翼飞行器做过多次试验，飞行器用一台蒸汽机做动力，但因蒸汽机爆炸而遭遇失败。1882 年，他又在另一架扑翼飞行器上试验，但没有取得任何有效的成果。

有些设计师则把注意力放到铰接式桨叶上，也进行了许多试验。有些发明家，比如埃拉尔先生，则在 1888 年设计出一套风轮系统。风轮系统设一支架，支架上挂着许多叶片，当风轮旋转时，叶片在凸轮的控制下或开或合，以达到提高升力的目的。韦尔内教授也设计了一套相类似的系统，但要比埃拉尔先生的设计更科学。

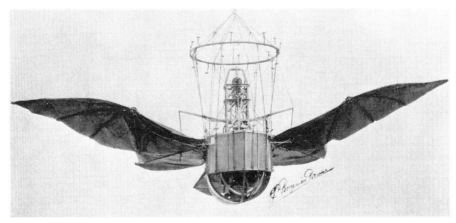

蓬佩延·皮罗设计制作的扑翼飞行器（1882 年）。

埃拉尔设计制作的旋转翼飞行器（1888 年）。

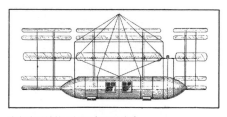

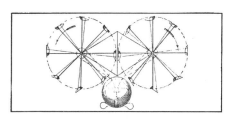

韦尔内设计的飞行器（1894 年）。

35

飞机首次载人飞行

1890 年 10 月 9 日是航空史上一个重要的日子，那一天，人类首次驾驶仅以发动机为动力的飞机飞离地面，虽然升空时间很短，飞行距离也不长，但它仍然是一个值得纪念的伟大事件，这一成就完全归功于克莱芒·阿代尔。

阿代尔生于 1841 年，是自学成才的工程师。他到巴黎之后，对电话的改进及法国首条电话线的安装做出了贡献。不过，他一直极为关注航空业的发展。1873 年，他用鹅毛制作出一架仿飞鸟的飞行器，驾驶员和飞行器合为一体，借助风力飞上了天。凭借一系列发明挣到的钱，他在 1882 年着手准备制作一架蒸汽动力的大型飞机，当时的蒸汽机技术已经十分成熟，这架飞机在 1889 年制作完毕。

1890 年 4 月 19 日，阿代尔在专利申请书中详细描述了这架飞机。他从大自然中获得设计灵感，在研究了鹳和蝙蝠的飞行之后，他认为最好还是采用飞机的设计方案，即采用平面固定翼方案，固定翼表面略弯曲，由前至后呈螺旋状。令人感到奇怪的是，虽然他在设计时采纳了飞禽滑翔的原理，但在制作这架飞机时，其外形却借鉴了蝙蝠的形态，他甚至没有给飞机安装尾翼。他为这款设计造出一个法文词"avion"（飞机）。飞机机翼用挖空的木材制作，外面包真丝蒙皮，可以完成一系列动作，如翼肩可朝前、朝后做伸缩摆动，在飞行途中可根据速度变化来收缩机翼，每一机翼可独立完成上下偏转，所有这些动作足以控制整架飞机。而飞机下部是一个带轮子的支架，后轮与飞行舵相连。螺旋桨配四只桨叶，由一台轻型双缸蒸汽机驱动，液体燃料喷嘴向锅炉内喷射燃料，冷凝器回收蒸发的水分。

这架飞机被命名为"艾奥勒号"。飞机的相关数据为：翼展 14 米，长 6.5 米，机翼面积 28 平方米，双翼总重 74.5 千克，机身包括发动机、

克莱芒·阿代尔（1841—1925），照片摄于 1920 年。

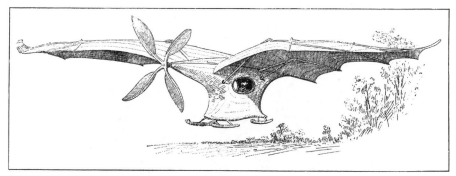

阿代尔设计制作的"艾奥勒号"飞机，是首次载人飞离地面的飞机（1890年10月9日）。

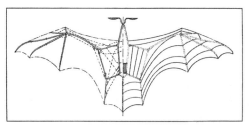

"艾奥勒号"飞机的俯视图，根据阿代尔的专利申请书绘制。

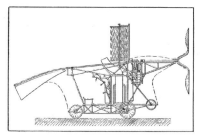

"艾奥勒号"飞机的侧视图，根据阿代尔的专利申请书绘制。

带轮支架、螺旋桨、冷凝器、烟道，总重101千克。1890年10月，阿代尔在一处私人花园里试飞了这架飞机。试飞现场只有阿代尔的几个员工及私人花园的园丁，阿代尔在一份报告中详细描述了这次试飞，其中有这样一段文字："'艾奥勒号'飞机载着阿代尔先生飞离地面，飞机依靠机翼的升力，仅凭借发动机提供的动力，擦着地面飞出50多米。"

　　阿代尔一直认为这次载人试飞是一个重大事件，对试飞结果感到满意，接下来又马上对飞机作做了改进，更换了一台新锅炉。1891年9月，飞机再次试飞，但在飞行过程中，飞机碰到货车，造成损坏。飞机修复之后，他在巴黎向公众展出了这架飞机，国防部长参观了这架飞机，当时便决定由国防部出资，继续进行试飞。国防部与阿代尔签署了一项协议，共同创办一座实验型工厂。国防部向阿代尔提供了一笔65万法郎的资金，这在当时可是一大笔钱，而国防部的各个部门一直在勒紧裤带过日子。

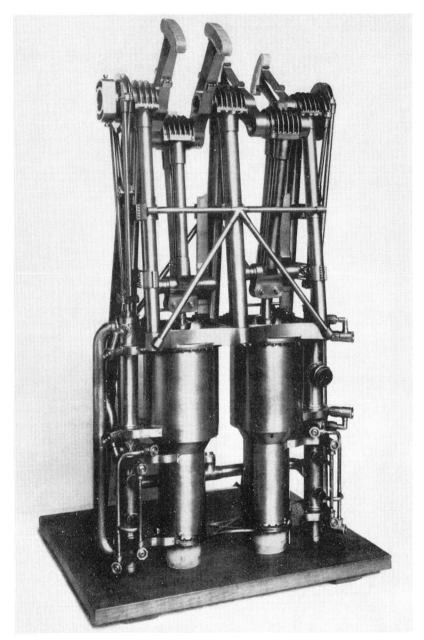

阿代尔设计制作的"艾奥勒 2 号"飞机的蒸汽发动机（1891—1893）。功率 30 马力，重 48 千克，高 1.05 米，气缸行程 140 毫米；直径：高压 70 毫米，低压 120 毫米。（收藏于工艺美术学院）

阿代尔设计制作的"飞机3号",1897年试飞。

"飞机3号"可伸缩的机翼。

　　直到1897年,新款飞机才完成制作,新飞机被命名为"飞机3号"。这架飞机在结构和制作上很像"艾奥勒号",只不过飞机配备了两台独立发动机,每台发动机驱动一只螺旋桨。飞机仅配备了一台锅炉。

　　1897年10月12日和14日,新飞机两次试飞,但阿代尔起草的飞行报告和国防部官员送交给部长的报告略有不同,国防部的报告写得极为详尽,认为还是应该进一步进行飞行试验,但国防部长并不赞同这一结论。在失去国防部的支持之后,阿代尔试图从其他渠道获得资金,但没有成功。他对此感到很失望,把"艾奥勒号"飞机拆毁,只把"飞机3号"保留了下来,后来将其送给了工艺美术学院。

36

蒸汽动力飞机

维克多·塔坦一直在研制飞机，在这段时间里，他得到了夏尔·里歇教授的支持。1890年，塔坦和里歇研制出一架大型蒸汽动力飞机，这架单翼飞机翼展6.6米，机翼面积8平方米。在设计过程中，塔坦一直设法减少飞机的无用功。为克服空气阻力，他把机械系统装在机身轴心位置上，并将其罩起来。蒸汽发动机重11千克，可提供1马力的动能。为便于飞机起飞，他设计了一条42米长的跑道，跑道端点向上倾斜。1890年，他在拉埃夫岬角试飞该飞机，飞机起飞极为顺利，但机尾发生摇摆，最后坠落在悬崖脚下。在制作出新飞机之后，他在1896年和1897年再次试飞，飞机飞行了140米，由于无人驾驶飞机，最后飞机都是失速坠入海中。

旅居英国的美国人海勒姆·马克西姆是著名的发明家，他在1894年制作了一架飞机，即使在今天看，这也算是一架大型飞机了。机翼呈八角形，两侧各延伸出一只机翼，再加上两只升降舵，整架飞机的机翼面积达557平方米。飞机总重为3640千克，飞机翼展31米，配两台蒸汽机来驱动螺旋桨，每台蒸汽机功率为180马力，螺旋桨直径达5.45米。为试验飞机的飞行效果，他还特意设计制作了风洞试验设备，他也由此成为第一个使用风洞设备的设计师。为制作这架飞机，他花费了数百万法郎，但他似乎并不想让飞机在空中放飞，特意为飞机设计了很重的轮子。在试飞的时候，飞机前部摆脱轮子飞了出去，遭到毁坏。尽管马克西姆投入大量的资金，也花费了很大精力，但并未给航空事业的发展带来多大的推动作用。

维克多·塔坦和夏尔·里歇设计制作的蒸汽动力飞机，飞机待装蒙皮（1890 年）。

马克西姆的风动设备。

马克西姆的飞机，尚未安装侧翼（1894 年）。

37

奥托·李林塔尔

奥托·李林塔尔是现代航空之父。虽然飞机不是他发明的，但他却是在空中正常操控飞行器的第一人，也是他设定了操控飞行器的方法。正是受这一方法的启发，莱特兄弟的飞机才得以问世。

李林塔尔从少年起就对航空非常感兴趣。1860 年，他和兄弟在夜里试飞滑翔机，后来又试飞了扑翼飞机。当上工程师之后，他在 1889 年发表了一部研究飞鸟的重要著作，两年过后，他制作出第一架名副其实的滑翔机。1891 年至 1895 年，他制作出多款滑翔机。这些滑翔机在细节上略有不同，都是单翼机，翼展 7 米左右，用竹子和藤条制作，外面蒙棉布，总重 20 千克。试飞时飞行员要把肘部和小臂搭在滑翔机上，从一座小山顶上往下飞，很快就离开地面，在空中滑翔，这时要将腿和身躯微微收起，以确保滑翔机的平衡。

李林塔尔先后滑翔了 2000 多次，最远滑翔了 300 多米，有时甚至能滑翔至比起点还高的高度，还能完成转弯动作。为了缩小翼展，李林塔尔制作了一架双翼滑翔机，试飞取得很好的效果。1896 年 8 月 9 日，在试飞过程中，上一层机翼突然脱落，他被摔在地上，昏迷过去，第二天不幸去世。

奥托·李林塔尔从小山顶上向下滑翔（1893 年）。

试飞者向后收拢双腿，以保持滑翔机的平衡。

奥托·李林塔尔试飞结束时的场景。

1895 年，单翼滑翔机的一次滑翔过程中，飞行者在空中的姿态。

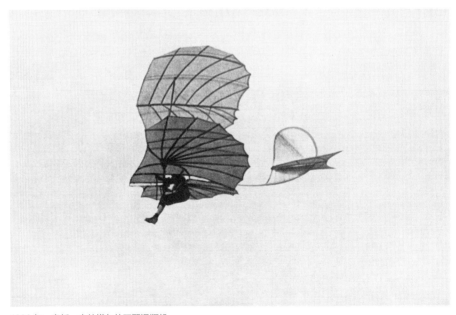

1896 年，奥托·李林塔尔的双翼滑翔机。

劳伦斯·哈格雷夫的杰作

在那个时代，有一批研究人员对航空研究得极为系统化，而且也获得了许多有益的灵感，劳伦斯·哈格雷夫算是其中一员。他是澳大利亚人，在悉尼任工程师兼学者，他最重要的发明是模箱形风筝，这一发明改变了风筝的设计，对航空事业的发展起到促进作用。通过下页所展示的设计图，大家可以看到，他设计出的风筝形态新颖、多样，利于研究风筝的稳定性，让气流通过圆孔或方孔形成的上反角，来稳定侧翼；在平面上对称地设一对组件，以确保纵向稳定；他还试验了怎样获得更大的升力角度。

哈格雷夫还研究航空技术，除了试制扑翼飞机之外，他还设计出几款很奇特的飞机，其中有一架单翼飞机，无尾翼，造型狭长，稳定性却很好。这架飞机配备一台压缩空气发动机，发动机驱动两只扑翼，而不是驱动螺旋桨。另外他还设计了几款其他类型的飞机，包括一架四翼飞机，这些飞机或用皮筋驱动螺旋桨，或用蒸汽发动机及压缩空气发动机驱动螺旋桨。

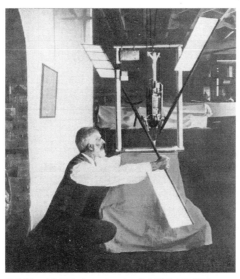

劳伦斯·哈格雷夫（1850—1915）在试验飞机扑翼。

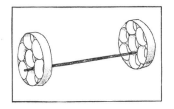

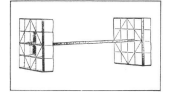

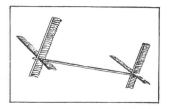

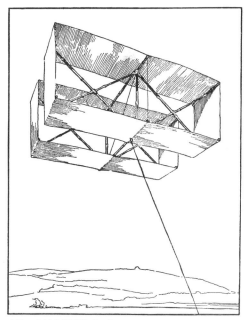

哈格雷夫制作的圆孔（上）、方孔（中）
及羽毛翼（下）风筝。

哈格雷夫制作的模块式风筝。

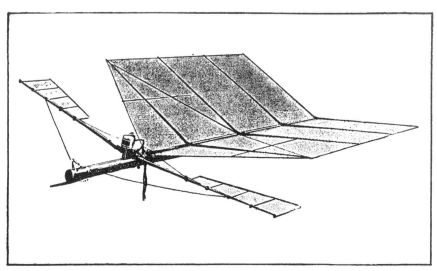

小型扑翼飞机（1892 年）。

哈格雷夫制作的四翼飞机，用压缩空气发动机驱动螺旋桨（1889 年）。

39

兰利的最初研究成果

塞谬尔·兰利曾任史密松研究所的秘书长，是美国著名的天文学家，后来转而去做航空方面的研究，为此还发表了一部关于空气动力学的专著。为了开拓自己的研究，他制作了多款小型飞机模型，其中有用皮筋驱动的小飞机，有双翼飞机、单翼飞机，还有双层蒙皮飞机。

兰利还制作了一架蒸汽动力飞机。1896 年 5 月 16 日，他试飞这架飞机，飞行了一分多钟，飞了很长一段距离，最后安全降落。这架飞机的两只副机翼的翼展为 4.1 米。一台双缸发动机驱动两只螺旋桨，每一气缸的功率为 1 马力，蒸汽锅炉用煤气作为燃料。整架飞机重 14 千克。

为了简化飞机的起飞问题，他利用弹射器把小飞机弹射出去。和塔坦一样，为了安全起见，他把试飞场所设在河面上，以降低风险。后来他又进行第二次试飞，飞机飞行了 1 分 31 秒，飞了 1000 多米的距离，最后降落在距离出发点 300 米的水面上。1896 年 11 月 28 日，他试飞了一款新制造的飞机，飞机飞行了 1 分 45 秒，飞行 1200 米。

蒸汽动力飞机首飞（1896 年 5 月 16 日）。

兰利的飞机模型从弹射器上起飞。

40

李林塔尔的滑翔机潮流

李林塔尔驾滑翔机飞翔的照片给许多从事飞行研究的人留下了深刻印象。这一飞行方法在法国引起人们的好奇，但却没有人去模仿这一做法。只有朗贝尔伯爵从李林塔尔那里购买了一架滑翔机，并在凡尔赛附近试飞了几次，但由于那里没有合适的场地，试飞后来也没有取得任何成果。

在英国，佩西·皮彻尔参照李林塔尔的设计制作出五款滑翔机。他最初也是从小山顶上向下滑翔，每次滑翔之后，他都对滑翔机做一番修改，最后能滑翔20多秒钟。在制作滑翔机的同时，他和威尔逊先生合作创办了一家小公司，以待技术问题解决之后，去开拓航空方面的市场。在制作第五架滑翔机时，他想购买一台小型活塞式发动机，由于买不到这样的机器，他只好自己动手设计制作。在四年当中，试飞没有发生过事故，但在 1899 年 9 月 30 日的试飞过程中，单翼机的尾翼脱落，皮彻尔摔伤，第二天不幸去世。

在阿根廷，巴勃罗·苏亚雷斯仿制了一架李林塔尔式滑翔机，并于 1895 年试飞。这是人类在南美大陆的首次飞行尝试，后来他又多次成功地驾驶滑翔机飞翔。

林塔尔滑翔机最成功的门徒当数奥克塔夫·沙尼特。沙尼特于 1832 年出生于法国，后来成为美国公民，是航空技术领域里最大度的人物之一。作为工程师，

皮彻尔的单翼滑翔机（1895 年）。

巴勃罗·苏亚雷斯在阿根廷滑翔飞行
（1895 年）。

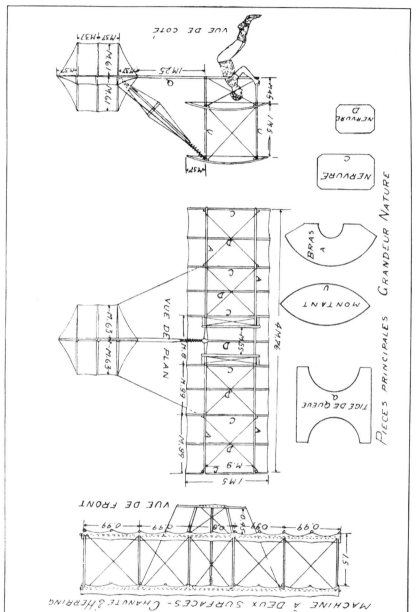

PIECES PRINCIPALES GRANDEUR NATURE

VUE DE COTE

VUE DE PLAN

VUE DE FRONT

MACHINE À DEUX SURFACES - CHANUTE & HERRING

NERVURE D

NERVURE C

BRAS A

MONTANT U

TIGE DE QUEUE Q

沙尼特的双翼滑翔机草图。草图画出试飞员试飞时的姿态。参照这份草图可以制作出一架滑翔机。

他于 1891 年开始投身于航空方面的研究，随后发表了许多专著，而且毫不保留地与热爱飞行的人分享自己的经验，他甚至给莱特兄弟提出了许多有益的建议。从技术角度看，许多发明都是他的杰作，他是双翼飞机无可争辩的发明者。由于年事已高，无法亲身试飞滑翔机，从 1895 年起，他挑选了两位年轻的试飞员，为自己设计的滑翔机试飞。

沙尼特的双翼滑翔机在滑翔中（1896 年）。

沙尼特的三翅串联双翼滑翔机。

沙尼特的多翼滑翔机。

41

安德烈的北极飞行探险

在人类探险和气球飞行方面，安德烈驾驶气球飞往北极的征程是最感人的故事之一。在 1892 年前后，瑞典工程师萨洛蒙－奥古斯特·安德烈设想在北极圈地区起飞，驾驶气球飞抵北极。凭借一些人的慷慨资助，他的设想最终得以实现。他向法国人拉尚布勒订购了一只巨大的气球，气球体积达 4500 立方米，可以在空中停留 30 天。吊舱里设一副卧具，还可携带许多食物及其他装备。吊舱只是飞行员的休息场所，平时他们待在吊舱上层的甲板上。在气球和吊舱之间，还设置了一只帆布袋子，雪橇、折叠橡皮船及够吃四个月的食物及武器都装在袋子里。

为了避免北极磁场对气球造成影响，气球上的所有物品都不是铁制的，探险者把所有的细节都考虑进去了，但是从总体上看，有一点他们疏忽了：探险所用的器材太重了，气球已没有足够的能力来携带压舱物。此外，安德烈的伙伴没有足够的飞行经验和北极探险经验。

1896 年，探险队前往斯匹次卑尔根岛，他们在那里建造了一个气球库，但由于风向问题，探险行动被迫取消。1897 年，安德烈再次尝试飞行探险，这一次两

对"厄恩号"气球进行密封性检测。

位年轻的学者尼尔·斯特林博格和科务特·弗朗盖勒跟随他一起探险。1897 年 7 月 11 日 13 点 50 分，气球"厄恩号"从地面起飞，由于南风刮得很猛，他们拆掉气球库，让气球直接飞了出去。只过了一会儿工夫，气球便被风给压下来，吊舱碰到水面上，气球的部分调节索意外地脱落掉了。气球继续往前飞，消失在远方的空中。

"厄恩号"气球封在斯匹次卑尔根岛上的气球库里。　　　　1897 年 7 月 11 日，气球起飞。

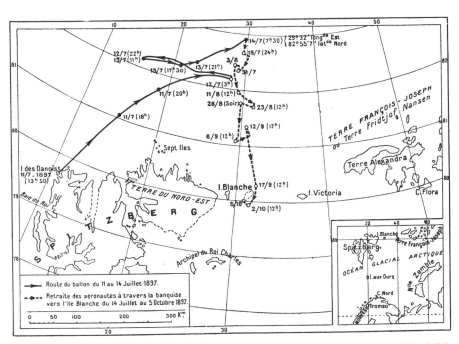

安德烈的探险图：飞行路径及探险家撤退的途径。实线为 1897 年 7 月 11 日至 14 日气球的飞行路线。虚线为 1897 年 7 月 14 日至 10 月 5 日的撤退路线。

"厄恩号"气球降落时,大部分气体已泄露掉了。照片拍摄于 1897 年,1930 年在找到安德烈的相机后,才洗印出来。

　　一只信鸽带回一封短信:"7 月 13 日 12 时 30 分,位于北纬 82.2 度、东经 15.5 度,朝东偏南 10 度方向飞行,一切顺利。此为信鸽的第三封信。安德烈。"但信鸽在斯匹次卑尔根岛被人打死了,后来又发现了救生圈,让人猜测到 7 月 11 日那天发生了意外。

　　此后便渺无音信,直至 33 年过后人们才还原出当时的场景。

　　1930 年 8 月 6 日,捕猎海豹的渔船"布拉瓦格号"在位于斯匹次卑尔根岛西部的布朗什岛上发现了橡皮艇、雪橇、各种用品及安德烈和两位伙伴的遗体。最令人动容的是,安德烈的航行日志、斯特林博格的笔记和信件依然保存完好,字迹清晰可辨,安德烈照相机中的柯达胶片在 30 多年之后依然可以洗印出来。

　　离开出发地之后,气球持续飞行了 65 小时,一直飞到 7 月 14 日 7 时 30 分。在朝北飞行了 13 个小时之后,他们飞到北纬 82.15 度的位置上。此时由于无风,气球只好停下来,随后又朝西飞去,但这段飞行过程极不顺利,吊舱总是碰到冰面。此后,他们又朝北飞去,但一直是飞飞停停,最终于 7 月 14 日抵达北纬 82.557 度、东经 29.32 度的位置,这里距离斯匹次卑尔根岛仅 480 千米,距离北极尚有 800 千米。7 月 21 日,他们借助浮冰开始返回,但路途非常困难,好几次不得不重新选择返回路线。10 月,他们抵达布朗什岛,他们生命的最后记录停止在 1897 年 10 月 17 日。

德国的飞艇

42

1896 年，在飞艇制作方面，德国已走在世界的前列。沃尔弗特博士制作出"德国号"飞艇，吊舱上部直接与飞艇相连，配备一台 8 马力戴姆勒发动机，这是应用于飞行器的第一款汽油发动机，沃尔弗特也由此跻身于现代航空业先驱者的前列。1896 年 8 月 28 日和 29 日，他在柏林试飞飞艇，后来又在 1897 年 3 月 6 日再次试飞，飞艇的方向控制得并不成功，但没有发生任何事故。1897 年 6 月 14 日，沃尔弗特和技师科内博在滕珀尔霍夫驾驶飞艇升空，但几分钟过后，"德国号"飞艇失火，沃尔弗特和科内博为航空事业献出了生命。

奥地利工程师施瓦茨推出全了金属硬式飞艇，从此以后，滕珀尔霍夫就成为硬质飞艇的试验场。飞艇整个艇身用金属制作，飞艇框架采用铝材制作，0.2 毫米厚的铝箔蒙在飞艇框架外面。飞艇体积为 3700 立方米，配一台 12 马力戴姆勒发动机，驱动 3 只螺旋桨。1897 年 11 月 3 日，技师贾格尔斯·普拉茨驾驶飞艇升空，但在飞行几圈之后，飞艇很快就降落下来，普拉茨没有受伤，但飞艇在撞击下遭到毁坏。

1873 年前后，费迪南·冯·齐柏林将军开始研究硬式飞艇，并于 1898 年获得飞艇专利。硬式飞艇的发展能取得当下的成就他居功至伟。1900 年是航空发展史

沃尔弗特的"德国号"飞艇，1897 年 6 月 14 日在滕珀尔霍夫试飞。

施瓦茨的全金属硬式飞艇，1897 年 11 月 3 日在滕珀尔霍夫试飞。

第一代齐柏林飞艇，侧视图（1900 年）。

第一代齐柏林飞艇的金属构架。

第一艘齐柏林飞艇泊在博登湖面的飞艇库内。

上一个重要的节点：随着齐柏林 1 号飞艇的问世，硬式飞艇已跨入实际应用阶段。飞艇框架用铝材制作，总长达 128 米，内设 17 个气囊，总体积为 1.13 万立方米。飞艇下设两个吊舱，每一吊舱内装备一台 15 马力戴姆勒发动机。这架飞艇分别于 1900 年 7 月 3 日、17 日和 10 月 21 日在博登湖面上试飞了三次。

43

桑托斯 - 迪蒙的早期飞行试验

1898 年，一个年轻的巴西人来到巴黎，他名叫阿尔贝托·桑托斯－迪蒙（1873—1932）。他是个有钱的法裔巴西人，来巴黎就是要圆自己的飞行梦。他曾驾驶过最小的载人气球"巴西号"在空中自由飞翔，这只气球的体积仅为 113 立方米。

在经过这次尝试之后，他又让拉尚布勒制作了一艘小飞艇，飞艇形状狭长，体积仅为 180 立方米，首次使用日本丝绸蒙皮，而且配备悬带，悬带直接固定在蒙皮上，这也算是一项革新吧。吊舱内装了一台双缸小型发动机。

在经过一次失败之后，这艘飞艇于 1898 年 9 月 20 日在巴黎动植物园试飞。起飞之后一切都很正常，但飞艇突然降落下来，摔折成两截。一年过后，桑托斯－迪蒙的 2 号飞艇撞到树上，也被摔成两截。此后，3 号飞艇在外观设计上做出很大改变，做成纺锤状，变得短粗，而且改用煤气充填。飞艇成功试飞，但每次都不能返回起飞点。

飞艇所配备的吊舱、发动机、螺旋桨和风扇。

桑托斯－迪蒙飞艇首次从动植物园起飞（1898 年 9 月 20 日）。

桑托斯－迪蒙 2 号飞艇在事故中被摔成两截（1899年）。

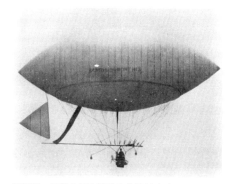

桑托斯－迪蒙 3 号飞艇升空（1899 年）。

44

19 世纪末的自由飞行气球

从 1879 年开始，自由飞行气球经历了一个快速发展的阶段。1883 年 9 月 9 日，洛斯特驾驶气球从欧洲大陆飞越大海，飞至英国，他从法国布洛涅起飞，降落在英国新阿什福德。后来在 1884 年至 1886 年，他又多次完成了跨海飞行。工程师埃尔韦在 1886 年 9 月 12 日至 13 日首次完成了 24 小时不间断飞行，从布洛涅飞至加拿大雅茅斯海域（24 小时 10 分钟）。1886 年 11 月 14 日，卡巴扎和丰代尔成功地从马赛飞至科西嘉岛。1897 年 10 月 19 日至 20 日，小路易·戈达尔驾驶气球载着 7 名乘客从莱比锡起飞，在空中飞行了 24 小时 15 分钟，最后安全降落。1892 年，马莱独自一人在空中飞行了 36 小时，中途仅有一次短暂停留，后来他还完成了一次连续飞行 6 天，中间有若干次停留的壮举。拉尚布勒、若维、马莱等飞行员驾驶气球运载过几百名飞行爱好者，其中最有名的飞行爱好者就是莫泊桑。

1893 年，埃尔米特和乔治·贝桑松开始施放高空探测气球，气球携带许多探测仪器，一直升到 15000 ～ 16000 米的高空。高空探测试验拓展了人们对大气物理的了解。1898 年，法国成立了航空俱乐部，这是第一家航空体育俱乐部。1900 年，借巴黎举办世界博览会之际，航空俱乐部组织了 15 场飞行比赛，其中主要奖项都被年轻的飞行员获得，他们大部分人都是气球制造商马莱的学生。

1900 年 9 月 16 日至 18 日，巴尔桑在空中飞行了 35 小时 9 分钟，随后又在 23 日驾热气球爬升至 8558 米的高空。9 月 30 日，德拉沃伯爵独自一人驾驶气球从法国飞到俄国（全程 1237 千米）。10 月 9 日，在俱乐部组织的最后一项比赛当中，德拉沃伯爵和卡斯蒂约·德圣维克多获得冠军，他们飞行了 1925 千米，用时 35 小时 45 分钟，最后降落在基辅附近的一个小镇旁。

"奥拉号"气球在维耶特升空,吊舱中有莫泊桑、若维和马莱(1887年)。

1893年3月31日,高空探测气球从沙莱－莫登升空。

1900年飞行比赛的冠军获得者。

德拉沃伯爵(1870—1930)。他在长途飞行期间,在华盛顿拍摄了这张照片。几天后他便去世了。

第 三 章

飞艇与飞机

20世纪最初的14年在航空动力发展史上是极为关键的阶段,航空技术的应用、空战及空中飞行技术在这一时期逐渐区分开来。这一时期虽然短暂,却极为充实,甚至可以称作"汽油发动机时代"。在1900年至1914年,所有装备汽油发动机的飞艇和飞行器都取得了良好的成果。

在1901年和1906年,巴西人桑托斯－迪蒙为两种飞行器推出新的动力装置,这两种飞行器一个是飞艇,另一个是飞机。他把自己的发明应用到飞行器上进行试验。一提到他的名字,那个时代所有关注航空事业的人,都会联想起他那狂热的试验活动。

与此同时,莱特兄弟凭借坚韧的毅力和顽强的信念,在对滑翔机进行了几千次试验之后,终于在1903年制作出他们的首架飞机,这架飞机的所有部件都是他们亲手制作的。威尔伯·莱特和奥维尔·莱特驾驶这架机械飞机成功试飞,一年后,他们驾驶改进型飞机进行了转弯飞行和绕圈飞行。又过了一年,新型飞机可以在空中翱翔半个小时,由此开启以飞机为飞行器的时代。

相比其他国家,法国更热衷于发动机式飞机。从1903年起,勒博蒂开始实施真正的空中之旅;从1906年起,在费贝尔和阿尔克德孔等人的大力支持下,航空业在法国获得突飞猛进的发展,公众对这个行业抱着很大的希望。

随着自由飞行气球技术的日臻完善,驾驶自由飞行气球已成为一项体育运动;而对齐柏林式飞艇信心十足的人希望将来能乘坐飞艇长途旅行。

亨利·法尔曼完成了一千米距离的往返飞行,布莱里奥飞越了加来海峡,威尔伯·莱特在奥沃尔进行了飞行演示并创造出新的飞行纪录,这是那个时期航空领域里的重大事件。这期间法国之所以能在短短时间内取得辉煌的成就,与威尔伯·莱特的法国之行密不可分。因为威尔伯·莱特在解决航空重大问题方面走在竞争对手前面,而且他还掌握着"飞行的秘诀",欧洲的研究人员尚未掌握这一秘诀。威尔伯·莱特的发明在法国得到广泛的认可,无论是对他本人,还是对整个航空业,这一认可都是至关重要的。此时,法国的飞机制造已成为一个工业产业,制造工艺也取得突飞猛进的发展,法国后来在这一领域一直处于领先的地位。

不过,取得这些技术成就也付出了生命的代价。由于在航空业内,相关的知识尚不丰富,许多工艺和技术都是一边摸索一边掌握的,而驾驶飞机技术本身也没有科学根据,往往要仰仗飞行员的经验,况且各项研究思路尚不明确,引发伤亡事故也就在所难免了。因此，要从各个方面入手进行深入的研究，这是一个全新的领域，而飞机本身设计得也不完善，开拓这一领域就更难上加难了。在飞机问世的最初阶段，鉴于飞机降落速度不是很快，其重量也比较轻，飞机本身的缺陷多多少少还是可以遮掩过去；但进入 20 世纪 30 年代之后，由于飞机飞行速度更快，重量也更重，即使有新工艺问世，这类工艺和技术手法还是跟不上飞机的发展速度。

慢速飞行就对减少安全事故来说是一件好事，但大家依然期待着驾驶飞机长途旅行。1913 年，许多飞行员在一起相互交流经验，为长途飞行做准备，后来他们中的大部分都在第一次世界大战中牺牲了。

01

桑托斯 - 迪蒙荣膺德驰飞行奖

1900 年，德驰先生在法国航空俱乐部创立了一项飞艇大奖，奖金金额为 10 万法郎，旨在奖励在一定时限内完成飞行路线的飞行员。这一飞行路线是从航空俱乐部所在地圣克鲁公园到埃菲尔铁塔，折返再飞回出发地，用时 30 分钟。好几个竞争者跃跃欲试，报名参加这场飞行比赛，但最终只有桑托斯 - 迪蒙一人参加比赛。

1900 年，桑托斯 - 迪蒙在圣克鲁公园里搭建了一座飞艇库，对 4 号飞艇先后试飞多次，但每次试飞都局限在一个很短的距离内。这艘飞艇配备一根狭长的桁索，安装一台 9 马力的发动机来驱动螺旋桨。飞艇不配备吊舱，飞行员坐在自行车座上。桑托斯 - 迪蒙随后对这艘飞艇做了改进，制作出 5 号飞艇，配备一台功率更大的发动机，发动机为 16 马力，重 98 千克，并为飞艇装备了一根三角形横梁，横梁内设一个小吊篮。飞艇首次采用钢丝绳做悬挂，从而大幅度降低了风阻系数。

1901 年 7 月 12 日，桑托斯 - 迪蒙 5 号飞艇被运送到隆尚，先后进行了 13 次升空试验，先飞到跑马场折回，后来飞到埃菲尔铁塔折回。但埃菲尔铁塔这次飞行很不顺，由于转向舵故障，飞艇不得不降落在铁塔附近的公园里短暂停留。第二天，飞艇完成了圣克鲁至埃菲尔铁塔的往返飞行，用时 40 分钟，但由于出现一个小故障，飞艇落在了罗斯柴尔德公园的树上。

桑托斯 - 迪蒙 4 号飞艇，发明者坐在自行车座上（1900 年）。

桑托斯－迪蒙 5 号飞艇在埃菲尔铁塔旁转弯。

桑托斯－迪蒙 5 号飞艇在圣克鲁公园试飞（1901 年 7 月）。

桑托斯－迪蒙 5 号飞艇的飞行事故（1901 年）。

桑托斯－迪蒙 5 号飞艇配备的布歇发动机。

　　8 月 8 日，飞艇再次起飞，刚绕过埃菲尔铁塔，飞艇的氢气发生泄漏，只好降落在附近的饭店处。因吊篮悬在墙壁上，飞行员躲过一劫。当天晚上，桑托斯－迪蒙决定制作 6 号飞艇，飞艇用了 22 天就制作完毕。

　　在试飞期间，6 号飞艇出现过几个小故障，待修复好之后，又有过几次短途飞行。10 月 19 日 14 时 42 分，桑托斯－迪蒙 6 号飞艇从圣克鲁公园起飞，14 时 51 分在铁塔处折返，15 时 12 分 40 秒降落在圣克鲁公园。凭借这一壮举，他荣膺这次比赛的大奖。

桑托斯－迪蒙 6 号飞艇从圣克鲁公园升空起飞（1901 年）。

桑托斯－迪蒙 6 号飞艇在隆尚附近出现飞行事故（1901 年 9 月 20 日）。

桑托斯－迪蒙 7 号飞艇（622 立方米，装备 20 马力布歇发动机）。

02

两场飞行灾难

桑托斯－迪蒙的成功让许多发明家跃跃欲试，但并非所有飞行试验都是成功的，1902 年在巴黎就出现过两场飞行灾难。

"帕克斯号"飞艇是一个体积为 2000 立方米的大气球，其装备还是很有意思的：吊舱一直探到气球里，飞艇两端各设一只螺旋桨，由两台发动机驱动，还配备了定向螺旋桨。5 月 12 日，飞艇从沃吉拉德街起飞，乘坐飞艇的有巴西议员塞维罗和机械师萨切。升空几分钟后，气球起火，并引发爆炸，坠落到迈纳大街上。

10 月 13 日，"布拉德斯基号"飞艇也从沃吉拉德街起飞，搭乘飞艇的有气球制作者奥托卡·德·布拉德斯基和机械师莫兰。当飞艇飞越斯坦上空时，吊舱悬挂系统突然脱落，两位乘员当场摔死。

罗兹先生的"飞行者号"是一艘硬式双飞艇，属于比空气重的那一类飞行器，曾在 1901 年试飞，但没有成功。

塞维罗的"帕克斯号"飞艇（1902 年）。

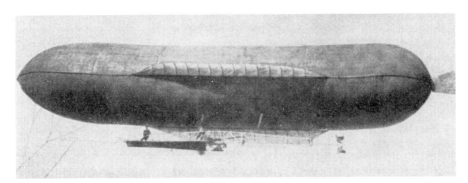

"布拉德斯基号"飞艇（1902年）。

"飞行者号"硬式双飞艇，每一飞艇体积为1350立方米，配备螺旋桨。

03

科莱斯的水上飞机

　　我们在前文介绍过奥地利人威尔海姆·科莱斯制作飞机模型的经历。从 1898 年起，他开始建造一架真正意义上的飞机。飞机由三组纵列机翼组成，三组机翼分列在不同高度上，整架飞机的机翼面积达 94 平方米。飞机整体结构采用曼内斯曼的轻型钢管搭建，看到这样的结构设计，当代技师也无不为之赞叹。

　　科莱斯最初计划让飞机从雪地或水面上起飞，为此，机身下设置两个狭长的浮筒，浮筒用铝箔制作，浮筒底部设计成平面，当作雪橇来使用。飞机尾部设三只尾舵，一只是方向舵，另一只是升降舵，第三只是水面航行舵，用一个操纵杆可单手控制这三只舵。飞机配备两只大螺旋桨做推进器。在设计时，科莱斯仔细计算，以便从形态上增加飞机的稳定性。根据设计，飞机应装备一台 40 马力的发动机，发动机重量为 200 千克，但是很难找到合适的发动机制造商。梅赛德斯公司最终在 1901 年提供了一台发动机，但功率仅有 30 马力，重量却达 380 千克。这个缺陷是致命的，过重的机身把浮筒压得紧贴着机身，也毁掉了飞机的平稳性，况且最大的缺陷是动力不足。

　　1901 年 10 月，尽管年事已高（65 岁），但科莱斯还是亲自驾驶飞机在图勒纳巴赫湖上试飞。在水面上直线滑行之后，科莱斯开始加速，在飞机就要达到起飞速度时，却突然发现前面有一石坝。他即刻关掉发动机，猛地转弯，在风势作用下，飞机摇晃了一下，调转过来，跌入湖中。他抓住一只浮筒，20 多分钟后，一艘小船把他救出水面，但飞机却沉入湖底。

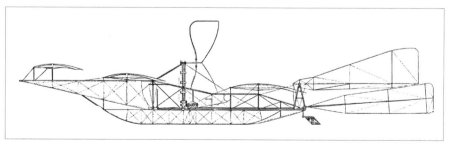

科莱斯的水上飞机侧视图。

04

莱特兄弟的早期飞行试验

莱特兄弟设计制作出第一架发动机式飞机，并成功地由飞行员驾驶连续飞行。他们从小就对佩诺的飞机模型非常感兴趣，在 1896 年前后，开始着手设计自己的飞机。在读过敏斯的《航空年鉴》及沙尼特和兰利等人的著作之后，他们又深入地了解穆亚尔和李林塔尔的研究成果，知道自己该怎样去做。1900 年，他们制作出第一架滑翔机，并利用这架滑翔机去研究飞行的平衡性，在他们看来，这是确保飞行的关键因素。滑翔机设双翼，前面配一只升降舵，但不设方向舵，可以扭动机翼的翼端，以确保侧翼的平衡。

1900 年 10 月，他们开始试飞，先像放风筝那样放飞滑翔机，以检验滑翔机的平衡性，测量滑翔机的升力和风阻，然后再载人滑翔，从一座沙丘顶上飞下来。莱特兄弟是率先采用卧式滑翔的飞行员，这样可以减少空气阻力。

1901 年，他们制作了另一架滑翔机，框架用云杉木制作，檩条则用橡木，用钢琴弦作为索绳，整个框架都用蒙皮包裹起来。他们驾驶这架滑翔机飞行了 50 米。沙尼特到现场观看兄弟俩试飞，后来还给他们提了许多宝贵的建议。1902 年，他们对滑翔机做了改进，可以飞行 200 米。在这一年当中，他们驾驶滑翔机进行了上千次试验，用科学的手法对滑翔机做了各种检测试验。

1903 年，他们对控制舵系统进行测试，用这套系统来控制滑翔机副翼的上下偏转，在迎风飞行时，滑翔机能飞 62 秒，但仅飞出了 30 米。通过这一成果，可以看出滑翔机的性能及飞行员的熟练技巧。莱特的滑翔机就只差安装发动机和推进器了。

莱特兄弟在奥克塔夫·沙尼特（左一坐者）来访时搭建的营地。

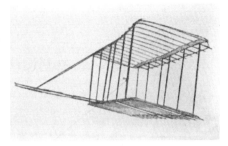

1900 年，莱特的滑翔机以放风筝的形式放飞。

滑翔机滑翔尾段（1901 年）。

把滑翔机抬到山顶上（1902 年）。

1902 年，莱特的滑翔机从斩魔山顶飞下。

05
兰利设计制作的飞机

　　兰利教授的大型飞机在 1903 年试飞过两次，但均以失败告终。飞机制作得非常精美，整体上很像 1896 年制作的那款飞机：机身上装两排纵列机翼，机翼面积达 96 平方米，机身两边各装一只螺旋桨，机尾装一个十字型尾翼。飞机装备一台活塞式发动机，功率为 52 马力，重 155 千克。按当时的制作工艺看，这是一架非常棒的飞机，是工程师曼利的杰作。

　　试飞安排在珀托马克河面上进行，飞机从一艘房船上弹射起飞，这套装置搞得很复杂，而且极不实用。10 月 7 日，曼利坐在飞机上，准备试飞，但就在弹射的瞬间，飞机发生倾斜，落入水中，幸好没有造成太大的损坏。飞机上的绳索被船载设备挂住是造成这次事故的主因。12 月 8 日，他们再次试飞，但这一次，飞机刚一弹射出去就折成两截，后机翼完全折断，机头垂直朝上扬起，随后落入水中。大家费了很大力气，才把曼利从水中救出来。

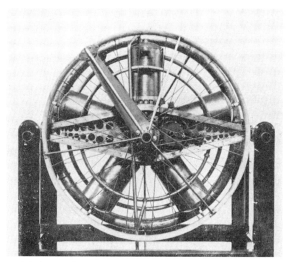

曼利为"兰利号"飞机制作的 52 马力汽油发动机。（收藏于华盛顿美洲艺术博物馆）

"兰利号"飞机安放在房船的弹射平台上。

1903年10月7日,从弹射台上弹出后,"兰利号"飞机一头扎到河水里。

1903年10月7日，落入河水里的"兰利号"飞机残骸。

1903年12月8日，飞机后翼折断，机头扬起，随后落入珀托马克河中。

06

费贝尔的最初试验

费贝尔是法国实用航空的先驱之一，是法国第一个有条理地对大型滑翔机进行试飞的飞行员。1889 年，他了解到李林塔尔在进行滑翔机飞行试验，就参照李林塔尔的滑翔机，制作出三架单翼无尾滑翔机，但试验结果并不理想。1901 年 12 月 7 日，费贝尔在尼斯对 4 号滑翔机进行了试验，这架滑翔机重 30 千克，机翼面积 15 平方米。他从一个 5 米高的架子上往下飞，在空中飞行了 24 秒，飞了 15 米。后来他又试飞过几次，

1901 年 12 月 7 日，费贝尔 4 号滑翔机在尼斯首次试飞。

但滑翔机的稳定性比较差，于是他开始制作一架新型滑翔机，一架类似莱特兄弟那样的双翼滑翔机。1902 年 6 月至 9 月，他对这架滑翔机做了多次试验，最远可以飞 50 米，但由于滑翔机没有导向装置，最后一次试飞着陆太猛。

1902 年，他制作了一架新型滑翔机，装备了控制舵，至此他才真正掌握了驾驶飞机的概念。与此同时，他还在尼斯建造了一个试验平台：一座 18 米高的铁塔，铁塔上设一个 30 米长的悬臂。他用这台设备来测试滑翔机逆风飞行的速度，试验推进器的推力。1902 年 12 月，费贝尔制作出 6 号滑翔机，为滑翔机配备了一台小型发动机，以驱动两只螺旋桨，这为后来研制发动机式飞机奠定了基础。

1902 年 1 月 15 日，费贝尔在尼斯的草料场上测试。

费贝尔在尼斯拽着 4 号滑翔机迎风跑。

1902年9月，费贝尔5号滑翔机从尼斯的沙岸处起飞。

费贝尔6号滑翔机配备发动机和螺旋桨，吊在悬臂塔上进行测试（1902年12月）。

1903年9月3日，费贝尔驾驶5号滑翔机飞翔。

07
勒博蒂的飞艇

　　法国两位工业家保罗和皮埃尔·勒博蒂手下有个工程师名叫亨利·朱利奥，他设计出一款很大的飞艇，由于飞艇发展趋势不错，两位工业家想把这款飞艇制造出来。飞艇采用了多种新技术，而且获得很大的成功，他们的业绩值得一书。

　　这款飞艇首次采用双面有橡胶涂层的帆布做蒙皮，飞艇用悬带与一个用钢管打造的平台相连，这依旧是老式气球所采用的方法，一根根吊索吊着一只船形吊舱，吊舱也是用钢管制作的。飞艇配备一台40马力的梅赛德斯发动机，以驱动两只金属螺旋桨，螺旋桨转速可达1200转/分钟。飞艇还设置了稳定尾翼和尾舵，飞艇两端呈尖形，微微上翘，看上去给人一种很奇特的感觉。

　　1902年11月13日，飞艇首次升空试验很成功，各项指标都符合设计要求。1903年5月8日，飞艇第二次试飞，飞行员朱克迈斯在技师的陪同下飞行了37千米，这是以发动机为动力的飞行器的首次空中之旅。6月24日，飞艇飞行了98千米，用时2小时46分钟，平均时速为35千米。11月12日，飞艇从马松起飞，一直飞到巴黎的战神广场（62千米）。一个星期过后，飞艇飞到沙莱－莫登，但在

1903年11月12日，"勒博蒂号"飞艇降落在巴黎战神广场上。

"勒博蒂号"飞艇吊舱,飞行员和技师站在吊舱里。

降落时落到树上被刮坏了。1904 年,飞艇修复之后又进行了一系列飞行,其中最有意义的是首次搭载女性升空,首次实施空中拍照,首次夜间升空。1905 年,这架飞艇交给军队使用,部队用飞艇进行过多次演习,国防部长甚至还观看过一次飞艇的升空演习。

08

桑托斯 - 迪蒙系列飞艇

　　大家是通过编号认识桑托斯 - 迪蒙系列飞艇的,这一系列飞艇造型各异,设计思路也不尽相同,但其制作工艺和总体设想还是很有意思的。在此系列当中,最著名的有 7 号飞艇，以飞行速度快见长，是在 1904 年为参加圣路易飞行比赛专门设计制作的；10 号飞艇，是 1903 年制作的"客车"型飞艇，可搭载 10 名乘客，但飞艇的试飞工作没有全部完成；13 号飞艇，是 1905 年制作的热气球型飞艇；1905 年推出的 14 号飞艇，有两种款式，一种为狭长形，另一种为椭圆形；还有 1907 年制作的 16 号飞艇，这是一款比空气重的飞行器，但第一次试飞时就坠毁了。

最值得称赞的是 9 号飞艇，这款轻型飞艇体积仅有 261 立方米，配备一台 3 马力发动机，多次成功完成飞行任务，很受公众欢迎。1903 年 7 月 14 日，桑托斯 - 迪蒙亲自驾驶飞艇飞越巴黎上空，鸟瞰香榭丽舍大街和布洛涅林荫大道。

1903 年制作的桑托斯 - 迪蒙 10 号飞艇。

1904 年推出的桑托斯 - 迪蒙 7 号飞艇。

1903 年，桑托斯 - 迪蒙 9 号飞艇在圣克鲁准备升空。

9 号飞艇在小花园升空。

1905 年，将桑托斯－迪蒙 14 号飞艇运至特鲁维尔海滩。

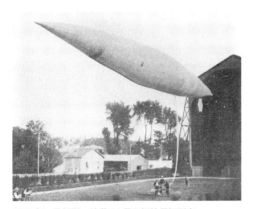

1905 年，桑托斯－迪蒙 14 号飞艇的最初形态。

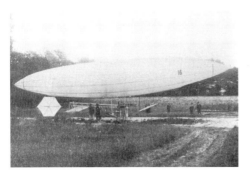

1907 年制作的桑托斯－迪蒙 16 号飞艇。

09

飞机首次载人飞行

1903 年 12 月 17 日是人类航空史上一个伟大的日子，莱特兄弟驾驶发动机作为动力的飞机，先后进行了四次飞行试验，由此成为美国最早的两名飞行员，为美国赢得了至高无上的荣誉。

此前他们用滑翔机试验过多次，也积累了丰富的经验，凭借有条理、有步骤的方法，他们不断地对滑翔机做出改进和完善，甚至建造了一个风洞实验室，来验证航空业界的前辈们所作的研究，修正其设计当中出现的错误，并对飞机的飞行形态提出新的见解。此外，他们的团队还研发制作了一台 12 马力汽油发动机，仅重 109 千克。

这架飞机长 6.82 米，翼展 12.34 米，机翼面积约为 45 平方米，很像 1902 年制作的那架滑翔机。飞行员卧在飞机上，可同时操控前升降舵、尾舵和机翼翘曲，两只螺旋桨由链条驱动。12 月 14 日，他们曾进行过一次试飞，但结果并不十分理想，飞机从一个斜坡上飞出去，紧擦着地面滑翔了一段距离，机身遭到损坏。17

1903 年 12 月 17 日，莱特兄弟的飞机在基蒂霍克准备试飞（飞机侧影）。

1903 年 12 月 17 日，威尔伯·莱特和奥维尔·莱特兄弟俩在基蒂霍克首次试飞有动力载人飞机。

1904年11月9日，飞机在西姆斯站始发，背景中的树木栽在通往戴通的公路两边。

日试飞时，则让飞机从平地起飞。他们先后试飞了4次，兄弟俩轮流做飞行员驾驶飞机。第二次和第三次试飞时，飞机滞空时间为13秒和15秒，飞行距离为59.4米和66米；而第一次试飞不太成功，飞机滞空时间仅为12秒，飞行距离为36.6米。

莱特兄弟对试飞结果非常满意，对飞行能够取得成功并不感到意外，他们知道"有动力飞行器时代已经来临"。试飞结束后，他们返回戴通，建造了一架更结实的飞机，并于1904年试飞这架新飞机。经过105次试飞，他们取得了重要的成果：9月15日，他们完成了飞机转弯动作；9月20日，他们实现了1千米距离的往返飞行；11月9日，飞机沿固定航线飞了4圈，飞行4.6千米，用时5分4秒。

此后，他们制作出第三架飞机，用一台25马力的发动机驱动，并在1905

1905年10月4日，莱特的飞机飞行了33千米，用时33分17秒。

奥维尔·莱特和威尔伯·莱特。 直列四缸汽油发动机（背部）。

年开始试飞。这架飞机先后进行过 50 多次试飞，每一次试飞都增加了飞行距离。
9 月 6 日，飞机打破了 1904 年的飞行纪录，在随后的试飞过程中，一项项纪录先
后被打破：10 月 4 日，飞机滞空时间超过半个小时，飞行 33 千米，用时 33 分 17
秒，飞到了 25 米的高度；10 月 5 日，威尔伯·莱特驾驶飞机飞行了将近 39 千米，
用时 38 分 3 秒。每次试飞都是往返飞行，起飞之后，再飞回到起飞地点，试飞全
部获得成功，没有发生任何事故。

　　莱特兄弟自己出资，冒着很大的风险研制飞机，也深知这项发明具有很大的
价值。为了保密起见，在没有达成商务协议之前，莱特兄弟把飞机研制和试飞活
动都停了下来。那时候法国政府及部分商家都在和莱特兄弟接触，希望能购买他
们的发明，但谈判没有达成协议。后来由拉扎尔·维勒和海特·博格组成的财团
为法国从莱特兄弟手中购得了专利使用权。

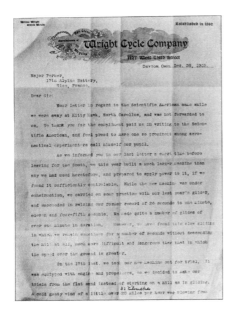
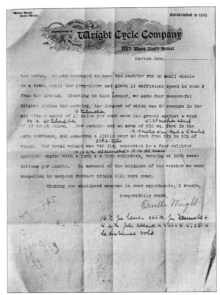

威尔伯·莱特写给费贝尔的信（费贝尔那时任上尉）。信件是在 12 月 17 日飞机首飞成功之后 11 天写的。

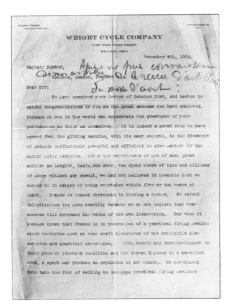
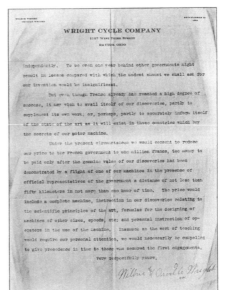

1905 年，莱特兄弟写给费贝尔上尉的"一封商函"，祝贺他于 1905 年 5 月在有动力滑翔机试飞过程中取得成功。

10

发动机驱动的飞行器

1903 年，费贝尔和阿尔克德孔的飞行试验激起了很大反响。法国第一架由发动机驱动的单翼飞机是由工程师勒瓦瓦瑟尔制作的，飞机装备的活塞式发动机也是他制作的，但这架飞机试飞没有成功。

1904 年，鲁先生制作了一架扑翼飞机，飞机还配备了一台蒸汽发动机和螺旋桨，飞机机头设计成尖形，用弹射法起飞，但试飞没有成功。与此同时，夏尔·勒纳尔少尉制订出一整套试验计划，并提议举办飞机发动机设计比赛。他本人一直在研制直升机模型，继续从事空气动力学的研究。1905 年 4 月 13 日，他突然去世，让法国航空业失去了一位重量级人物。

1903 年，勒瓦瓦瑟尔制作的有动力飞机在维洛特朗试飞。飞机整体图。　飞机局部细图。

1904 年，鲁先生的蒸汽动力机械飞鸟从轨道上弹射起飞。

1904年，两位士兵设计制作的滑翔机。

勒纳尔少尉的直升机。

迪福兄弟设计制作的直升机，1905年在圣克鲁试飞。

11

滑翔机

　　受费贝尔飞行试验成果的鼓舞，从 1902 年起，埃内斯特·阿尔克德孔也像莱特兄弟和沙尼特所做的那样，开始在法国推行滑翔机。他让人模仿莱特兄弟飞机的样式，制作了一架滑翔机。1904 年，滑翔机在贝尔克山丘试飞，一个年轻的里昂飞行员驾驶滑翔机升空，尽管滑翔机滞空时间很短，但结果令人满意。这是比空气重的飞行器首次公开在法国载人飞行。1905 年，阿尔克德孔制作了另一架滑翔机，并给它配备了发动机。出于安全考虑，他先进行了一次不载人试验，让一辆汽车牵引滑翔机起飞。这是首次利用汽车来牵引飞机，但飞机在空中解体，摔落在地上。

　　1906 年，法国航空俱乐部创办了一所滑翔机学校。这是世界上第一所滑翔机学校，学校配备了多架沙尼特款滑翔机，培养出许多飞行员，有些人后来成为响当当的人物。

　　在美国，蒙哥马利教授进行了许多有趣的试验，他对滑翔机的样式做了修改，采用纵列机翼，并配上一套可调节机翼弯曲度的装置。他的滑翔方式也很有意思：把滑翔机挂在热气球下方，待热气球升到几百米高度时，飞行员驾驶滑翔机脱离热气球。这样滑翔的时间更长，还能控制飞机转弯。

　　在法国，滑翔机发展得非常快，法国航空俱乐部举办了各种竞赛活动，有滑翔机设计比赛及飞行比赛等。在巴黎以外的地区，喜欢滑翔机的人也大显身手，制作出多种多样的滑翔机，但也出现了一些伤亡事故。

1904年，拉韦扎里先生在贝尔克山丘驾驶滑翔机试飞。

1904年，加布里埃尔·瓦赞驾驶滑翔机从贝尔克山丘上滑下。

1904年，埃斯诺－佩特里先生驾驶滑翔机降落。

阿尔克德孔的2号滑翔机（1905年3月）。

蒙哥马利教授的"桑塔-克拉拉号"滑翔机（1905年）。

悬挂"桑塔-克拉拉号"滑翔机的气球在充气。

1906年航空俱乐部的滑翔机。

12

塞纳河上牵引起飞的滑翔机

1905 年，加布里埃尔·瓦赞为阿尔克德孔和布莱里奥制作了两架滑翔机，滑翔机下设一对连体浮筒。飞机被安排在塞纳河水面试飞，让一艘快艇牵引滑翔机，这样可以测出需要多大拉力才能让滑翔机起飞。1905 年 6 月 8 日，瓦赞驾驶滑翔机试飞，在飞过 150 米后，飞机安全降落在水面上。在接下来的试飞当中，浮筒破裂，滑翔机沉入水里。

在修复飞机之后，7 月 18 日，瓦赞再次试飞，依然由快艇牵引，飞机滑翔了300 米。接下来，瓦赞又去试飞另一款滑翔机，它也飞起来了，但却突然出现偏移，飞机一侧碰到水面，调转方向，沉入河水中，众人及时地把瓦赞从水中救了出来。

1905 年，阿尔克德孔 - 瓦赞的飞机在塞纳河面上蓄势待发。

布莱里奥 - 瓦赞的飞机泊在塞纳河面上。

1905 年 6 月 8 日，由瓦赞驾驶的滑翔机在快艇牵引下起飞。

加布里埃尔·瓦赞，摄于 1908 年。

1905 年 6 月 8 日，阿尔克德孔 – 瓦赞的飞机沉入塞纳河里。

1905 年 7 月 18 日，布莱里奥 – 瓦赞的飞机在水面上出现险情。

13

费贝尔的飞机

1904年，勒纳尔上校把费贝尔上尉招至沙莱－莫登。上任伊始，费贝尔便全身心地投入到飞行试验当中，并对滑翔机做了一些改进，升降舵依然放在飞机前部，在尾部加了一个狭长的尾翼稳定装置，机翼两端翘曲，来改善飞机的稳定性。在此基础上，在两侧各设一个方向舵，以提升飞机的稳定性，再给飞机配备一个轮式起落架，便于飞机降落。在起飞场地上，他竖立起三座塔柱，塔柱撑起一根钢丝绳，用钢丝绳上的滑车牵

费迪南·费贝尔（1862—1909）

引飞机起飞。那时候，费贝尔和技师比尔丹一起进行滑翔机试验，每次试验都做详细记录，甚至用摄像器材把飞行状况拍摄下来。

1905年，费贝尔为滑翔机装备了一台12马力标致发动机，这个动力不足以让滑翔机水平飞行，但在两只螺旋桨的拉动下，滑翔机以向下倾斜12度的角度安全

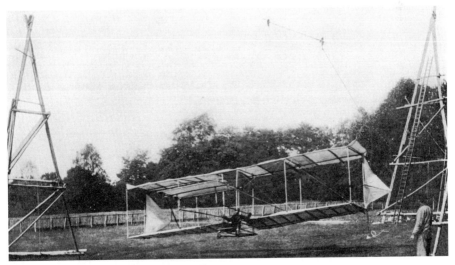

1904年10月，费贝尔上尉的5号滑翔机正在起飞。

1904 年，费贝尔 6 号滑翔机在飞翔，它是首次搭载两人（费贝尔和比尔丹）的滑翔机。

1905 年 5 月 25 日，发动机驱动的费贝尔 6 号滑翔机准备起飞。

降落。1905年5月25日，由活塞式发动机驱动的飞机首次在欧洲实现自由飞翔，这一成果就是费贝尔取得的。遗憾的是，在勒纳尔上校去世后，费贝尔再也得不到有力的支持，于是离开部队，进入安托瓦内特公司。1909年，在一次试飞过程中，费贝尔因飞机失事而不幸去世，他是法国航空业中首个牺牲的军官。

14

研制有动力飞机的先驱

1906年9月13日至11月12日，桑托斯－迪蒙在巴加泰勒草场进行了一系列试飞，他由此成为在欧洲大陆上首次驾驶有动力飞机的飞行员。其实早在他之前，就有一些飞行员成功地驾驶机械动力飞机飞上了蓝天，只不过这几位先驱过早地被人遗忘了。

其中一位名叫特拉简·乌亚，是匈牙利裔工程师。1905年他在巴黎制作了一架飞机，这架飞机制作得很精致，各种装置配备也比同年代的大部分飞机更合理，而且首次使用充气轮胎作为起落轮子。飞机支架上安装着发动机和机翼，翼展为8.7米，机翼的样式像是蝙蝠翅膀，可以收缩。螺旋桨由一台发动机驱动，可提供25马力的动力，但由于使用碳酸液，动力仅能维持3分钟。1906年3月18日，乌亚亲自驾驶飞机试飞，仅飞到0.6米的高度，飞出十几米远，安全落地，但侧风还是把飞机给吹翻了。

另一位是丹麦人埃尔哈默，他在1904年制作了一架单翼飞机。飞机配备一台18马力发动机和一只螺旋桨。1906年9月12日，他驾驶飞机飞到50米的高度，飞出了42米远。

1906年3月，乌亚在装配飞机。

1906 年，乌亚的首架有动力飞机试飞。

1904 年，埃尔哈默的首架有动力飞机。

1906 年，埃尔哈默的飞机在飞行中。

埃尔哈默飞机的机库。

15

桑托斯 - 迪蒙的飞行试验

    桑托斯－迪蒙在航空史上发挥出决定性的作用。1906 年，他驾驶 14 号乙飞机成功地完成了有动力飞行，这次试飞不仅有公众观看，还有官方代表在现场监督，其成功进一步推动了欧洲有动力飞机的发展。14 号乙飞机是蜂窝状双翼飞机，机翼两端向上翘，形成两面角，机翼面积为 52 平方米，机身前部设一小舱室，控制方向舵和升降舵。飞机设一吊舱，桑托斯－迪蒙站在吊舱里驾驶飞机。一台 24 马力安托瓦内特发动机安装在飞机尾部，后来增配了一台 50 马力的发动机，驱动一只金属螺旋桨。整架飞机重 300 千克。

    1906 年 9 月 13 日，桑托斯－迪蒙在巴加泰勒草场上驾驶飞机试飞，飞机飞到 0.7 米高度，飞出 7 米远。此后，飞机又经多次试飞，每一次试飞后，再做一些改进。11 月 12 日，这架飞机飞行 220 米远，滞空时间为 21.5 秒，荣获法国航空俱乐部的大奖。

1906 年 9 月 13 日，桑托斯－迪蒙驾驶 14 号乙飞机在巴加泰勒草场试飞。

1906年11月12日，桑托斯－迪蒙的14号乙飞机飞出220米远，飞机背面图。

14号乙飞机在试飞中转弯（飞机正面图）。

14号乙飞机的启动机。

16

1907 年航空发展状况

1907 年底，欧洲有 9 位飞行员先后驾驶有动力飞机飞上了蓝天。其中莱昂·德拉格朗热向瓦赞兄弟订购了一架双翼飞机，在第一次试飞时，他们决定由夏尔·瓦赞来驾驶飞机。3 月 16 日，飞机仅飞出几米远；3 月 30 日，飞机飞出 60 米远，滞空时间为 6 秒钟，高度为 2~4 米。11 月 2 日和 5 日，德拉格朗热也驾驶飞机成功试飞。

与此同时，路易·布莱里奥也实现了首飞。他驾驶的是一架单翼飞机，机翼用带涂层的羊皮纸做蒙皮，配备一台 24 马力安托瓦内特发动机。4 月 5 日，他在巴加泰勒草场飞出五六米远，但飞机因为整体结构过于脆弱，在后来的试飞过程中遭到损毁。后来，布莱里奥又试飞了一款纵列双翼飞机，这架飞机飞到 18 米的高度，飞行了 184 米。

另一位飞行员亨利·法尔曼也向瓦赞兄弟订购了一架双翼飞机，并从 9 月 30 日起开始试飞。在试飞过程中，他意识到操控飞机的重要性，驾驶飞机飞出 771 米远。

埃斯诺－佩特里先生自己动手制作了一架单翼飞机，飞机所装备的发动机也是他发明的，他在 10 月及 11 月进行了一系列试飞。阿尔弗雷德·德·比绍夫制作出一架双翼飞机，并在 11 月 5 日和 6 日进行了试飞。

1907 年 3 月 30 日，夏尔·瓦赞驾驶有动力双翼飞机飞出 60 米远。

1907年9月17日，布莱里奥的纵列机翼飞机飞出184米。

1907年4月5日，布莱里奥的飞机降落失败。

1907 年，布莱里奥－瓦赞的双翼飞机。

1907 年，比绍夫的首架双翼飞机。

17

亨利·法尔曼的一千米往返飞行

首个一千米往返飞行是由飞行员亨利·法尔曼完成的，体育运动委员会的官员亲临现场观看比赛，法尔曼获得这一届德驰－阿尔克德孔大奖赛的5万法郎奖金。

1908 年 1 月 13 日，法尔曼驾驶瓦赞双翼飞机，飞过 500 米处所设立的柱子后，折返飞行，用时 1 分 28 秒。这架飞机装备了一台 50 马力安托瓦内特发动机。

亨利·法尔曼，摄于 1907 年。

1908 年 1 月 13 日，法尔曼参加加德弛 – 阿尔乞德孔大奖赛，驾驶飞机飞越终点线。

18

首次搭载乘员飞行

　　首次搭乘飞机的乘员也是亨利·法尔曼。1908 年 3 月 28 日，莱昂·德拉格朗热驾驶瓦赞双翼飞机在宜西试验场上试飞，法尔曼搭乘飞机和他一起试飞，飞机只飞出了几百米远。埃内斯特·阿尔克德孔一直致力于推动航空事业的发展，1908 年 5 月 30 日，他搭乘亨利·法尔曼驾驶的飞机飞行了一千多米的距离。大家都很重视这次飞行，特意对飞行场地做了一些修整。此后不久，法尔曼还让多名乘员搭乘他的飞机，甚至让他父亲也过了一把飞行瘾。借威尔伯·莱特来法国访问的机会，许多人都荣幸地乘他驾驶的飞机飞上了蓝天。

　　在飞机发展初期，虽然有许多人搭乘飞机升入天空，但没有出现过一起伤亡事故。1908 年，莱昂·德拉格朗热多次打破了法国飞行员驾驶飞机滞空时间纪录；在都灵试飞的纪录为 19 分 30 秒，在宜西的试飞纪录已达到 29 分 53 秒。

莱昂·德拉格朗热（1873—1910）

首次搭载乘员的飞行：1908年3月28日，莱昂·德拉格朗热在宜西试飞时，搭载亨利·法尔曼一起飞行。

亨利·法尔曼和埃内斯特·阿尔克德孔驾机准备起飞。

第一个女飞行员泰蕾兹·佩尔捷女士。

19

飞艇的快速发展

1904 年至 1912 年，飞艇有了突飞猛进的发展。1906 年勒博蒂公司参照此前所制作的飞艇，制作出一艘功率更大的飞艇"祖国号"，并把这艘飞艇交给部队使用。这艘飞艇多次成功地完成飞行任务，甚至从莫登一直飞到凡尔登。部队用这艘飞艇训练出一批出色的飞行员和技师，还运送过许多乘员，其中最著名的人物就是克列孟梭。

1907 年 7 月 12 日，"祖国号"飞艇飞越巴黎歌剧院上空。

与此同时，叙尔库夫为亨利·德驰先生制作了一艘"巴黎城号"飞艇。飞艇的样式很奇特：把充满氢气的软管排在一起，设在飞艇尾部，以取代以往的水平尾翼。后来德驰先生把这艘飞艇捐赠给法国政府，来替代被暴风雨损毁的"祖国号"飞艇。

马莱先生为德拉沃伯爵制作了一艘小型飞艇，设一单座吊舱，在吊舱与飞艇之间设一横桁，再把螺旋桨放置在横桁上。发明家马雷科制作了一只很怪异的飞行器，它兼有飞艇和飞机的特性——在飞艇下方设两只飞翼。每一次试飞它都取得了成功。

在这段时间里，德国和英国的飞艇也发展得很快，各种类型的飞艇相继问世，而且取得了很不错的成果。

"巴黎城号"飞艇从萨图维尔飞至凡尔登,飞艇在瓦米短暂停留后,再次起飞。

1908 年,"马雷科号"混合型飞艇。

20

飞机首次长距离飞行

　　从一座城镇飞往另一座城镇，从广袤的田野上空飞过，俯瞰美丽的田园景色，亨利·法尔曼是第一个荣膺这一长途飞行荣誉的飞行员。他把自己的飞行基地设在了沙隆镇，1908 年 10 月 30 日，他驾驶瓦赞双翼飞机从布伊一直飞到兰斯，这是一次历史性的航行，让飞机首次飞出了机场所控制的范围。飞机顺利地降落在兰斯骑兵部队营地上，飞行全程 27 千米，用时 20 分钟。

1908 年 10 月 31 日，亨利·法尔曼荣获飞行高度奖（25 米）。

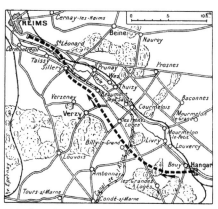

1908 年 10 月 30 日的飞行示意图。

首次从一座城镇飞往另一座城镇：亨利·法尔曼驾驶瓦赞双翼飞机从布伊飞往兰斯。

亨利·法尔曼降落在兰斯骑兵部队营地上。

21

布莱里奥的单翼飞机

　　1907 年，布莱里奥驾驶飞机成功地飞上蓝天，感觉备受鼓舞，他甚至放弃了制作汽车车灯的产业，转而去研制飞机。他对单翼飞机情有独钟，制作出多款单翼飞机，每一款型都装备了拉力型螺旋桨。为了减轻飞机的重量，也是为了节约成本，机翼蒙皮没有使用帆布，而是采用中国的宣纸，这种纸的强度远比人们想象的高。但同时飞机却采用了四叶片金属螺旋桨。

　　"布莱里奥 6 型"飞机的造型很有特色：这是第一架机身完全被覆盖住的飞机，机翼增厚，做成扁圆形。这个现代模样的飞机设计令人惊讶不已。遗憾的是经过几次试飞之后，飞机出了一次事故，研制活动也因此停下来。

　　"布莱里奥 8 型"乙飞机装备一台 50 马力安托瓦内特发动机，尾舵更强劲，还增加了一对副翼，这对副翼从一开始就带来了令人满意的结果。1908 年 10 月 31 日，就在法尔曼完成首次长距离飞行的第二天，布莱里奥也完成了镇际往返飞行。单程飞行距离 14 千米，用时 11 分钟，但回程因故障被迫在中途停留了一次。布莱里奥是第一个采用副翼的飞机设计师，副翼可以用来控制飞机侧面的稳定性。此后不久，布莱里奥制作出一架性能更好的单翼飞机，并在 1909 年初试飞。

"布莱里奥 6 型"飞机机身完全覆盖，机翼呈扁圆形，于 1908 年试飞。

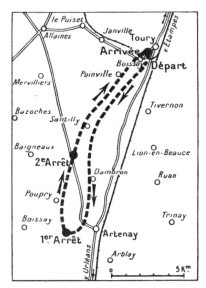

1908 年 10 月 31 日，"布莱里奥 8 型"乙飞
机镇际往返飞行示意图。

1908 年，"布莱里奥 8 型"乙飞机在宜西试飞时飞行了 700 米。

1908 年 10 月 31 日，"布莱里奥 8 型"单翼飞机准备起飞。

22

美洲的公开飞行

　　莱特兄弟首次驾驶飞机飞行时，只有少数几个人在场，除了沙尼特之外，其他人都是外行，直到 1908 年，飞机试飞才向公众开放。

　　电话发明家格拉汉姆·贝尔创立了航空试验协会，聘用格伦·柯蒂斯任自己的助手，让他专门研究飞机发动机。他们制作出一系列飞机，其中有"红翼号"飞机——1908 年 3 月 12 日，飞行员鲍德温驾驶"红翼号"从纽约科拉湖面上起飞，当时湖面上还覆盖着厚厚的冰层，飞机飞出 100 多米。还有"白翼号"飞机，从 1908 年 5 月 18 日起，这架飞机多次试飞，柯蒂斯本人甚至亲自驾驶飞机试飞。还有"六月鳃金龟号"飞机，7 月 4 日，在"科学美国人杯" 1 千米往返飞行比赛中，柯蒂斯驾驶飞机荣膺金奖。此后，航空试验协会一直在不断地改进飞机设计，提升制作工艺，制作出"银镖号"飞机。1909 年 2 月 23 日，麦克科迪驾驶"银镖号"从巴代克湖的冰面上起飞，飞行了 7 千米，这是首次在加拿大境内的长途飞行。后来这架飞机又飞出 25 千米，滞空时间达 38 分钟。

美洲的首次公开飞行：鲍德温驾驶"红翼号"飞机准备起飞。

1908年7月4日，柯蒂斯荣膺"科学美国人杯"金奖。

1909年2月，麦克科迪在"银镖号"飞机驾驶位上。

柯蒂斯的"白翼号"飞机。

"天鹅2号"飞机，由5500个四面体蜂巢组成，贝尔和麦克迪迪研制，但在1909年2月22日试飞时未能成功起飞。

23

威尔伯·莱特的法国之旅

威尔伯·莱特前往法国飞行演示具有十分重大的意义。1908 年 7 月，他在芒斯安顿下来，接着法国又把飞行演示场所先后安排在乌纳迪埃和奥沃尔营地里。

当时，法国人对莱特兄弟飞行试验的准确性及其价值依然抱着怀疑的态度。1908 年 8 月 8 日，威尔伯·莱特在此的第一次升空飞得极为平稳、壮观，瞬间打消了所有的疑虑，赢得在场观众的阵阵赞叹声。飞机飞得如此轻松自如，完全得益于飞机本身的优良性能，得益于机翼的翘曲，更得益于飞行员过硬的本领。观众们一下子就被彻底征服了，这也让所有航空人认识到美国人研制的飞机已超越欧洲大陆的飞机。

飞行演示取得丰硕的成果：9 月 16 日，飞机首次搭载一位乘员，飞行了 39 分 18 秒；9 月 22 日，飞机飞行了 66.6 千米，用时 1 小时 31 分 25 秒。在此后的飞行演示中，莱特不但延长了滞空时间，还增加了飞行次数。10 月 6 日，他搭载福代斯先生飞行了 1 小时 4 分钟，福代斯先生成为首个在飞机上滞留超过 1 小时的乘员。几天过后，这个纪录又被保罗·潘勒韦打破，莱特搭载他飞行了 1 小时 9 分 45 秒。截至 10 月 15 日，已经有 30 位乘员搭乘过莱特的飞机，而法国飞行员仅仅搭载过屈指可数的几位乘员。

1908 年 9 月 22 日，威尔伯·莱特在奥沃尔试飞时，创出滞空时间新纪录（1 小时 31 分 25 秒）。

接下来，这位伟大的飞行员又完成了三个壮举：12 月 18 日，他飞出 99 千米（官方认可纪录），实际飞行距离达 120 千米，用时 1 小时 53 分 59 秒；接着又飞出 115 米的高度；12 月 31 日，他飞出 123.2 千米（官方认可纪录），实际飞行距离为 150 千米。此外，他还为法国飞行员举办了培训班，训练出几名优秀的飞行员。

1908 年 10 月 31 日，参议员保罗·杜梅尔搭乘莱特的飞机，在空中飞行了 10 分钟。

1908 年 12 月 18 日，威尔伯·莱特在奥沃尔试飞时，驾机飞到 99 米的高度，打破了当时的高度纪录。

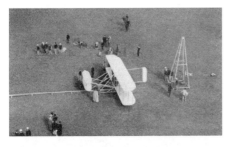

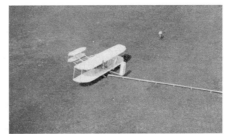

1909 年，莱特的双翼飞机在意大利弹射起飞过程（照片从气球上拍摄）。左上：飞机就位，准备弹射；右上：飞机起飞；左下：飞机起飞后飞行。

在威尔伯·莱特飞行学校学习的飞行员。

24

最早的试飞牺牲者

在研制有动力飞机的早期阶段，很少发生严重的伤亡事故，然而在飞机开始真实演示飞行时，却发生了首个严重的飞行事故。1908 年 9 月 18 日，在华盛顿附近的迈尔斯堡，奥维尔·莱特要为军事委员会演示正式飞行，奥维尔·莱特驾驶飞机，随机飞行的还有托马斯·塞尔福里奇中尉。当时飞机飞行高度并不高，但飞机帆索刮断了叶片，飞机顷刻便跌落在地，奥维尔身负重伤，塞尔福里奇中尉当晚在医院里去世。

欧仁·勒菲弗（1878—1909）

在飞行事故中牺牲的第一个飞行员是欧仁·勒菲弗。1909 年 9 月 7 日，他驾驶一架莱特双翼飞机，在飞行过程中飞机出现事故，夺去了他的性命。十几天过后，9 月 22 日，费贝尔上尉也在飞行事故中丧生。

第一个牺牲的飞行员欧仁·勒菲弗，正在驾驶莱特双翼飞机。

在法国制造的首架莱特双翼飞机，由阿里埃尔公司制造（1909 年）。飞机被放到弹射弹射轨道上准备弹射起飞。

25

直升飞机首次飞行

1907年，路易和雅克·布勒盖及里歇教授一直在测试直升机，直升机设垂直螺旋桨，四叶片，由一台45马力安托瓦内特发动机驱动，但未设任何控制装置。这架直升机只是为了验证在搭载一名飞行员的条件下能否飞离地面，测试结果令人满意。在9月份的测试中，这架重达578千克的"旋翼机"飞到了60厘米的高度。9月29日，直升机能飞到1.5米的高度，但他们没有放飞直升机，而是用绳索做系留，或让几个助手拉住直升机。

第一架自由升空的直升机是一个名叫保罗·科尔尼的机械师设计制作的，飞机设两只螺旋桨，由一台24马力安托瓦内特发动机驱动，并配备两只平衡外翼。首次试飞时，科尔尼驾驶飞机，飞离地面30厘米；第二次试飞时，飞机猛然冲到1.5米的高度，他弟弟当时正站在飞机支架上，起飞时被带了起来，一下子让升空重量从260千克骤增到328千克。尽管飞行距离非常短，但这次升空是一个历史性的突破，后来他又试飞过几次，但由于缺少资金，最后不得不放弃了这个项目。

1908年7月22日，布勒盖和里歇教授又制作了2号乙旋翼机，这架巨大的飞机兼有直升机和飞机的特性，试飞时飞到了4米高，但在降落时遭到损毁。

1912年，埃尔哈默在丹麦试飞了一架有人驾驶直升机，该机设两只同心螺旋桨，下螺旋桨可以作为降落伞用，试飞时飞至了60厘米的高度。

布勒盖－里歇1号直升机，首架有人驾驶飞离地面的直升机。

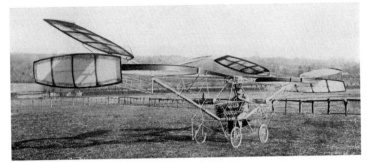

保罗·科尔尼的直升机，首架有人驾驶自由升空的直升机（1907年11月13日）。

1908年，布勒盖－里歇2号乙旋翼机。

1912年，埃尔哈默的有人驾驶直升机在飞行中。

26
国外的航空发展状况

在航空领域，法国已走在世界的前列，许多国家的首航往往都是由法国飞行员完成的。1908 年春，德拉格朗热被请到意大利进行飞行演示，从那时起，他先后在罗马、米兰和都灵进行了一系列飞行表演。意大利最早的飞行员是卡勒德拉拉上尉，1909 年奥维尔·莱特在罗马逗留期间曾收他做学生。

在航空技术方面，丹麦取得了令人震惊的突破。作为航空业的先驱，从 1908 年 2 月起，埃尔哈默在丹麦多次驾驶三翼飞机试飞，到了 9 月，德拉格朗热也在丹麦进行了飞行演示。在德国，埃尔哈默还是驾驶飞机飞上蓝天的第一人。那是 1908 年 6 月 28 日，面对 3 万多名观众，他驾驶一架双翼飞机，顺利飞向天空。第一架由德国飞行员驾驶的德国飞机是"格拉德号"三翼飞机，1909 年 1 月 12 日，飞机在马格得堡试飞时，仅飞出几米远。

英国是后来才慢慢地进入到航空领域，除了亨利·法尔曼之外，第一个飞上蓝天的英国人是格里菲斯·布鲁尔。1908 年 10 月 8 日，他搭乘威尔伯·莱特驾驶的飞机在奥沃尔机场飞上天空。英国第一个飞行员名叫摩尔·布拉巴宗，1908 年 12 月，他在法国驾驶瓦赞飞机首次升空，后来又在英国飞行多次。另外值得一提的是美裔英国人 C.F. 科蒂，他制作了一架双翼飞机，并从 1908 年起多次驾驶飞机试飞，在次年 8 至 9 月飞出很远的距离。1913 年，他在一次飞行事故中遇难。

1909 年 4 月 23 日，法国飞行员勒加尼厄驾驶瓦赞飞机，首次在奥地利维也纳上空飞行。奥地利首位飞行员兼飞机制作者是伊格·埃特里希，他驾驶自己制作的单翼飞机进行过多次飞行试验。

在荷兰，朗伯特伯爵驾驶莱特飞机进行过几次飞行演示，后来在 1909 年 7 月 18 日，法国飞行员勒菲弗在海牙附近驾机进行了演示飞行。

1909 年至 1910 年，瑞典、罗马尼亚、俄国、西班牙等国的飞机首飞都是由法国飞行员完成的。瑞士的飞机首飞是由德国飞行员完成的。虽然美国飞机在技术方面走在欧洲前面，但南美洲的首批飞机都购自法国，首飞也是由法国飞行员完成的。

1908 年 2 月，埃尔哈默的三翼飞机在丹麦升空飞行。

1909 年，"格拉德号"发明者驾驶单翼飞机试飞。

德国制作的"格拉德号"三翼飞机首飞。

埃尔哈默驾驶的三翼飞机准备起飞，这是此架飞机首次在德国上空飞行。

英国最早的飞机之———科蒂的"大教堂号"双翼飞机在飞行中（1909 年）。

1908 年，埃特里希的无动力滑翔机在奥地利飞行。

瑞士的第一架飞机：迪弗的双翼飞机（1910 年）。

俄国沙皇尼古拉二世及随同人员在彼得堡举办的飞行演示会上参观法国飞机，左为布莱里奥和莱昂·莫拉纳。

27

1908 年的飞机发展状况

1908 年，航空业呈现出一派欣欣向荣的发展景象，好几家飞机制造商决意要去发展飞机制造业，其中有些公司如今仍然在从事这一行业。布莱里奥已放弃其他行业，一门心思去发展航空业。亨利·法尔曼已在飞行领域开拓出一片天地。瓦赞和安托瓦内特公司都在相继扩大生产规模，有些不太知名的公司也推出了自己的新型飞机，比如古皮公司制作出一款小型双翼机，由螺旋桨驱动，为封闭式机身。

在 1908 年的汽车博览会上，有很大一片展区留给航空业。阿斯特拉公司展出了飞艇，阿代尔展出了飞机模型。除此之外，展区里还摆放着 16 架飞机模型。那时候，飞行爱好者很容易就能买到一架轻型飞机。航空俱乐部的成员也制作飞机，他们的飞机都取得了令人满意的成果。桑托斯－迪蒙也制作出一架轻型飞机，机身用竹子制作，仅重 100 千克。许多飞行学校采购这款飞机，用来进行飞行训练。飞机虽然看上去很单薄，但从未发生过伤亡事故。

亨利·法尔曼制作的第一架双翼飞机。

莱昂·德拉格朗热在宜西打破了滞空时间记录（1908年）。

古皮制作的双翼飞机（1909年）。

桑托斯－迪蒙的轻型飞机首飞（1907—1908 年）。

1908 年，费贝尔上尉驾驶 9 号双翼飞机在飞行中。

28

飞艇的技术进步

从 1906 年起，飞艇制造业在法国开始发展起来，原本两家很小的制作车间发展成为两家实业公司——叙尔库夫的工厂变为阿斯特拉公司，莫里斯·马莱的车间变成佐迪亚克公司。勒博蒂的工厂专门制作军用飞艇。奥地利和俄国从勒博蒂公司购买飞艇，而英国人则采购克莱芒－巴亚尔的飞艇。佐迪亚克公司专门制作可拆卸小型飞艇，且型号繁多，无论是形状，还是细小环节，都做得十分精致，法国、荷兰、俄国、比利时军队均采购他们制作的飞艇。阿斯特拉公司的飞艇形体更大，用途广泛，法国、比利时、西班牙、俄国以及英国军队纷纷购置这种大型飞艇，去执行各种不同的任务。

从 1909 年起，德军开始部署三种类型的飞艇：齐柏林的硬式飞艇、格罗斯的半硬式飞艇及帕瑟瓦勒的软式飞艇。

在飞艇制作方面，美国要远远落后于欧洲，他们制作的飞艇不但体积小，而且造型也很差，还经常出事故。为实施跨大西洋飞行，他们向德国订购了一艘大型飞艇，但飞行计划最终未能实现。

埃斯诺－佩特里的首架单翼飞机（1907 年）。

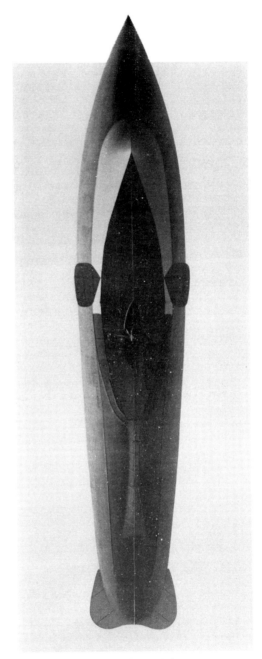

"共和国号"飞艇，仰视图（1909 年）。

1907年9月，在圣路易举办的飞艇比赛。

为荷兰制作的佐迪亚克可拆卸飞艇（1909年）。

飞机发动机

最早为飞机设计的轻型活塞式发动机是在 1903 年制作的，随后勒瓦瓦瑟尔设计出 24 马力安托瓦内特发动机，这款 8 缸 V 形排列发动机开始大批量生产，并装备在不同类型的飞机上。勒瓦瓦瑟尔后来又设计出 50 马力发动机。

飞机早期发动机的发展可以划为两个阶段：一个是以安托瓦内特发动机为代表，另一个是以格诺姆发动机为标杆。1906 年至 1908 年，所有装备安托瓦内特发动机的飞机都取得了良好的成果，多缸高转速发动机开始推行起来。从 1909 年起，随着塞甘兄弟推出的旋转气缸发动机取得骄人的成果，飞机转而开始采用旋转气缸发动机。这种发动机的中间曲轴是固定的，曲轴周围的气缸围绕着固定的曲轴旋转。虽然这一技术已应用于其他行业，但塞甘兄弟所设计的发动机是在悬空状态下工作的，这一大胆的设计在航空领域引发出一场革命。

固定式发动机是以冷却形式来分类的，冷却形式有水冷和风冷，气缸的排列形式也是多种多样，最简单的是 4 缸直列，比如莱特兄弟所制作的发动机（1907 年），还有气缸倒置发动机（1909 年）和 6 缸直列发动机（1910 年），德国普遍采用后一种发动机。安扎尼制作出一款 3 缸扇形排列发动机，后来又制造了 6 缸扇形排列发动机。1907 年，埃斯诺－佩特里在他的飞机上安装了一组扇形排列发动机（2 缸和 3 缸发动机各一台），采用风冷系统，这也是飞机发动机首次采用风冷系统。达拉克、克莱芒、格诺姆等公司随后相继开发出水平对置发动机，而法尔戈和克莱热公司则在 1908 年推出水平排列星形发动机，安扎尼公司对排列形式做了改进，将其改为垂直排列，采用风冷加水冷的混合冷却系统。韦尔代和克莱热研制的旋转气缸发动机也引起业界的广泛关注，有人尝试对这款发动机做了一些改进。在飞机问世的前 6 年当中，飞机发动机功率基本上都维持在 50 马力至 70 马力之间。直到 1913 年至 1914 年，格诺姆和克莱热才研制出功率可达 200 马力的叠置发动机。

25 马力达拉克发动机，2 缸水平对置，安装在桑托斯－迪蒙的轻型飞机上（1908 年）。

50 马力安托瓦内特发动机（8 缸 V 形排列），
安装在安托瓦内特单翼飞机上（1908 年）。

50 马力克莱热－克莱芒发动机，7 缸星形排列（1908 年）。

60 马力 REP 发动机，7 缸 V 形排列，
安装在 REP 单翼飞机上（1908 年）。

100 马力庞阿尔发动机，4 缸直列，安装在波罗托夫双翼飞机上
（1908 年）。

格诺姆首台旋转气缸发动机，在旋转状态
下拍摄（1908 年）。

技师正在给亨利·法尔曼的双翼飞机安装 50 马力格诺姆旋转气
缸发动机（1909 年）。

100 马力安托瓦内特发动机（16 缸 V 形排列），安装在准备参加戈登 - 贝奈特杯比赛的飞机上（1910 年）。

50 马力雷诺发动机（8 缸 V 形排列），安装在首架布勒盖双翼飞机上（1909 年）。

格诺姆发动机配减速螺旋桨，安装在布勒盖飞机上（1910 年）。

50 马力戈布隆发动机，8 缸 X 形排列，安装在瓦赞飞机上（1910 年）。

30

自由飞行气球飞行比赛

　　1900 年至 1914 年，自由飞行气球取得许多优异成绩。为促进自由飞行气球的发展，法国航空俱乐部出台了一系列举措，如颁发飞行员证书，制订飞行比赛规则，举办长距离飞行比赛、定点降落比赛等。航空俱乐部每年召集飞行爱好者来圣克鲁公园参加比赛，参加的人数最多达一千人，1913 年仅在大公园一处，自由飞行气球的升空次数就达 479 次。航空俱乐部杯和戈登－贝奈特杯是一年当中最重要的两场比赛，比赛创造出许多优异的成绩：有瑞士沙埃克上校创下的最长滞空时间纪录（73 小时 47 分），其中 48 小时是在北海海面上飞行；还有边奈梅和勒布朗创下的最远飞行纪录（2191 千米和 2001 千米）。

　　贝尔松和苏灵教授是高空探测方面的专家，1901 年 7 月 31 日，他们在柏林驾驶气球升至 10800 米，这一纪录直到 30 年后才被打破。1913 年 5 月 28 日，法国人边奈梅、施耐德和瑟努克驾驶气球升至 10108 米，瑟努克在 10000 米高空为两位同伴拍摄了照片。

1906 年 9 月 9 日，舍克尔先生驾驶气球在米兰附近短暂停留。

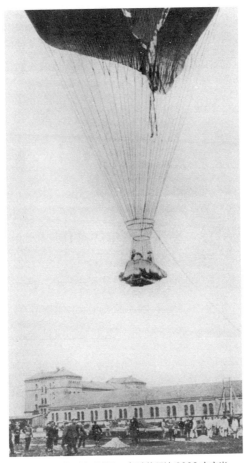

贝尔松和苏灵驾驶气球起飞，气球体积达 8000 立方米。

1913 年 5 月 28 日，在 10000 米高空拍摄的照片。

"干邑号"气球从布鲁塞尔升空，照片由"瓦迪号"气球飞行员拍摄。

最长滞空时间和最远飞行纪录后来被德国人抢了先，在相当长一段时间里无人打破。1913 年 12 月 13 日至 17 日，考伦、施密茨和考夫特先生驾驶气球飞行了 2827 千米，这只是直线距离，若按实际飞行距离算的话，应为 3600 千米，滞空时间达 87 小时。

31

勒瓦瓦瑟尔的杰作

莱昂·勒瓦瓦瑟尔发明制造出安托瓦内特发动机，对航空业早期的发展起着决定性的作用。1906 年至 1908 年，除了莱特兄弟所创出的辉煌成就外，所有的飞行纪录都是用安托瓦内特发动机创下的，这款发动机是全球首个工业化生产的航空发动机。

从 1902 年起，勒瓦瓦瑟尔开始关注航空轻型动力问题，发明一款 8 缸 V 形排列的发动机，根据全新的运行原理做相应的配置。这款 24 马力的发动机问世之后，他又制作出 50 马力、60 马力和 100 马力的发动机，后一款发动机为 16 缸，用黄铜作气缸衬套。

1903 年，勒瓦瓦瑟尔又开始制作飞机，但试飞没有获得成功，因此放弃了这一尝试。1908 年，随着新型飞机试飞成功，他又投身到飞机制造事业中，制造出安托瓦内特系列飞机，这个品牌名称取自他合伙人女儿的名字。

在飞机制作方面，勒瓦瓦瑟尔的设计富有创意：机翼设计成前厚后薄的形态，机翼上面和下面都设计成弯曲的曲面，这两款设计都是首创。飞机结构也很新颖：纵梁采用三角形钢梁。凭借这些新发明，他在 1911 年设计制作出大型军用飞机，这是第一架机翼完全悬空的飞机（以往的飞机机翼要用帆索拉住），起落架采用连体及纵列设计，将发动机置于流线型机身里，飞机尾翼也可以操控。但由于动力不足及其他技术问题，这架飞机没有投入使用。

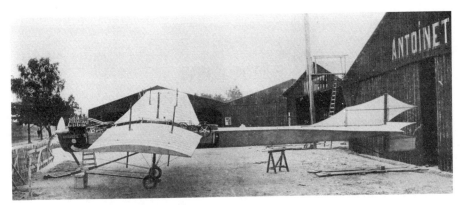

安托瓦内特单翼飞机漂亮的外形（1910 年）。

安托瓦内特 1910 款飞机的驾驶舱。

32

于贝尔·拉塔姆

于贝尔·拉塔姆是法国航空发展初期一个很有意思的人物，他以大无畏的勇气赢得了观众的好评。尽管和其他飞行员相比，他并不出众，但他一次又一次地飞上蓝天，敢于去闯飞行禁区。作为安托瓦内特单翼飞机比赛的冠军，他打破了多项飞行高度和飞行速度纪录。

1909 年夏，拉塔姆计划驾驶飞机从法国飞到英国，当时有三个飞行员准备实现这一壮举。他们打算分别从加来海峡的三个地点起飞，拉塔姆从桑加特起飞，布莱里奥从巴拉克起飞，朗贝尔伯爵从维桑起飞。拉塔姆胆子最大，名气也最大，大家都看好他能获得成功。

7 月 19 日，天气晴朗，6 点 45 分，拉塔姆从桑加特的布朗内起飞，爬升到 300 米之后，他朝英国飞去，"鱼叉号"快艇负责在海面接应他。那一天风平浪静，他飞得格外平稳，很快就超过"鱼叉号"快艇，但发动机却慢了下来。他驾驶飞机缓缓地降落在海面上，距离海岸还有 16 千米，但他一点也不慌张，浮在海面上，点燃一根香烟，等待"鱼叉号"快艇前来救援。

六天过后，布莱里奥驾驶一架非常简易的飞机，成功地飞越海峡。拉塔姆不甘心落在他人后面，7 月 29 日，他再次尝试飞越海峡，就在飞抵英国海岸前，飞机出现故障，他又一次落入海水里。

拉塔姆驾驶的安托瓦内特单翼飞机 -29 型，1909 年在兰斯的飞行比赛中，以 154 千米的成绩获得银奖。

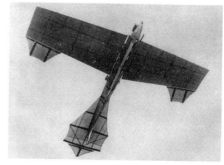

拉塔姆驾驶的安托瓦内特单翼飞机 -13 型，1909 年在兰斯的飞行比赛中，以 111 千米的成绩获得第五名。

1909 年 7 月 19 日，"安托瓦内特 4 型"飞机落入海水中，拉塔姆在等待"鱼叉号"快艇前来救援。

从海上被救出后，拉塔姆（左）在"鱼叉号"
快艇上。

"安托瓦内特 4 型"飞机被吊在拖船的桅杆上。

1909 年 7 月 25 日，路易·布莱里奥驾驶"布莱里奥 6 型"飞机飞越加来海峡。

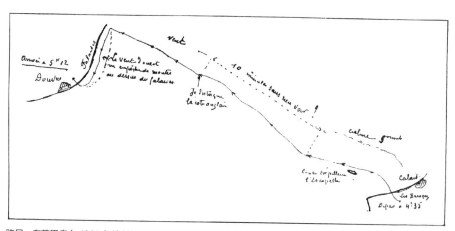

路易·布莱里奥在 1923 年绘制的首次飞越加来海峡航路示意图。

33

飞越加来海峡

1909 年 7 月 25 日，路易·布莱里奥驾驶飞机从加来飞到多佛尔，这一壮举让世人看到新兴的航空业会给人类带来福祉。不过，实现这一壮举的英雄并不感到特别激动，甚至还不如他首次飞上蓝天那么激动。这架轻型飞机是他本人亲手制作的，飞机有些部位显得很简陋，但有的部位却非常结实。飞机配备一台 25 马力安扎尼发动机，发动机的稳定性依然很成问题，为此飞机还特意配备了一个充气衬垫，以防万一。

凌晨 4 点 35 分，飞机从加来西南部的巴拉克起飞，在试飞一段距离后，飞机朝海峡方向飞去，但最大的问题还是发动机能否坚持住。飞机平均飞行高度保持在 80~100 米，最高不超过 150 米。布莱里奥很快就超过护航的"火枪号"驱逐舰，在薄雾中飞行，不一会儿就能隐约看到英国海岸了。

布莱里奥后来描述了这段飞行经历："有十来分钟我感觉格外孤独，有一种与世隔绝的感觉，迷失在雾茫茫的海面上，既看不到远方的地平线，也看不到海面上的船只，况且我还得死盯着油耗指示仪。这十分钟的时间真是太漫长了，此后一条灰色的线条在远方突显出来，那是英国海岸，但飞机依然包裹在薄雾之中，我看不到多佛尔城，幸好看到三艘大船正朝码头驶去，于是我放心地跟着它们飞……"

5 点 12 分，飞机猛地降落在一片草场上，螺旋桨和轮子都被摔坏了。整个飞行距离约为 38 千米。多佛尔市政府为布莱里奥举办了隆重的招待会。他的这一壮举在航空史上写下了浓重的一笔。

布莱里奥朝海峡方向飞去。

"布莱里奥6号"飞机在巴拉克农庄上空试飞。

在"火枪号"驱逐舰上，人们围观布莱里奥在海面上飞行。

飞机降落在多佛尔后，路易·布莱里奥与《每日邮报》的记者和方丹先生交谈。

"布莱里奥6号"飞机所配备的安扎尼发动机及"一体型"螺旋桨。

在招待会上，手持多佛尔市长权杖的代表。

34

飞行演示会

　　飞行演示会始创于 1909 年，会上若干架不同型号的飞机为公众演示飞行，公众要购票入场观看飞行表演。首场大型演示会是 1909 年 5 月 23 日在航空港举办的。兰斯飞行演示周是在布莱里奥完成飞越加来海峡壮举之后举办的。这次演示活动组织得非常棒，创下许多新的飞行纪录，著名飞行员如亨利·法尔曼、波扬、拉塔姆、勒菲弗都一展身手，创出骄人的成绩。这一系列的成就给公众留下了深刻印象。整个活动期间没有出现任何事故。

　　1909 年 10 月，在朱维希举办的两周飞行演示会让公众有机会认识这个新兴的行业，朗贝尔伯爵驾驶飞机飞越巴黎上空，让公众欢欣鼓舞。1910 年，在戛纳、尼斯、里昂、图尔、鲁昂等地举办过飞行演示会之后，兰斯又迎来飞行演示周。

　　法国组织大型演示会的模式很快就在其他国家引起巨大反响，各大城市如柏林、科隆、法兰克福、洛杉矶、布鲁塞尔、圣彼得堡，纷纷效仿法国的模式举办大型飞行演示会，在这些演示会上，法国制造的飞机及法国飞行员都创出了很好的成绩。

1909 年，在兰斯首次演示会上，柯蒂斯和费贝尔上尉在空中交错飞行。

在图尔飞行演示周上，观众打出一幅有趣的标语："由于风向问题，飞行演示要 4 点钟才能开始。"

时任法国总统法利埃在兰斯飞行演示会上观看飞行表演。

在兰斯演示会上，波扬驾驶瓦赞双翼飞机在 40 米高度上飞行。

在 1909 年兰斯演示会上，机械部队士兵在推一架布莱里奥飞机。

在 1909 年兰斯飞行演示会上，罗杰·索默驾驶亨利·法尔曼型飞机表演转弯。

在朱维希举办的两周飞行演示会上，航空港场地上摆放着各款飞机（1909 年 10 月 7 日）。

在 1910 年兰斯演示会上，马在拉一架 REP 飞机。

1910 年 5 月 8 日里昂飞行演示会，波扬驾驶亨利·法尔曼型飞机，梅特罗驾驶瓦赞飞机，勒加尼厄驾驶索默飞机在空中飞行。

在 1910 年尼斯飞行演示会上，沙维驾驶亨利·法尔曼型飞机从海面上飞过。

波扬驾驶飞机从航空港信号杆上空飞过。

35

飞机飞越巴黎上空

1909 年 10 月 18 日，夏尔·德·朗贝尔伯爵驾驶飞机飞越巴黎上空，由此成为飞越大都市的第一位飞行员。虽然无法和布莱里奥飞越加来海峡的壮举相比，但驾机飞越巴黎城，尤其是从埃菲尔铁塔上空飞过依然是航空史上的一个重要事件。

朗贝尔伯爵之所以要飞越巴黎城，完全是受一种体育运动精神的激励。这次飞行也没有人出资奖励，他只想弥补飞越加来海峡失败带来的失落感。作为威尔伯·莱特培养出的第一个学生，他没有让老师失望，也算是完成一项壮举。

飞越巴黎城上空的第一架飞机：1909 年 10 月 18 日，朗贝尔伯爵驾驶莱特飞机以 400 米的高度飞越了巴黎。

4 点 37 分，他从朱维希起飞，在飞到 150 米高度时，便朝布尔拉莱纳方向飞去，谁也不知道他究竟要往哪里飞。在阿尔科伊门附近，他驾机爬升，飞越 81 号要塞，接着在高于埃菲尔铁塔 100 米的上空飞行，打破了飞机飞行高度纪录。在漫无目的地飞行一段时间之后，他在塞纳河右岸上空转弯，以塞纳河为坐标点，开始返航，沿着来时的航线往回飞。在机场那边观看他飞行的观众见他消失了很久，都为他感到担心，见他从远处飞回来，大家才放下心来。

整个飞行过程耗时 49 分 39 秒，飞行了 48 千米，朗贝尔伯爵驾机准确地降落在机场上，落在距离机库仅 5 米远的地方。

在飞越巴黎城之后，朗贝尔伯爵驾驶飞机返回朱维希。　　夏尔·德·朗贝尔伯爵。

36

"齐柏林2号"飞艇

　　德国航空业的先驱、令人敬佩的齐柏林伯爵以顽强的精神，凭着发明家的信念制作出四艘硬式飞艇。最后完成的飞艇是展现发明家创造性的最佳典范，但却在埃希特丁根短暂停留时被莫名其妙地烧毁了。不过随后举办的公众演示活动他都取得了圆满成功。

　　后来齐柏林伯爵又制作出一艘飞艇，将其命名为"齐柏林2号"（其实这是第五艘飞艇），飞艇长136米，总体积为15200立方米。从第三次升空开始，这艘飞艇就打破了所有的滞空时间纪录。1909年5月29日21时50分，飞艇从腓特烈港升空，朝柏林方向飞去，第二天19时，飞到比特费尔德不得不转弯，由于燃料不足，被迫于5月31日11时20分降落在格平根附近的杰本豪森。全程不间断飞行970千米，滞空时间37小时30分，凭借两台110马力戴姆勒发动机取得的这个成绩非常了不起。

但是在降落时，飞艇前部撞在一棵粗大的梨树上，飞艇外壳被树枝给刺破了，整艘飞艇也受到影响。令人感到震惊的是，他们毫不犹豫地把飞艇前部给截掉了，还卸掉前部发动机及其他附件，来减轻飞艇重量，与此同时又赶制了一个前端覆盖罩。6月1日3时20分，飞艇再次升空，最终降落在腓特烈港的一座浮台上。

"齐柏林2号"飞艇挂在一棵梨树上。

正在为飞艇安装前部覆盖罩。

修复过后的飞艇准备升空。

飞艇升空时把艇头残骸丢在地上。

"齐柏林2号"飞艇的完整形状。

37

早期的航拍

　　首批航拍照片是在 1909 年拍摄的。最早的一张照片是在瓦赞双翼飞机上拍摄的，当时飞机正在沙隆基地上空飞行，距离地面 15 米。这张照片与其说是航拍，不如说是乘员在空中观景的留念照。

　　几个星期过后，1909 年 12 月，默里斯先生乘拉塔姆驾驶的安托瓦内特飞机，在空中成功拍摄出一张很有意思的照片。后来飞行员波扬独自驾驶一架亨利·法尔曼飞机从舍维伊飞至卢维希，沿途拍了多张照片。再往后，波扬又独自驾机在纽约上空飞行，在飞行途中又拍摄了许多照片。

　　在空中拍摄影片的首次尝试是由海军中尉德拉热完成的，1910 年 10 月，在从万塞纳飞往丰德奈途中，他拍摄了部分场景。

1909 年 12 月，默里斯先生乘拉塔姆驾驶的飞机从 70 米空中拍摄的地面机库。

瑟努克在空中拍摄的照片。

最早的航拍照片之一：瓦赞飞机的升降舵及地面景色，摄于距离地面 15 米的高度。

38

水上飞机首航

　　水上飞机绝对是法国人首创。1910 年 3 月 28 日，在贝尔湖上，一架有动力飞机首次从水面起飞，随后又降落在水面上，驾驶飞机的正是其发明人亨利·法布尔。

　　收缩帆式机翼由一根主翼梁支撑，主翼梁外面配多个蜂窝型单元，两根重叠在一起的翼梁在飞机前端托着升降舵，飞行员坐在上翼梁上，50 马力格诺姆发动机安装在飞机尾部，整架飞机下部用三只浮筒作为支撑。机翼面积为 24 平方米，翼展 15 米，飞机重 475 千克。

　　试飞那一天，飞机先后起飞了四次，每一次都获得了成功。第一次试飞时，飞机先在水面上滑行了 300 米，起飞后飞机飞得很平稳，飞过 500 米之后，安全降落在水面上；第二次试飞，飞机飞行了 800 米，接着又爬升到 5 米的高度。第二天，水上飞机从迈德港一直飞到马尔提格，飞行了 6 千米。这架水上飞机后来被航空博物馆收藏，是其最有意义的藏品之一。

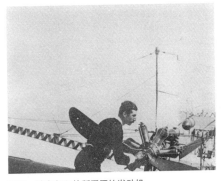

亨利·法布尔和他所采用的发动机。

亨利·法布尔的水上飞机前端局部。

亨利·法布尔的水上飞机放在实验船的甲板上。

首架水上飞机尾部，发动机在运转，浮筒飞离水面。

芩斯的单翼飞机，配备 50 马力安托瓦内特发动机（1908 年试飞）。

比绍夫的飞机，机翼前后纵列（1908 年）。

奥迪耶·旺多姆单翼飞机（1910年）。

奥迪耶·旺多姆单翼飞机的起落架，该机配安扎尼发动机（1909年）。

索尼耶的翘翅单翼飞机（1909年）。

利奥雷的单翼双螺旋桨飞机（1911年）。

"阿尔巴托斯号"单翼飞机（1910年）。

保罗·考夫曼的厚壁单翼飞机（1911年）。

1913 年，勒内·科德龙驾驶飞机飞越天坛时拍摄的照片。

39

在远方国度飞行

　　欧洲飞行员让其他大陆的民众认识了飞机。1909 年 11 月，梅特罗和托兰驾驶飞机完成了非洲的首飞，随后又有其他飞行员也到非洲大陆飞行。1909 年 12 月 15 日，卡特尔驾驶瓦赞飞机在开罗上空飞行，成为首个在埃及飞行的飞行员。

　　飞行员对亚洲大陆极为着迷，1910 年 12 月 15 日，凡登·波恩驾驶飞机在越南西贡（现胡志明市）飞上蓝天，成为首个在亚洲大陆飞行的飞行员，随后瓦隆、朱勒罗和佩盖等人先后驾机在中国、印度和印度尼西亚完成了首飞。库明斯基成为在暹罗和柬埔寨完成首飞的飞行员，后来又在波斯飞上蓝天（1914 年）。1913 年，勒内·科德龙向中国交付了几架飞机。1911 年前后，汉蒙德在澳大利亚完成了首飞，库明斯基和马尔斯驾驶飞机在菲律宾和朝鲜完成了处女航。

在马达加斯加首飞的飞机：飞行员拉乌尔在布莱里奥飞机前留影（1911 年 12 月）。

1910 年 12 月 15 日，凡登·波恩驾驶亨利·法尔曼飞机在西贡上空飞行。

40

航空工业

　　最早的工业化飞机制造车间是瓦赞兄弟在 1906 年创办的。从 1908 年起，几位著名的工业家先后创办了飞机及发动机制造工厂，其中安托瓦内特公司在皮托、亨利·法尔曼在穆尔莫隆、路易·布勒盖在杜埃、路易·布莱里奥在巴黎设立了生产车间。在法国之外，最早的航空实业家应该是格伦·柯蒂斯，当然还有莱特兄弟。

　　在航空工业初期，飞机制造业的发展很不均衡。有些制造商开始采用更科学的方法来测试，比如罗伯特·埃斯诺－佩特里在 1911 年首次采用静态测试法，来测试机翼的耐压强度。

　　新兴航空工业的生产能力是以法国的统计为准计算的。1911 年，1350 架飞机；1912 年，1425 架飞机；1913 年，1148 架飞机，还制造了 146 架水上飞机。此外，在这三年当中，分别制造了 1400 台、2217 台和 2240 台发动机及 8000 只、8000 只和 14900 只螺旋桨。

1908 年，瓦赞兄弟位于比扬古尔的飞机制造厂。

1911 年，在埃斯诺 – 佩特里的工厂里对机翼做静态测试。

1912 年，路易·布勒盖位于杜埃的装配车间，图右的飞机装备 80 马力雷诺发动机。

在杜埃工厂制造的第一架飞机（1909 年 7 月 3 日）。

1909 年底，路易·布勒盖在杜埃驾驶第二架飞机试飞。

1910 款双翼飞机，正视图。

1910 款双翼飞机，后视图。

1910 年，莱昂·巴蒂亚在兰斯飞行演示会上驾驶布勒盖飞机。

1912 款大翼展飞机。

三叶片螺旋桨（1911 年）。

配备布勒盖三座军用飞机的飞行小队（1913 年）。

布勒盖军机，配备格诺姆发动机。

布勒盖军机，机翼可收缩，便于运输。

41

1910 年的飞行成绩

1910 年，飞行员先后创造出许多了不起的成绩。4 月 24 日，迪博内驾驶飞机横贯巴黎城。而此后不久，波扬荣膺《每日邮报》举办的飞行大奖，从伦敦飞到曼彻斯特，飞行 298 千米，用时 4 小时 12 秒，击败英国飞行员格雷汉姆·怀特，赢得了 25 万法郎的奖金。

《晨报》组织环法国东部飞行比赛，航线总长 785 千米，划分为 6 个阶段，从巴黎起飞，途经特鲁亚、南锡、梅济尔、杜埃、亚眠，最后返回巴黎。阿尔弗雷德·勒布朗驾驶布莱里奥飞机荣获冠军。在另一场比赛中，要求在 36 小时之内完成巴黎—布鲁塞尔—巴黎的往返飞行，日期由飞行员选定，成绩最优者获胜。冠军被荷兰飞行员维杰马伦夺走，其他 9 名飞行员均以失败告终。

米其林杯飞行比赛引来众多参赛者，连续飞行距离最长者将获得冠军。塔比托和勒加尼厄展开激烈的竞争，两个飞行员都曾创出不俗的成绩，最后是塔比托荣获冠军，飞行距离为 582.7 千米。

1910 年 10 月 28 日，塔比托驾驶莫里斯－法尔曼双翼飞机创下最远飞行纪录。

1910 年 12 月 21 日，在米其林杯比赛中，勒加尼厄驾驶布莱里奥单翼飞机创下最远飞行纪录。

1910 年 12 月 18 日，亨利·法尔曼在为双翼飞机加油，为参加米其林杯比赛做准备。

科德龙兄弟的首架双翼飞机（1910 年）。

42

飞机首次飞越阿尔卑斯山

热奥·沙韦是人类首次驾驶飞机飞过阿尔卑斯山
的英雄。有五位飞行员报名参加了由瑞士飞往米兰
的飞行比赛，比赛要求飞行员驾驶飞机飞越辛普
朗山。经过几次尝试之后，几位飞行员都无功而
返。9 月 23 日 13 时 29 分，沙韦驾驶布莱里奥飞
机从布里根贝格起飞，20 分钟过后，他飞越位于海
拔 2008 米的辛普朗客栈，朝陡峭的贡多关隘飞去，
接着出现在多莫多索拉附近上空，准备在那里降落。

热奥·沙韦（1887—1910）

就在这时，由于飞机出现破裂，在距离地面 10 米的高度猛然坠落在地面上，沙韦
被摔伤。众人马上将他送往医院，尽一切努力挽救他的性命，但他还是在 9 月 27
日不幸去世。

1910 年 9 月 18 日，沙韦首次试飞，为飞越阿尔卑斯山做准备。

大家把热奥·沙韦从摔毁的飞机中救出。

43

空难

　　航空业的发展是人类用巨大牺牲换来的。在飞行事业的早期阶段，空难最常见的原因多种多样：有在飞行中机翼断裂的，比如安托瓦内特飞机，飞行员瓦尔克特、拉丰、珀拉及布朗都是因为这个故障牺牲的；有发动机功率过大的，德拉格朗热因此而丢掉了性命；还有操控装置发生故障，导致飞机失去控制而跌落在地面上的，飞行员费尔南德兹就是因此而去世的。

　　尽管如此，在飞行过程中很少发生火灾，火灾事故都是因飞机撞到地面上，油箱被撞破而引起的。在飞机问世的早期阶段，很少在空中发生碰撞事故，但一旦发生都是致命的。有些伤亡事故是因为飞机坠落到观众群里造成的，在这些无辜死亡的人当中，最著名的人物就是法国国防部长贝尔托先生，在巴黎—马德里飞行比赛中，有一架飞机起飞时坠落到观众群里，贝尔托先生不幸遇难。

左图：1910年12月28日，拉丰和珀拉驾驶的飞机坠落的过程。
右图：1912年10月17日，布朗的安托瓦内特飞机在飞行中断裂，坠落在地。

44

轻微的飞行事故

　　由于早期飞机采用木质结构，而木材很容易折断，引发了许多事故，所幸没有发生太多的伤亡。尽管早期飞机各部件之间衔接得不牢固，而且发动机运行得也不稳定，迫使飞机不得不中断飞行，降落下来，但飞机所面临的危险并不像人们所想象的那么严重，这主要得益于飞机在降落时速度较慢。

　　早期的老式飞机动力荷载过大，机翼面积略显不足，但由于配备较大的升降舵，又拥有良好的稳定性，因此在迫降时，飞机不会出现太大的问题，即使地面并不十分平整，也不会出现严重事故。不过发生事故总是难免的，虽然飞机在迫降时会发生倒翻，但由于机身重量较轻，在飞机材料被接连撞碎后，极大地缓解了碰撞力，从而减轻了对飞行员的伤害。

在戛纳飞行演示会上，弗雷的飞机发生了故障（1910年）。

马尔万小姐驾驶飞机迫降在一家咖啡馆的院落里（1911 年）。

布兰德戎的飞机挂在吊车上（1911 年）。

休·罗宾逊的飞机在昂迪布迫降时倒翻过来（1912 年）。

45

爱德华·纽波尔的贡献

在航空业早期发展过程中，伟大的先驱做出了许多重要的贡献，爱德华·纽波尔就是一个典型的例子。虽然他的职业生涯极为短暂，却格外充实，对航空业未来的发展产生了决定性的影响。飞机之所以能高速飞行，就是部分采纳了纽波尔的设计，这一说法并不为过。作为飞机设计师、制造商兼飞行员，从1908年投入航空业的那一天开始，他就把全部精力都奉献给了这一事业。

纽波尔制作的首架单翼飞机试飞时就飞得特别好。在这架单翼机上获取宝贵的经验之后，他在1910年初制造了另一架单翼机，这款飞机把他的名字载入了史册。新型飞机的特点就是刻意把飞机表面做得更精致，整体结构设计得更合理，以提升飞机的性能。其他设计师如布莱里奥和布勒盖都意识到要尽量减少机翼支柱，要把机身做成流线型，但在这个方向上迈出坚实一步的却是纽波尔。新飞机的机翼只保留两根帆索，整个机身全部覆盖起来，把飞行员完全包裹住，尽量减少起落架的尺寸。在兰斯飞行演示会上，纽波尔用一架装备28马力达拉克发动机的飞机与装备50马力或更大马力的飞机相抗衡，取得不俗的成果。后来，他又给飞机装备上自己设计制作的28马力发动机，就连螺旋桨也是他自己设计制作的。1910年5月11日，凭借这架28马力的飞机，纽波尔打破了10千米飞行和15千米飞行的速度纪录，以时速120千米刷新了1千米至100千米内的所有飞行速度纪录。

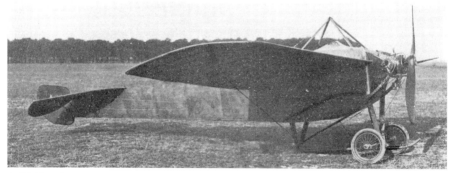

纽波尔单翼飞机，装备28马力纽波尔发动机（1910年）。

28马力纽波尔发动机。（收藏于航空博物馆）

纽波尔后来还制作出装备 50 马力和 100 马力发动机的飞机，再往后，甚至设计出 3 座军用飞机。法国海军在很长时间里一直采用纽波尔设计的单翼战斗机。1911 年 9 月 16 日，在一次军机飞行演示活动中，纽波尔因飞机失事而丧生。

46

航空与战争

1904 年至 1905 年，日军在攻占中国东北时采用了系留气球，1907 年法军攻打摩洛哥时也使用了系留气球。在的黎波里塔尼亚战争（1911—1912）中，意大利人把气球的作用发挥到极致，而且让 P1 型和 P2 型飞艇在利比亚战场上大显身手。

在战场上首次使用飞机只是为了实施空中侦察任务，驾机完成这次任务的是皮亚扎上尉，他也是在战场上完成夜间飞行的第一人。在意土战争中，飞机开始频繁执行各种任务。当巴尔干战争（1912—1913）爆发时，土耳其人开始组织一支空军部队，土耳其、保加利亚、塞尔维亚和罗马尼亚都纷纷建立起自己的空军部队。在战争初期，各国拥有的飞机数量约为 9—15 架。在攻打摩洛哥的战争中，法军派飞机执行侦察任务，甚至还派以轰炸任务。

摩洛哥战役（1907—1908年）：系留气球侦察队在卡萨布兰卡附近渡河。

摩洛哥战役（1911年）：在贝索诺为气球建立库房。

飞行员驾驶布莱里奥飞机准备执行侦察任务。

巴尔干战争（1912年）：保加利亚的一位中尉准备驾机执行侦察任务。

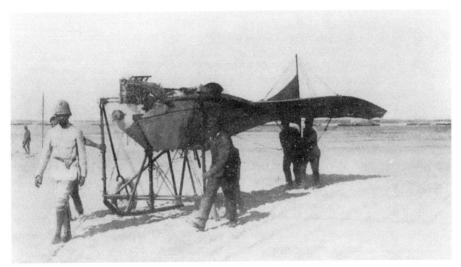

意土战争（1913 年）：意军在的黎波里附近接收一架奥地利制造的单翼飞机。

意土战争：意大利飞行员在布莱里奥飞机旁。

47

早期的空军

　　空军于 1909 年在法国问世，当时法国国防部长决定采购一批军机，由于此前炮兵部队和工兵部队都拥有自己的飞行支队，炮兵便与工兵展开了激烈的竞争。工兵部队在民用航空学校里招募了 3 位飞行学员，而炮兵部队也不甘示弱，一下子招募了 7 位学员。第一个获得军机飞行证书的是卡梅尔曼中尉。

　　1910 年上半年，学员一直在进行飞行训练和空袭训练，从 1910 年 6 月 9 日起，学员开始承担飞行任务，即从沙隆飞到万塞纳。同年 9 月，在皮卡第地区组织的演习让人们发现空军的作用及其巨大的潜力，14 架飞机和 4 艘飞艇参加了演习。预备役学员和现役军人携手参加了演习。在空军的发展过程中，众议院和参议院发挥出十分重要的作用，法国政界认为完全有必要创建一个新军种。

　　1910 年 4 月，工兵部队司令罗克将军受命将分散在各部队里的飞行支队组合在一起，创建法国空军，由空军司令部统一指挥。1910 年 10 月 23 日，罗克将军被任命为空军总督。那时候，法国空军仅有 39 位飞行员和 29 架军机。1911 年，法国空军开始招标采购军机，并寻找合适的地方建立机场。在第一次世界大战爆发之前，在法军组织的历次演习当中，都能看到空军的身影。

　　随后其他国家也开始效仿法国创建空军，其实美国人在此之前就已向莱特兄弟购买了一架军机。英国人在 1911 年创建了空军，空军次年更名为皇家飞行部队。

在皮卡第地区的演习中（1910 年），左一为法国时任总统法利埃，左二是罗克将军。

法国早期军机飞行员驾驶飞机的状态。

在法国汽车上安装机关枪。

纽波尔双翼飞机上配备机关枪（1911年）。

用拖车运载纽波尔军机（1911年）。

法国西部地区军事演习（1912年9月）：第五飞行中队，配备莫里斯－法尔曼双翼军机。

法国西南地区的军事演习（1913 年）：在阿让地区装配亨利·法尔曼飞机。

德军的汽车防空炮。

塔坦－波扬鱼雷形飞机，后置推进螺旋桨（1911年）。

1911年设计的航校用单翼教练机。

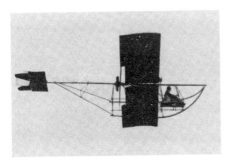

全金属单翼飞机，1912年试飞。

迪恩无尾舵单翼飞机，1914年从伦敦飞往巴黎。

无尾舵单翼飞机，1913—1914年在宜西试飞。

为 1911 年军机设计比赛制作的安托瓦内特 – 勒瓦瓦瑟尔单翼飞机。

1912 年设计的旅游观光双翼飞机。

首架四发动机飞机（配四台 90 马力梅赛德斯发动机），驾驶舱可搭载 16 名乘员，1913 年在俄国试飞。

48

从巴黎飞往布伊德多姆

橡胶工业大亨米其林兄弟很早就相信航空业一定会有很大的发展前景,他们设立了多项飞行比赛,比如空中定点比赛,以实践空中打击的设想;创立了米其林杯竞赛,看哪个飞行员飞的距离最远;设立巴黎—布伊德多姆飞行大奖赛,鼓励飞行员创造出飞行佳绩,奖金金额为10万法郎。大奖赛所设立的限定条件很有意思,但也十分苛刻,用当时的飞机完成飞行任务还是很难的。

比赛要求飞行员从巴黎地区的某一地点起飞,在6小时之内从巴黎飞至布伊德多姆,最后要降落在墨丘利神庙遗址附近的一处小高地上。飞行员要由一位乘员陪伴,中途可以降落短暂停留,降落地点海拔高度为1400米,飞行距离366千米。

为在这项比赛中创造出佳绩,在阿尔贝·塞努克的陪伴下,欧仁·勒诺开始实施有步骤的训练计划,比如采用罗盘导向,设立飞行图,与气象部门保持联络。此前几乎所有飞行员都不了解这些做法,他们只是练习在有限的空间里起飞、降落。1911年3月7日,他们俩完全按照规定的要求完成了这一飞行任务,降落得非常平稳,没有出现任何失误,这一了不起的成绩得到了飞行员们的一致好评。

1911年3月7日,欧仁·勒诺驾驶莫里斯－法尔曼双翼飞机飞抵布伊德多姆上空,并按照要求降落在一处小高地上。

飞机在纳韦尔短暂停留,阿尔贝·塞努克身穿飞行服,戴着头盔,在补充食物。

49

1911 年的飞行纪录

跨国长距离飞行是 1911 年航空业的标志性事件,法国人在这些活动中取得了骄人的成绩。有些飞行活动是著名的报社组织的,许多竞争对手都参加了飞行比赛,有些飞行路线给人留下了深刻的印象。

5 月 21 日,许多民众聚集在宜西,观看巴黎—马德里飞行比赛的开赛仪式,只有一架莫兰-博雷尔单翼飞机完成了比赛。5 月 26 日,飞机经圣塞巴斯蒂安和昂古莱姆飞抵马德里,驾驶飞机的飞行员是前机械师朱勒·韦德里纳。

5 月 28 日,11 位飞行员从布克起飞,飞往罗马,全程 1465 千米。博蒙于 31 日飞抵罗马,成为首个完成飞行比赛的飞行员,第二天加罗斯飞抵罗马。两人驾

1911年5月21日，大批观众聚集在宜西观看巴黎－马德里飞行比赛的开赛仪式。

1911年5月23日，韦德里纳飞抵圣塞巴斯蒂安（巴黎－马德里飞行比赛）。

1911年5月26日，朱勒·韦德里纳飞抵马德里后，参加了为他举办的招待会。

1911 年 5 月 31 日，博蒙驾驶飞机飞抵罗马上空（巴黎－罗马飞行比赛）。

驶的飞机都是布莱里奥飞机，但他们在中途可能更换过发动机或换过飞机。

6 月 18 日，40 名飞行员从万塞纳起飞，环欧洲飞行，飞行航线是巴黎—列日—斯帕—乌德勒支—布鲁塞尔—加来—伦敦—巴黎，3 位飞行员因事故丧生，9 位飞行员完成了这项全程 1600 千米的飞行比赛。获得冠亚军的依然是博蒙和加罗斯，他们驾驶的还是布莱里奥飞机。博蒙还荣获了环英格兰和苏格兰飞行比赛的冠军，比赛在 7 月 22 日至 26 日举行，全程 1600 千米，韦德里纳驾驶莫兰飞机获得亚军。

在 1911 年的长距离飞行尝试当中，最扣人心弦的就是巴戈中尉的跨海飞行。3 月 5 日，巴戈中尉驾驶布莱里奥飞机从尼斯起飞，准备降落在科西嘉岛，但在飞行途中因遭遇大风和浓雾而迷失方向，最后降落在意大利的格尔戈纳岛上，在海面上飞行了 204 千米。6 月 5 日，他再次尝试跨海飞行，却在地中海上空失联。

航空业还创下另一个很奇特的纪录，即搭载乘员纪录。3 月 23 日，路易·布勒盖驾驶一架 100 马力的飞机，共搭载 11 人飞行了 5 千米；第二天，索梅尔驾驶一架 70 马力的飞机搭载 12 人飞行了 800 米。此外，驾驶飞机在空中旅游观光的活动也在那一年开展起来。

截至 1911 年年底，创造出飞行纪录的有：飞行速度，韦德里纳，一小时飞行 167 千米；不间断飞行距离，戈贝，740 千米；飞行高度，加罗斯，3910 米；滞空时间，富尔尼，11 小时 29 分钟。法国当年有 705 位飞行员获得飞行执照，而前一年仅有 360 人获得飞行执照。

巴戈中尉驾驶布莱里奥飞机从尼斯起飞。

最早向飞行员索要亲笔签名的场景：莱昂·莫兰在明信片上签名（1910 年）。

1911年3月23日，布勒盖驾驶的双翼飞机共搭载 11 人。

1911年3月24日，索梅尔驾驶的双翼飞机共搭载 12 人。

$$50$$

齐柏林飞艇

　　齐柏林伯爵坚持不懈的努力终于得到回报，这一回报只是精神层面上的鼓励和支持。1909 年 8 月 29 日，他驾驶 6 号飞艇由康斯坦丁湖飞抵柏林时，受到皇帝、皇后及民众的热烈欢迎。由于得到皇家的支持，齐柏林可以建造性能更优越的大型硬式飞艇。

　　虽然法国人认为硬式飞艇在技术方面有许多缺陷，并不是理想的飞行器，但齐柏林却坚信自己的选择，认为它将成为未来大型空中运输工具。为此他依然坚持制作硬式飞艇，而且注意培养技术过硬的飞行员和优秀的制作工人。在早期遭遇一个个失败之后，齐柏林认真吸取教训，后来虽然也发生过两起事故（空中失火及海上坠落），但幸而飞行员死里逃生，安然无恙。

　　1910 年，第一艘旅游观光飞艇"德意志号"问世，随后又有四艘观光飞艇投向市场，飞艇下悬挂飞行座舱，一次可载二十几位乘客。1900 年至 1914 年，德国共建造了 25 艘军用或民用齐柏林飞艇。

1909 年 8 月 29 日，齐柏林 6 号飞艇降落在泰格尔机场后，德国皇后向齐柏林伯爵表示祝贺。

齐柏林 2 号飞艇框架从水上机库中移出（1906 年）。

"德意志号"飞艇乘员座舱。（1910 年 6 月 24 日）

第二艘"德意志号"旅游观光飞艇（1911 年）。

1911年5月16日，第二艘"德意志号"飞艇在杜塞尔多夫发生事故的过程。撞在飞艇库上之后，飞艇折断成两截，乘客被消防队员解救下来。

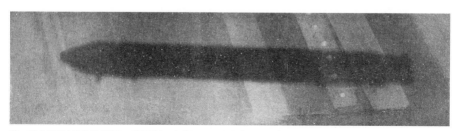

第一艘"德意志号"飞艇起飞后投到地面上的影子，从客舱内拍摄（1910年）。

51

飞艇的发展

1910 年 10 月 16 日，"克莱芒－巴亚尔 2 号"飞艇在飞越加来海峡后在伦敦北部的沃姆伍德降落。

1910 年 10 月 26 日，"晨报号"飞艇准备起飞，首次飞越英吉利海峡。

"斯皮思号"飞艇，法国唯一一款硬式飞艇（佐迪亚克公司制造）在试飞中（1913年）。

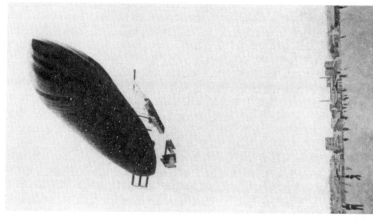

1911年9月19日，"雷奥准尉号"（阿斯特拉）飞艇创下了法国飞艇最长滞空时间纪录：21小时20分50秒。

1910年11月4日，"卡迪夫城号"飞艇从伦敦起飞，飞往法国。

52

早期的美国航空业

1910年10月10日，莱特双翼飞机在飞行中。

动力飞机虽是在美国问世的，却发展得很慢。在美国，威尔伯·莱特是首个驾机飞越纽约城的飞行员，但开创远距离飞行的是柯蒂斯。1910年5月28日，他从奥尔巴尼起飞，中途短暂停留后，最后降落在加弗纳斯岛上，飞行了220千米，净飞行时间为2小时32分钟。1911年1月26日，柯蒂斯在圣迭戈试飞水上飞机，随后他又制造出了船身式水上飞机。

1911年9月17日，罗杰斯驾驶莱特双翼飞机从纽约出发，于11月3日飞抵洛杉矶，全程飞行约5000千米，中途停留了68次，净飞行时间为83小时。此次飞行条件极为艰苦，不但要飞越荒山野岭，还要经常维护修理飞机，其难度可想而知。从美国东海岸飞到西海岸，以当时简陋的飞行器飞行如此长的距离是不可想象的，这一壮举虽不被人所知晓，但足以载入人类航空史册。

威尔伯·莱特驾驶双翼飞机从纽约上空飞过。

53

水上飞机迅猛发展

　　1910 年，由法布尔发明的水上飞机在法国问世，却在美国得到大力发展。柯蒂斯进行了许多有意思的试验，而且制造出首架船身式水上飞机。受柯蒂斯水上飞机的启发，法国工程师德诺也设计出一款船身式水上飞机，将当时所能采用的技术都融入到该设计当中，其中包括设有船身断阶整流板，将浮筒设在机翼两端，抬高发动机的安装位置，升高船身以支撑飞行舵等。这架双翼水上飞机在试飞时取得了不俗的成绩，尽管发动机的功率不是很强（50 马力，后改为 80 马力）。

　　摩纳哥设立了水上飞机比赛项目，飞行员们创造出一大批优异成绩，比如在 1913 年举办的施耐德杯比赛上，普雷沃飞行了 270 千米，用时 3 小时 48 分钟。法国海军也装备了几架水上飞机，其中有瓦赞的"鸭"型飞机、科德龙的水陆两栖飞机、纽波尔的浮筒式飞机等。

1911 年 1 月 26 日，柯蒂斯的首架水上飞机在圣迭戈试飞。

柯蒂斯驾驶首架船身式水上飞机试飞（1912 年）。

1912 年 7 月，德诺设计的水上飞机在塞纳河上试飞。

瓦赞的"鸭"型水上飞机在塞纳河上试飞。

瓦赞的"鸭"型水上飞机起飞（1912年6月）。

舍迈驾驶伯雷尔水上飞机荣获巴黎—多维尔飞行比赛冠军。

科德龙的水陆两栖飞机。

普雷沃荣获施耐德杯冠军（1913年）。

两架浮筒式水上飞机（1913年）。

莫拉驾驶勒韦克飞机在多维尔比赛中（1913年）。

摩纳哥水上飞机演示会（1913年）。

54

早期的夜航

　　首次夜航是法尔曼驾驶双翼飞机在沙隆完成的，当时飞机只是用纸灯笼照明，后来则使用在双翼飞机的机翼上安装一排电灯泡的方式来照明，这是飞行员格朗塞涅想出的办法，他是第一个驾机在夜间飞越巴黎的飞行员。

　　1913 年，英国组织了一系列夜间飞行及轰炸训练，摄影师拍下了配有照明装置的飞机在空中留下的轨迹。从 1910 年起，法国飞行协会主席勒内·坎东先生一直致力于推行飞行信号灯系统，起先仅在机场上设立漆成白色的数字标牌，后来又设立昼夜均可见的信号系统，即用反光玻璃球组成数字，这是最早应用于信号系统的反光装置。

　　德国则采用另外一种方法。从 1914 年初起，他们在全国 21 个机场建立了电力或乙炔气照明装置，这套装置用固定、旋转、闪烁等手法来做标识，取得了很好的效果。

用白漆做数字标识试验（1910 年）。

昼夜可见的反光玻璃球信号装置（1910 年）。

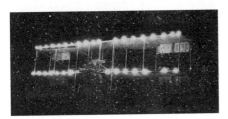

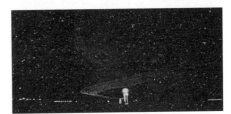

1913 年，英国为夜间飞行训练做准备，飞机机翼上点亮照明灯。

英国人做夜间飞行训练时，摄影师打开照相机光圈，将飞机照明灯留下的轨迹拍摄下来。

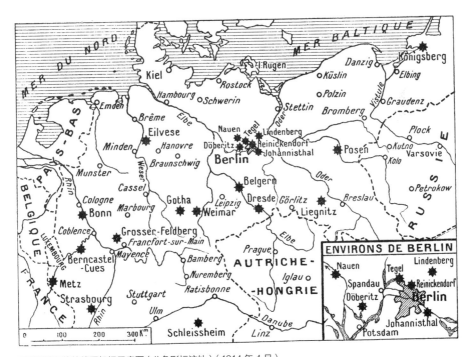

配置照明系统的德国机场示意图（八角形标注处）（1914 年 4 月）。

55

飞行降落伞

1912 年 3 月 10 日，詹努斯驾驶双翼飞机在美国圣路易升空之后，贝里从飞机上跳下，他的腰带与降落伞的绳索系在一起，降落伞设在机翼的下方。这是最早的飞行跳伞尝试。

1913 年 8 月 19 日，一个名叫珀古的年轻飞行员在飞行中途从飞机里跳出，降落伞设在机身上方，很容易就打开了。他最终落在一棵树上，而他那架布莱里奥飞机在空中翻了几个跟头，坠落到地面上。这只降落伞是博奈先生制作的。后来又有几位飞行员也按照珀古的方法，采用博奈先生的降落伞，从飞机跳下后，安全落到了地面上。

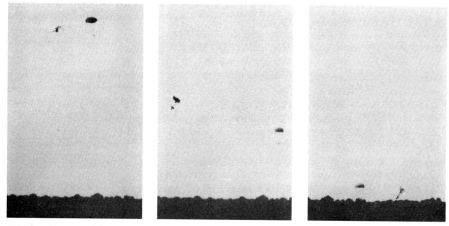

1913 年 8 月 19 日，珀古跳伞后的三个阶段（从左至右）：飞行员从布莱里奥飞机里跳出；飞机垂直倒栽下去；飞机和降落伞几乎同时着地。

飞行员让·奥尔跳伞过程：降落伞设多个圆形进气孔，在飞机后面打开；让·奥尔安全落地。

雷谢尔身穿降落伞衣从三米高处跳下。

勒布里采用博奈降落伞从空中缓缓降下（1914年）。

莫兰－索尼耶单翼飞机，装备一台60马力格诺姆发动机，加罗斯驾驶这架飞机飞越了地中海。

56

飞越地中海

　　加罗斯是航空史上最伟大的人物之一，一提到他的名字，人们就联想到人类首次飞越地中海。在实现这一壮举之前，有人曾飞过半个地中海——意大利飞行员卡利亚尼从里窝那飞到了巴斯蒂亚；加罗斯本人也曾从突尼斯起飞，飞至西西里岛，在海面上飞行了228千米，随后又飞往那不勒斯和罗马。

　　1913年9月23日，加罗斯从法国起飞，不间断飞行，一直飞到了非洲大陆。他所驾驶的飞机仅仅是一架极为简陋的单翼飞机，装备一台60马力格诺姆发动机，飞机上没有配备任何浮筒。在给飞机加注250升汽油后，他于5点47分驾机起飞，先沿着科西嘉岛沿岸飞行，在飞至卡利亚里上空时，他本想短暂停留，但还是冒险继续朝南飞，此时他已经在海面上飞了将近300千米。在看到非洲大陆海岸时，他已明显感觉到飞机燃料不足，发动机已出现间歇性断火。他降落在比塞大时，飞机仅剩下不到5升汽油。飞越地中海全程730千米，其中500千米是在海面上飞行，用时7小时53分钟。

罗兰·加罗斯飞抵比塞大后与众人合影。

57

环欧洲飞行

　　1913 年最伟大的飞行壮举之一就是布兰德容·德穆利奈创下的环欧洲飞行。他最初的设想是让欧洲其他国家看到法国高品质的飞机，让大家看到不管什么风向飞机都可以飞行，在难以辨识的陌生地点也能安全降落，可以飞行很长的距离，甚至能飞越很宽阔的海面。

　　第一天所设定的飞行路线令人震惊：从巴黎飞往华沙。6 月 10 日清晨，布兰德容登上那架莫兰 - 索尼耶单翼飞机，该机装备一台 80 马力格诺姆发动机。3 点 57 分，飞机从维拉库布莱机场起飞，11 点时飞抵柏林约翰尼斯塔尔机场，中途在比利时万恩补充燃料。13 时 45 分从柏林起飞，17 时 15 分抵达华沙，全程 1360 千米，飞行 13 小时 18 分钟，平均时速 102 千米，最快飞行时速 170 千米。

　　随后他决定在一天之内从华沙飞抵圣彼得堡，但狂风暴雨迫使他推迟了飞行计划。起飞之后，飞机要顶着北风飞行，他只好增加中途短暂停留的次数。由于气候恶劣，降落的地方条件很差，再加上要对飞机进行维修保养，结果用了将近 3 天才飞抵圣彼得堡，他在那里受到了英雄般的欢迎。

1913 年 6 月 10 日，布兰德容驾驶飞机开始进行环欧洲飞行。

6月23日，布兰德容飞往塔林，第二天朝斯德哥尔摩飞去。这一段航线约400千米，其中300千米是在海面上飞行，滞空时间为4小时35分钟。6月29日，他飞往哥本哈根，中途在林雪平附近短暂停留。7月1日，尽管这天风雨交加，他还是安全地从布兰德容抵达

布兰德容抵达圣彼得堡。

圣彼得堡。哥本哈根经汉堡飞抵海牙，每到一处，都受到当地民众的热烈欢迎，最后由海牙返回法国。这次环欧洲之行飞了5000千米，其中3000千米是在陌生国度里飞行，有500千米是在海面上飞行。

58

东方之旅

一系列飞往东方的探索之旅为辉煌的1913年画上了完美的句号。飞行条件极为艰苦，所用的飞机也都是极普通的，但飞行获得的成功出乎人们的预料。

作为首个从巴黎飞至柏林的飞行员，10月20日，多古驾驶博雷尔飞机从宜西起飞，目的地是开罗。虽然航程中遭遇一些小事故，天气也不好，再加上巴尔干地区一直动荡不安，但他还是在11月26日飞抵埃及金牛山。

朱勒·韦德里纳是首个完成巴黎至开罗拉力赛的飞行员。10月从巴黎西南小镇出发后，他在南锡等了一个月，待天气转好之后才起飞，一口气飞到了布拉格，飞越德国全境时未短暂停留，因为德国部分地区已禁止外国飞机进入。他驾驶一架布莱里奥单翼飞机，采用80马力格诺姆发动机，在布拉格补充燃料之后，继续往前飞。他几乎没有航行图，也不事先划定飞行路线，但还是准确无误地飞完了

博尼耶驾机艰难地从耶路撒冷起飞，左侧为耶路撒冷城，右侧是橄榄山。

韦德里纳在贝鲁特从泊在锚地的布律克斯舰艇上飞过。

各个航段：南锡、布拉格、维也纳、贝尔格莱德、索菲亚、君士坦丁堡，他在君士坦丁堡碰到了先于他出发的马克·博尼耶。休息几天之后，他又继续完成后面的航段：科尼亚、的黎波里（黎巴嫩）、贝鲁特、雅法，最终于 12 月 29 日抵达开罗，用 40 天飞完 10 个航段，总航程达 5400 千米。随后博尼耶也完成了巴黎至开罗的拉力赛，比韦德里纳晚两天抵达开罗。

两位飞行员的壮举在东方引起很大轰动。除此之外，法国飞行员马克·普尔普还创下从开罗飞往喀土穆再返回开罗的佳绩，整个飞行距离约 2000 千米，其中有很长一段距离是从沙漠上空飞过。

59

辉煌的 1913 年

1913 年，一大批飞行员在中远途飞行竞赛中创出佳绩，我们在前文当中已讲述过几个扣人心弦的飞行经历。值得称道的还有另外两项飞行比赛，一个是米其林杯赛，另一个是戈登－贝奈特杯赛。

米其林杯的比赛要求是，从日出到日落的时段内，要按平均时速 50 千米来计算当天应完成的飞行航程，最后累计看哪个飞行员飞行距离最长，但条件是飞机及发动机中途不得有任何修复。尽管这一条件极为苛刻，但弗尔尼还是驾驶莫里斯－法尔曼飞机创下飞行 15989 千米的好成绩，这一成绩随后被埃伦超越。埃伦驾驶组波尔飞机飞行了 16093 千米，实际飞行距离为 20893 千米，因飞行期间出现失误而被扣除 4800 千米的成绩。

朱勒·韦德里纳荣获 1912 年戈登－贝奈特杯赛的冠军。1913 年的杯赛于 9 月 29 日在兰斯举办。比赛当中飞行员们创造出许多优异成绩，其中首次有飞行员在一小时内飞行了 200 千米，确切地说是 200 千米的航程仅用时 59 分 45 秒，这一佳绩是莫里斯·普雷沃创下的。他驾驶的飞机是由佩舍罗设计的德佩迪桑单座飞机，配一台 160 马力的格诺姆发动机。

長途飛行路線圖（1913 年和 1914 年）。

一小时内飞行 200 千米：普雷沃驾驶德佩迪桑飞机荣获 1913 年戈登－贝奈特杯赛冠军。

佩舍罗设计的德佩迪桑单座飞机：飞行员吉贝尔在驾机飞行（1913 年）。

60

航空技术的应用

各国很快就设想把飞机应用于非军事用途上，航空邮政是当时的关注点之一，尤其是在遥远的国度，航空邮政正是在那里问世的。定期空邮最早是在印度开始实施的，法国飞行员佩盖负责驾机运送信件。

1911 年 6 月，英王乔治五世加冕，格拉汉姆 – 怀特公司获准设立临时空邮业务，负责在伦敦和温莎之间运送明信片，在这段时间里，飞机共运送了 13 万封明信片。

美国也在 1911 年开始空邮尝试。同一年，韦德里纳开辟了从巴黎向多维尔运送报纸的邮政航线，后来军方在 1912 年又与地方邮政部门合作，开辟了南锡至卢内维尔的邮政航线，随后巴黎至波尔多的远途邮政航线也开始投入运营。1913 年 10 月 13 日，罗南中尉驾机把从巴黎寄出的信件运送到开往安的列斯群岛的"秘鲁号"邮船上，从而使通邮时间缩短了两周。大部分地域辽阔的国家都尝试过空邮业务，但没有一个国家设立起一条固定的空邮航线。

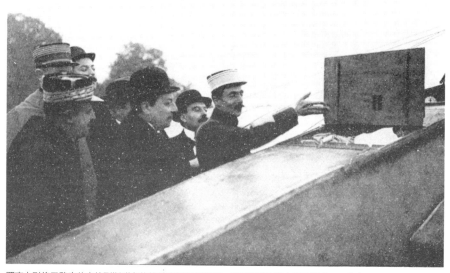

罗南中尉将巴黎寄往安的列斯群岛的信件密封在机舱里，到现场观看的有法国公共工程部长。

从飞机上施放烟雾，画出摩斯密码信号。

摩斯密码信号发射器。

阻拦索导索和卡钳。

在其他特殊发明当中，在空中施放烟雾、画出摩尔斯密码信号来传递信息，是首次对空中传递信号的尝试。

1913 年，布莱里奥设想让飞机能在船舶上降落，设计出一套阻拦索系统，在两桅杆之间设一条十几米长的阻拦索，试验取得成功。

机载无线电报系统在美国首次试验成功，飞机从 150 米的高空向地面机场发送无线电报。法国随后也进行了相似试验，并在军机上试验机载无线电报系统，试验取得成功。

61

珀古及特技飞行表演

一提起阿道夫·珀古的名字，人们马上就会联想到他那精湛的飞行技术。作为首个弃机跳伞的飞行员，从跳伞那一天开始，他就冒出要展示自己飞行能力的想法。

飞机设计师布莱里奥一直期望能证明，他所设计的飞机具有良好的操控性。操控性如同稳定性一样，也是确保飞机安全的重要因素。他同时想证明，即使飞行员处于很糟糕的飞行姿态时，也照样能控制住飞机，从而拯救飞行员的生命。

珀古主动提出要进行这样的飞行演示，准备驾驶一架 50 马力布莱里奥单翼飞机试飞。1913 年 9 月 1 日和 3 日，他分别在两个地方演示，飞机飞上蓝天后，他头朝下驾机向前飞行。9 月 21 日，他做了"滚筒"飞行动作，但并未完全成功：飞机向一侧翻转，向后倒飞滑翔，打着旋儿垂直向下飞，最后做了一个翻滚动作。此后他又进行了一系列飞行演示，甚至头朝下飞行了将近一分钟，并连续做了 8 个翻滚动作。随后，他分别在维也纳和柏林进行了类似的飞行演示。

11 月 21 日起，几名飞行员模仿珀古做出了空中翻滚动作。到 1914 年春为止，已有 50 多名飞行员成功地做出了翻滚动作。

珀古在进行飞机阻拦索拦截演示（1913 年）。

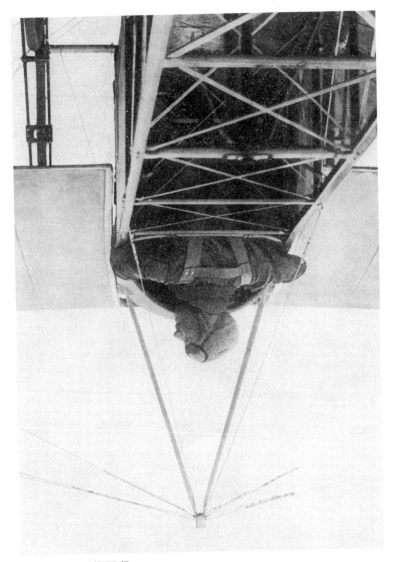

珀古身系背带，头朝下飞行。

珀古在做翻滚动作（1913 年 9 月）。

$$62$$

1914 年的航空业

　　1914 年 1 月至 8 月，航空业创造出一大批有意义的业绩。此时德国航空业已打下坚实的基础，尤其是德国发动机，非常结实耐用。虽然功率不太大（75—100 马力），油耗也不高，但性能确实非常棒。

　　1914 年飞行纪录的特点就是滞空时间有了很大提高。朗热驾驶的飞机起飞重量达 1300 千克，相当于每平方米 30 千克，每马力要驱动 13.5 千克。2 月 3 日，他驾驶该飞机飞行了 14 小时 7 分钟。2 月 7 日，安格尔德驾驶双翼飞机从牟罗兹飞到慕尼黑，不间断飞行 1700 千米，空中滞留 16 小时 20 分钟。此后，又有几位飞行员刷新了这一纪录，飞行员勃姆甚至创下了 24 小时不间断飞行纪录。

　　飞行高度纪录也从 5500 米提升到 8150 米，后一项纪录是由厄尔里克创下的，他驾驶的 DFW 飞机配备了 100 马力梅赛德斯发动机。

勃姆驾驶的阿尔巴托双翼飞机，他是首个连续飞行超过 24 小时的飞行员（1914 年）。

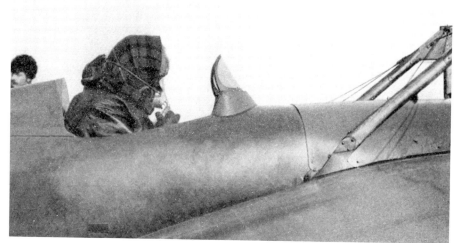

帕姆兰佩戴呼吸面罩,准备飞越阿尔卑斯山。

柯蒂斯制造的水上飞机,他准备驾驶这架飞机飞越大西洋(1914年)。

第 四 章

第一次世界大战时期的航空业

《飞行员》塑像，古斯塔夫·皮米恩塔创作。（收藏于军事博物馆）

绘画：空军飞行员。

1900 年至 1914 年，人类征服天空的努力终于落到实处，手中掌握了两种飞上蓝天的工具：飞艇和飞机。

这两种飞行器刚刚问世，在结构和形态尚未完全成形时就在第一次世界大战中发挥出关键性作用，甚至被载入到近代战争史册里。在那个年代，航空工业所能提供的飞行器已无法满足庞大战争机器的需要。在 20 年或 10 年前，阿代尔或莱特飞机凭借其投资少、性能优异才能赢得政府部门的支持，但进入战争状态后，政府一下子就拨给工程师和制造商几十亿法郎。在三年当中，政府部门总是埋怨工程师和制造商的动作太慢了。航空业尤其是飞机制造业已成为有待突破的重点行业。德国在遭遇封锁的局面下，只好以提高生产效率来应对，其航空制造业甚至开发出先进的生产工艺。盟军则利用丰富的自然资源和人力去提高飞机的产能，但依然无法满足各军种对飞机的需求，在前线战场上，对飞机的需求高达几千架。前线的将士认为人们在后方可以生产数以万计的飞机、发动机、各种航空设备及武器。因为前线的损耗非常大，而前线指挥官的设想就是一定要掌握制空权。无论是法国的单翼歼击机，还是德国的双座侦察机，它们刚一设计出来，今天还画在各自的绘图板上，第二天就出现在对方阵地上空了。所谓"制空权"其实就是敌我双方在技术层面上的较量，看谁能在局部取得优势，因此在大部分时间里，掌握制空权就意味着航空工业要付出艰辛的努力。

地面战役的胜利往往是靠兵力优势获得的，同样，空战如想取胜，也要仰仗数量的优势。交战双方在数量上势均力敌时，则要看哪一方的飞机性能占优；在飞机机体相似时，看哪一方的动力更强；动力旗鼓相当时，看哪一方的飞机更轻。战争促进了航空技术的发展，但最终还要看新技术的应用是否有利于飞机的发展。

在接下来的这一章里，我们还是按照年份来书写，这也许会给大家留下一个编纂"战争航空史"的印象。其实，我们只是想通过各种图片向读者展示，第一次世界大战期间的航空业发展得很快，也采用了一些先进的技术，但这一切都是顺应战场变化而被迫做出的选择。战争迫使航空业，尤其是飞机制造业偏离了自己的正常发展轨道，但不管怎么说，航空业的技术依然很不成熟。

01

战时刚起步的空军

在对德宣战几周之后，巴黎的民众在荣军院里驻足观看刚缴获的战利品——一架德国鸠形单翼机。这架飞机完好无损，似乎没有配备武器，对于不了解飞机的民众来说，它恰好象征着 1914 年的航空业：空军正是一支新生的部队，虽未直接参与大规模的军事行动，却给人们带来无限的希望，不过也让人们付出了巨大的牺牲。

随着战事的进展，战争也扩展到天空，飞机装备了武器，机关枪取代了短枪，在面对防御能力很差的轰炸机或双座飞机时，单座歼击机简直就是一件杀人利器。敌对双方在空中展开"肉搏战"，英国飞行员和德国飞行员更如仇敌一般，先是 5 架飞机被击落，接着就是 10 架、20 架飞机被击毁。被击中的飞机拖着浓浓的黑烟，从高空坠落到地面，久而久之，获胜者就成为"王牌"飞行员，但他们也难逃死亡的命运。

02

动员空中力量

1910 年至 1914 年，欧洲各大国在航空领域展开了竞争。战争爆发后，空军作为一个新军种也投入到战争之中，但由于资金不足，加上许多技术问题没有取得突破，空军所采用的飞行器仍然很简陋。法国战前组织的大规模演习已为空军的发展打下良好的基础，英国空军正是借鉴法国的模式和训练方法创建起来的。在 1916 年之前，英国的飞机几乎都是由法国提供的。在西线战场上，英国空军拥有 63 架战机，法国空军装备了 156 架战机，而德国空军拥有 258 架战机。虽然两个敌对阵营在飞机方面几乎势均力敌，但德国的飞艇（无论是系留的，还是自由放

1914 年 9 月，被法军缴获的一架飞机及其他战利品。

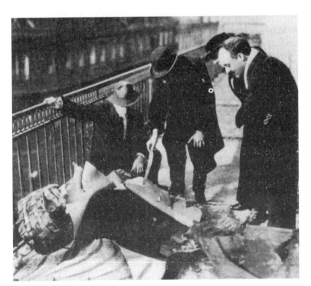

1914 年 10 月 11 日，德国空军投弹对巴黎居民的晾台造成破坏。

韦德里纳把自己的飞机命名为"军士号"，他登机准备执行侦察任务。

飞的）要优于盟军的飞艇。

　　当时所能动员的飞机五花八门，但随着战事的进展，有些飞机已逐渐演变成纯粹的战机，比如 REP 单翼机、法尔曼的双翼机等。但所有这些战机的时速都很慢（80~115 千米），爬升到 2000 米高度要用将近半个小时。德国空军大多装备着鸠形单翼机，其性能和布莱里奥单翼机差不多。

　　在双方阵营里，驾驶飞机的有职业军人，也有应征入伍的民用机飞行员，正是这些优秀的飞行员引起了民众的广泛关注。

03

首次空战

　　德国以法国飞机侵入其领空为借口，悍然对法宣战。从 8 月 2 日起，德国报界连篇累牍地报道法国飞机入侵的假新闻，空军由此被卷入到战争之中。

　　对于后来才进入航空界的人来说，那时的航空业是如此难以理解：侦察机不配备拍摄设备，轰炸机没有瞄准镜，参战的飞机没有计划，敌对双方互相鄙视。8月 27 日，两位法国飞行员降落在被德军占领的沙隆机场，飞行员拼死抵抗，但最终还是被德军杀死了。

　　与此同时，法国空军也向德军阵地投放金属小箭，后来又向德军阵地发起了空中打击。8 月 15 日，两位飞行员在执行轰炸任务时被敌弹击中。随后，飞行员手中的手枪和卡宾枪也逐渐换成机关枪。10 月 5 日，弗朗兹中士和机械师凯诺驾驶配备机关枪的瓦赞飞机击落了一架德军飞机。

弗朗兹中士和机械师凯诺。

1914 年 10 月 5 日的空战，这是民众绘制的宣传画。

德军在比利时展开大规模行动时，盟军空军的侦察区域图。

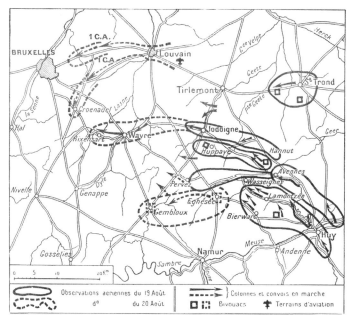

马恩河战役开始之前，德国空军的侦察结果图。

04

大规模运动战中空军的作用

从 8 月初开始，法国空军的主要任务还是实施空中战略侦察，以了解德军的动向。当时尚未展开空战，即使飞机飞得很低，地面上的轻武器也很难对飞机造成威胁。那时正值夏季，白昼很长，有利于执行侦察任务，每个飞行小队从早至晚飞到敌军阵地后方侦察，甚至飞到 50 千米远的纵深处。从 8 月 20 日起，法国侦察到德军大规模集结在比利时境内，并准备向西南方运动。9 月 1 日至 9 月 4 日，德军突入法国境内，径直朝巴黎扑去，但随后又转向东南，置巴黎于不顾，将进攻矛头指向菲尔泰地区。德军的动向已完全被法军侦察机掌控，根据这一动向，霞飞元帅决定在 9 月 5 日发起马恩河战役。

其实在马恩河战役前，德国侦察机也注意到法军在塞纳河谷大规模调动部队的迹象，也许大致猜出了霞飞元帅的战略意图，但这一信息没有及时传达给德军参谋部，致使德军在这场战役中遭遇溃败。

05

伤亡与胜利

飞机空中侦察行动必然会引起敌方的反制，空战已不可避免，有战斗就会有牺牲。在整个 1914 年，法军在各个战场上击落了大约 80 架德军飞机。在战争初期，法国空军也遭遇到很大伤亡，其中最著名的人物有参议员雷蒙及著名飞行员马克·普尔普。

在弗朗兹和凯诺击落敌机之后，空战愈演愈烈，法国又有几名飞行员同德军飞行员展开搏斗，击落了多架德军飞机。

被吉贝尔击落的第三架德军飞机。

珀古的布莱里奥双座飞机，1914 年 10 月 20 日摄于凡尔登。

1915 年春，被英国空军击落的德国飞机，飞行员因伤势过重死亡。

空军开始建立基地

1914 年年末，西线战场呈胶着状态，双方用沙袋堆成防线，此时再到敌人后方实施空中战略侦察已不可能。各空军飞行小队开始建立自己的基地，各军种之间的联络也稳定下来，空军的主要任务是为炮兵提供瞭望支持。飞行员要把在空中观察到的战况即刻通报给地面指挥官，因此开发飞行器与地面的通信联络技术，尤其是"抗干扰"技术就成为航空业的首要任务。另一项要取得突破的技术就是空中摄影，这对到敌后纵深侦察至关重要。

由于从空中突破对方防线变得越来越频繁，空中交战已在所难免，而透过螺旋桨旋转间隙射击已发展成一种实用的战术。

从 4 月起，加罗斯为螺旋桨设计了装甲防护层，并在飞机前端设置一挺固定机关枪，让机关枪发射的子弹与发动机的转速同步。7 月，德国为福克战斗机装备了这种与发动机转速同步的机关枪，此后不久，他们的双座飞机也配备了通过螺旋桨发射的机关枪。而单座飞机很快就成为歼击机的标配。著名飞行员珀古在击落 6 架德军飞机之后，不幸被德军战斗机击落。

空军开始建立常设飞行基地和机场。

1915 年 1 月，一架科德龙侦察机从凡尔登北起飞执行任务。

1915 年秋，空军在克来蒙设立的基地。

珀古（右四）与自己的飞机合影留念。

几周过后，珀古的飞机被击落，飞行小队的战友为他送葬。

07

主战场之外

　　在法军与德军正面交战的前线上，空军正逐渐尝试着去适应这场"包围"战，而空军另外一些部队则面临着不同的气候条件，所承担的任务也很不确定，这正是海军航空兵第一支飞行小队"纽波尔"的处境。1914 年 8 月，3 架纽波尔飞机与 8 架水上飞机组成"纽波尔"飞行小队，负责保护法国船只在地中海上的航行安全，后来又转而受驻埃及的英国军队指挥，以保护苏伊士运河的安全。执行任务时，水上飞机由法国飞行员驾驶，另配一名英国副手负责观察，他们要在达达尼尔海峡一带不断监视土耳其人的军事行动，轰炸铁路交通枢纽，深入敌境进行侦察，甚至会飞到 100 千米的纵深处，有时被迫降落在敌方水域，好在没有造成任何人员伤亡。

　　1915 年秋，德军开始关注达达尼尔海峡的安全，派遣了 24 架飞机从匈牙利境内一直飞到君士坦丁堡。从那时起，英法空军与德国空军在那里展开了激烈的空战。

一架纽波尔水上飞机被吊至英国巡洋舰"多利斯号"甲板上。

水上飞机在执行侦察任务后,被吊至军舰甲板上。

法国水上飞机在东地中海巡逻。

在达达尼尔海峡执行轰炸任务的英国空军飞机。

08

轰炸任务

战争初期，法国空军往往只出动单机执行轰炸任务，空军司令部指挥官巴莱斯少校设想派集群轰炸机去轰炸敌军的战略目标。1915年5月，第一支集群轰炸机队成立并由格瓦少校指挥，5月27日凌晨3点，这支由3个飞行小队组成的轰炸机群飞往路德维希港，去轰炸德国巴斯夫工厂。6个小时后，所有轰炸机都顺利完成任务返航，只有格瓦少校本人的飞机没有返回——他被德军俘虏了。此后一支集群轰炸机队扩充为4个飞行小队。随后，法国又组建了3支集群轰炸机队，共62架轰炸机，执行轰炸的任务也越来越艰巨。

面对德军的歼击机，瓦赞轰炸机既笨重，飞得又慢，毫无防御能力，在德军强悍的防空能力面前，法国空军对地面目标的打击优势已丧失殆尽，飞行员的高超技艺也无法弥补装备的劣势。

德国空军也利用齐柏林飞艇执行轰炸巴黎和伦敦的任务。3月17日夜，齐柏林飞艇原计划要去轰炸伦敦，但遭遇大雾，结果把3吨炸弹投到了法国加来城里。

1915年5月27日，空军向路德维希港发起攻击，图中为执行这一任务的飞机和飞行员。

3 天过后，几艘齐柏林飞艇又空袭了巴黎。1915 年 6 月至 8 月，德国空军接连派飞艇空袭加来和多佛尔，但遭遇英法两国军队的顽强抵抗，几艘德国飞艇被击落。截至 1915 年年底，英国先后遭遇 20 次德国飞艇空袭，197 人在空袭中丧生。

齐柏林飞艇在夜间空袭巴黎。

英国空军执行完轰炸齐柏林飞艇基地的任务后返航。

巴黎防空部队的法尔曼飞机。

德国为纪念齐柏林飞艇对伦敦空袭（1915 年
8 月 17 日夜间）而制作的纪念章。

1915 年 8 月 9 日，一艘 L–12 型飞艇被英国炮火击中，坠落在奥斯滕德一带的海面上。

09

法国飞艇

　　战争爆发时，法国空军很快就把当时仍在服务的飞艇利用起来，为其配置武器装备，执行侦察和轰炸任务。飞艇是最早深入到德国境内执行侦察任务的飞行器，随后还轰炸了德国境内的一座火车站。

　　有些飞艇并不是被德国歼击机击落的，而是在执行任务后返航时被法军击落的。法国随后修复并重建了多艘大体积的飞艇，在贝尔福、凡尔登等地建立飞艇基地。但由于飞艇执行飞行任务之前的准备工作非常烦琐，空军逐渐将其淘汰，并转交给海军使用。

1914 年 8 月，"弗勒鲁斯号"飞艇在凡尔登执行任务。

1916 年，"万斯诺军士号"飞艇在索姆省执行任务。

"库泰勒少校号"飞艇在凡尔登附近被炮弹击落（1915 年 6 月）。

1915 年，建在凡尔登附近的飞艇库。

10
高空侦察气球

由于飞机的快速发展，法国国防部部长在 1911 年决定取消野战气球连编制，仅保留少数几个气球连为飞艇提供辅助服务。从 1914 年 8 月起，德军一直使用风筝型系留气球来侦察法军的动向。于是，法军也开始重建野战气球连队，并为他们配备相应的设备。8 个野战气球排很快就被派往东部前线，与此同时，法国紧急建立起 26 个野战气球连及高空侦察员学校。到战争结束时，各条战线上共有 76 个野战气球连在服役。

法国也对系留气球做了改进，将圆形气球改成飞艇式气球，淘汰了老式蒸汽卷扬机，改由汽车发动机来驱动绞车，并为高空瞭望员配备了降落伞，这一装置拯救了许多瞭望员的性命。用系留气球进行侦察可以在十几个小时之内连续不断地监视敌军的行动，甚至还可以为炮兵指明打击目标，修正弹着点。

1916 年 3 月，法国系留气球在阿尔萨斯前线冒雪行动。

1916 年 9 月，M 型气球在默兹前线。

法国系留气球被击中后失火坠落，瞭望员跳伞逃生，在逃生过程中拍下了这张照片。

借助于降落伞，瞭望员安全落到地面。

系留气球瞭望员把吊舱外的降落伞系在身上。

11

1915 年的飞行员

　　1914 年 8 月 2 日开战之初，法国空军仅有 150 架飞机，但到 1915 年年底，空军就装备了将近 800 架飞机，各飞行小队都在前线执行战斗任务。由于飞机数量猛增，需要大量的飞行员，于是空军号召有志于从事飞行的士兵加入空军。在其他军种里服役的下级军官，其中包括装甲兵和步兵，纷纷要求做飞行员。在经过短期培训之后，他们就被派往前线的飞行中队，另外还有一些人则被培养成空中瞭望员，在飞艇或气球上做瞭望哨，观察敌军的军事行动。

12

警戒

　　1915 年，交战双方都没有取得决定性的胜利。转眼到了 1916 年初，大家知道深冬里德军依然重兵压境，但漫长的战线却一片沉静，他们什么时候发起进攻？进攻方向放在哪里？这有待于侦察机去摸索敌人的动向，不过冬天的雾气给高空侦察带来了不利影响。尽管如此，空军还是通过侦察探出敌人下一步行动的端倪：德军准备在阿尔戈和默兹一带发起进攻，法国空军加大了对那一地区的侦察力度，甚至不惜降低飞行高度，以获取更真实的情报。1 月 20 日，德国空军轰炸勒维尼，法国马上派出歼击机去迎战。第二天夜里，空中响起轰轰的马达声，两艘德军飞艇越过法军防线准备对勒维尼实施轰炸，其中一艘飞艇很快就被法军击中，并燃起大火，坠落到地面上。

纳瓦尔战役胜利后，空军司令在向飞行员授勋。

1915 年秋，MF-25 飞机的机组人员。

1915 年 9 月，维耶曼上尉在凡尔登。

1916 年初，飞行员在进行军事训练。

德国的双座侦察机机身已做成流线型。

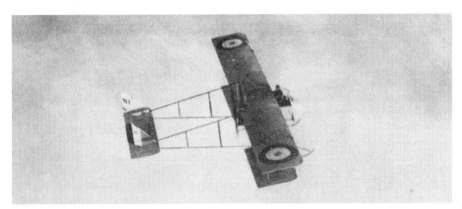

法国法尔曼飞机的设计依然十分简陋。

法尔曼侦察机雪天里在阿尔戈前线执行任务。

1915—1916 年配备拍摄器材的侦察机。

13

凡尔登空战

在整个 1915 年当中，无论是从技术角度，还是从生产方面看，法国都没有花大力气去研发歼击机。法国之所以在歼击机方面取得一些进步，完全得益于几位著名飞行员的个人努力，比如加罗斯所设想的螺旋桨加装铠甲保护，通过螺旋桨旋转间隙发射子弹，但这些额外装置势必会影响飞机的飞行速度。

然而德国空军很早就意识到这一问题的紧迫性，他们抄袭莫兰飞机的设计制作出福克飞机，并设计出一套同步装置，让机关枪射速得以和发动机转速同步，借桨叶旋转间隙向外发射子弹。1914 年 6 月，法国便研制出这一装置，但法国机关枪性能较差，难以和发动机转速实现同步，直到 1916 年夏天，法国才彻底解决这个问题。凡尔登战役爆发之后，德国空军凭借福克歼击机的强大攻击力，让法国空军吃尽了苦头，并把制空权牢牢地掌握在自己手里。

虽然法国飞行员付出很大牺牲，但法国歼击机还是为地面部队提供了有利的支援，深入敌境执行侦察任务，为轰炸机护航，甚至主动出击摧毁德军系留气球。在 5 月 22 日的进攻战中，法国歼击机利用装备在机翼上的火箭弹摧毁了德军的 6 只系留气球。

凡尔登战役前（1916 年 2 月），空军临时指挥所。

三个月过后，在凡尔登战役激烈展开时，MF-33飞行小队在布罗库尔建立了飞行基地。

莫兰－索尼耶单翼飞机，桨叶外蒙装甲保护。

1916年4月被法军缴获的第一架福克歼击机，配备与发动机转速同步的机关枪。

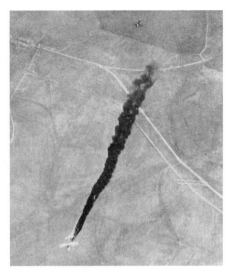

德国飞行员波尔克在凡尔登空战中击落一架法国飞机。

德国早期著名的歼击机飞行员伊梅尔曼（1916 年阵亡），小图为波尔克
（1916 年阵亡）。

1916 年 5 月 16 日，纳瓦尔登上纽波尔歼击机，去执行任务。

在德占区努瓦永镇为阵亡的法国侦察机飞行员送葬。

当地要人与德军参谋部的军官出席葬礼。

14

比利时空军

正是比利时空军将航拍手法推向了极致。下页的航拍照片非常清晰，是从1300 米的高空拍摄的。从 1914 年 8 月起，比利时空军就开始执行高空侦察任务，空军还成立了专门负责航拍的飞行中队。在遭遇敌人攻击时，侦察飞行中队也展现出勇猛的作风——雅凯少校创下一人击落 5 架敌机的战绩——但同时也付出了极大的牺牲。

在执行护航和攻击任务时，比利时空军也创下骄人的战绩：几位著名飞行员击落多架敌机，最著名的王牌飞行员威利·柯本甚至创下击落 36 架敌机的战绩，而他驾驶的只是一架昂里奥单座小飞机。

1915 年春，比利时空军的一架双座侦察机刚刚降落在海滩上。

比利时空军飞越伊瑟河上空时拍摄的照片。

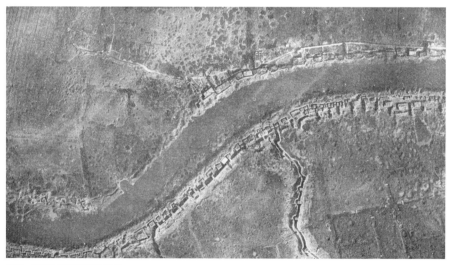

航拍：比利时前线的步兵阵地。

15

索姆河战役中的侦察机

1916 年 7 月 1 日，索姆河战役正式打响，盟军在前线向德军阵地发起攻击，空军也飞到前线上空为步兵助阵，步兵在向前推进时，在前沿阵地上燃起烟雾，告诉空军自己所处的方位。在索姆河前线 3 个月的行动当中，法国空军的侦察机占有绝对优势。德国空军的侦察机不但在数量上处于劣势，而且所采用的方法也落后许多，他们的歼击机被拖在了凡尔登战场上。直到 11 月前后，德军才调兵遣将，要与法国空军的侦察机相抗衡。

在空军上尉格鲁的不懈努力下，法国空军的航拍技术在 1916 年中取得出色的进展，从 2500 米高空拍摄的照片已能达到很高的清晰度。但这并不是法国空军的强项，法国空军的优势在于：可将航拍的照片与地形图严密地融合在一起，并做出战术性的解释；空中瞭望员对双方的态势了如指掌，能够很快"解读"出航拍照片所包含的微小细节，把敌军的方位、战壕、掩体、暗堡、电话枢纽、瞭望哨所等都清晰地标注出来。瞭望员和参谋部联手对这些图像进行分析，揣摩出敌人的防守重点。在这场战役当中，法国空军先后派出 5 个飞行小队共 40 多架飞机去执行各种作战任务。

1916 年 5 月，两架法尔曼侦察机停在布罗库尔机场上。

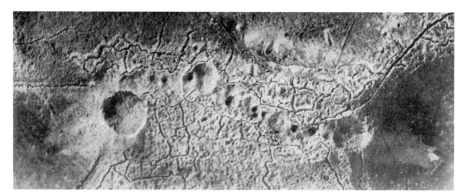

1916 年 5 月 15 日，侦察机从 1800 米高空拍摄的地雷爆炸后的场景。

解读航拍照片，对敌军的防守部署做出的分析。

对航拍照片做出快速解读。

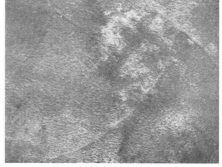

航拍对比村镇被摧毁的景况。左边的照片拍摄于 1916 年 7 月 9 日，此镇由英军驻守，战役过后，村镇被完全摧毁。右边的照片拍摄于 9 月 1 日。

16

歼击机的功绩

在索姆河战役初期，盟军在很长时间里一直掌握着制空权，甚至比德国空军在凡尔登战役上掌握制空权的时间还长。敌对双方在各自的战报里都宣称掌握着制空权，其实双方都知道每一方都不占有绝对的优势。一方暂时占有优势往往得益于性能更好的装备，比如德国空军装备的福克歼击机，但大部分情况还是在某一局部区域；一方在数量上占有优势。

在索姆河战役中，法军在数量上的优势并不明显，德军很快就把更多的兵力投入到前线，陆军在人数上不逊于法军。但令人感到奇怪的是，德国空军却甘愿让出制空权，其原因是驾驶福克歼击机的飞行员都被凡尔登战场缠住了，抽不出身来在索姆河战场上与法国空军抗衡。

法国空军的战术十分清晰，就是要让歼击机为侦察机打出一片自由飞翔的空域，于是便派出飞机在前线巡逻，飞到敌军纵深处，向敌机发起挑衅，形成空中威慑优势。法国空军的优秀飞行员更是凭借超强的个人能力把这一战术发挥到极致，其中最著名的飞行员就是居内梅，他在索姆河战役中创下击落19架敌机的战绩，其他飞行员也创出不俗的战绩。

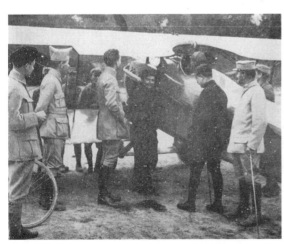

1916年9月16日，在击落第16架敌机后，居内梅顺利驾机返航。

当然这一出色战绩并不仅仅是飞行员凭借高超技术和勇气创下的，法国歼击机在技术方面取得的长足进步也是功不可没。首先，纽波尔飞机装备了一台110马力发动机和一挺自动更换弹夹的机关枪；随后，斯帕德飞机装备了一台140马力发动机和一挺与发动机转速同步的机关枪。

居内梅在检查发动机，为执行下一任务做准备。

夏尔·努恩热瑟在纽波尔飞机座舱里，他此时（1916 年 10 月）已创下击落 14 架敌机的战绩。

在索姆河战役中，侦察机随时观察步兵对敌发起攻击的状况。

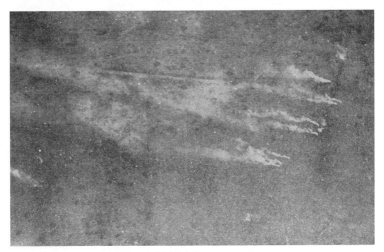

步兵在前线燃起烟雾，让侦察机了解其进攻态势。

步兵躲在坍塌的战壕或炮弹炸出的弹坑里，等待下一步攻击的命令。

1916 年秋，多尔姆军士（1894—1917）驾驶纽波尔歼击机击落 11 架敌机。

奥罗利中士驾驶纽波尔歼击机，飞机上还装备了一挺转盘机关枪，子弹打光后，他要在驾机的同时站起身更换弹夹。

埃尔托上尉在索姆河战役中击落 7 架敌机。

德兰中尉（1890—1923）在索姆河战役中击落 7 架敌机。

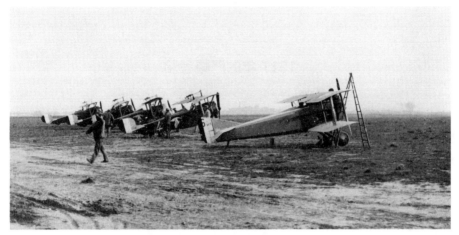

1916年9月16日，"鹳"飞行小队的几架歼击机。前面一架是居内梅的斯帕德飞机，其余四架是纽波尔歼击机，配备与发动机转速同步的机关枪。

在香槟前线执行侦察任务的三座侦察机。

17

1917 年的严峻考验

　　1916 年的最后几个星期极为艰难，尤其是法国空军在装备方面先天不足，即使有高超的飞行技艺，有勇敢的飞行员，也难以弥补装备上的劣势。截至 1916 年 11 月，在前线作战的 1418 架飞机里有 328 架单座歼击机，但其中仅有 25 架是性能良好的斯帕德歼击机。在 837 架侦察机当中，802 架飞机没有防御能力，能与德国空军福克飞机抗衡的歼击机数量太少。

　　转眼到了 1917 年春季，法军准备发动春季攻势，派出侦察机超低空飞行去侦察敌人的动向。侦察机遭遇德军的猛烈攻击，即使付出极大的牺牲，也没有获得有价值的情报，致使法军在 4 月 16 日凌晨因遭德军猛攻而溃败，空军装备差是这场败仗的原因之一。

　　在整个 1917 年当中，不适合作战的飞机逐渐被淘汰掉了，新的飞行小队装备了性能更好的歼击机。与此同时，空军将行动目标局限在一定的范围内，让侦察飞行小队恢复元气，为来年的行动做准备。

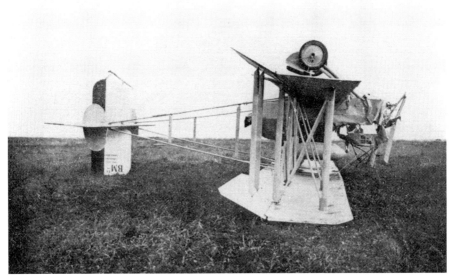

一架布勒盖－米其林 4 型夜间轰炸机，在机场进行翻转检修（1917 年）。

三座侦察机，发动机安装在机身里，螺旋桨置于两侧。

停在索姆河基地上的双座侦察机。

18

飞行员与航校

　　从 1916 年起，空军在战争中发挥的作用越来越重要，所蒙受的损失也越来越大，培养飞行员的问题也因此而变得更加紧迫。其实法国航校和飞行员培训中心的规模一直在扩大，我们来看一组数据：1914 年仅有 134 人获得飞行员驾驶执照，而在第一次世界大战期间（1914—1918），历年获取驾驶执照的飞行员人数分别为 1484 人、2698 人、5609 人、6909 人。1919 年，各航校准备扩大招生规模，力争每个月能培养出 1000 名飞行员。这些飞行员不但要考取驾驶执照，还要到专门的航校接受特殊培训，如射击训练，并能够熟练掌握特技飞行技术，为空军歼击机部队输送人才。与此同时，航校还要培养大量的技师及专业人才。

一所飞行员进修航校，左上角为飞行员徽标。

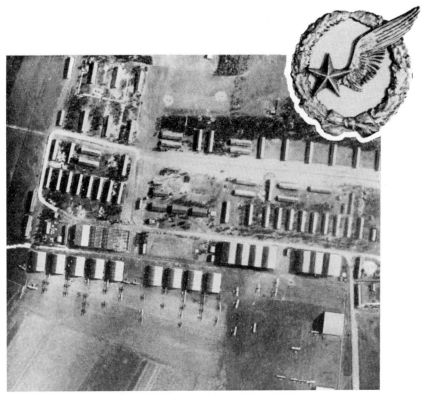

空军侦察培训中心，右上角为侦察员徽标。

飞行训练营发生飞行事故。

正为技师拍照，背景是纽波尔 N-3 型飞机。中间为技师徽标。

19

1916—1918 年的德国飞艇

1916 年，德国出动飞艇向英国发起空袭，然而随着英国逐渐建立起完善的防空体系，尤其是为伦敦建立起密集的防空网，德国付出了沉重的代价。德国人之所以依然顽固地执行空袭任务，是想让英国人把一部分空军部队留在英国，而不要派到欧洲大陆上来参与对德作战，同时用空袭行动来干扰英国人的正常生产计划。另外，航空业所取得的进步以及防空设施的完善迫使德国人不断改进他们的飞艇，飞艇越做越大；同时为了躲避地面炮火的攻击，尤其是避开燃烧弹的攻击，德国人想出许多"狡猾"的办法，但也付出了极大的代价。

1916 年 1 月底，德国海军发动空袭，派出 10 艘飞艇，到年底时就仅剩下两艘了；同年 9—11 月，德国人在空袭行动中至少损失了 6 艘飞艇，其中包括最新研制的 L-33 型飞艇。从那时起，德军宣布不再派遣飞艇到西线战场上执行作战任务，但在东线战场上，德国飞艇一直承担着轰炸任务，而且取得了不俗的战绩。

德国最令人震惊的技术完美地体现在 L-59 型飞艇上。这艘硬式飞艇长 226 米，体积达 6.8 万立方米，1917 年秋开始为德国驻非部队提供援助。在经过 96 小时 7000 千米飞行之后，飞艇安全返回大本营，其滞空时间长达两昼夜，可飞行 1 万千米。

德国 LZ-81 型飞艇飞离基地执行轰炸任务。

1916年9月24日，齐柏林L-33型飞艇在小维格博勒降落后被机组人员烧毁。

1917年9月25日，几艘飞艇在对英国实施空袭之后返回基地。

1917 年秋季，L-59 型飞艇飞离保加利亚前往东非执行任务，这是挂在飞艇前部的吊舱。

1917 年 10 月 20 日，L-49 型飞艇在法国境内迫降。

20

1917 年的歼击机

"骑兵上尉"曼弗雷德·冯·里希特霍芬
（1892—1918），摄于 1917 年 9 月 11 日，
那一天是他击落第 60 架敌机的日子。

从 1916 年开始，法国空军根据任务的性质来划分飞行小队，为每一类飞行小队制订出相应的计划。虽然和德国歼击机的作战能力相比，法国歼击机还有很大差距，但法国歼击机还是在集团行动中较好地完成了任务。我们知道，德军派王牌飞行员波尔克和里希特霍芬去做教官，让他们把自己的飞机战术严格地传授给更多的飞行员。相反，英国歼击机小队则任凭飞行员个人去自由发挥其攻击战术。

1916 年 11 月 23 日，英国皇家空军第 24 飞行小队指挥官利奥·霍克少校在巴波姆上空与曼弗雷德·冯·里希特霍芬展开激战。霍克驾驶一架 DH-2 型小型歼击机，里希特霍芬驾驶的是"信天翁"歼击机——这款飞机马力更大，速度也更快，为了能在瞄准镜中咬住敌机，要飞到敌机的后面，或快速攀升，再向敌机进行俯冲攻击。虽然 DH-2 型飞机机动性很好，但这款飞机马力明显不足，很快就被"信天翁"歼击机击中。霍克试图驾驶受损的飞机返回自己的营地，但里希特霍芬再次瞄准，击中了对方飞机的头部。这绝对是一场不对等的"肉搏战"，面对性能更强的装备，弱者毫无招架之力。

1917 年 4—5 月，英德两国空军在阿拉斯、杜埃等地展开空战，英国空军遭遇惨败，单 4 月 4 日那一天就损失了 44 架飞机。在整个 4 月当中，里希特霍芬一个人就击落了 32 架敌机。1917 年 7 月初，德国空军建立起第一支歼击机中队，下设 4 支小队，每小队装备 18 架歼击机，德军得以以优势兵力展开大规模的空中歼灭战。

为纪念里希特霍芬的战绩，德国制作的纪念章。

1917 年，索姆河营地里英国空军的双翼飞机。

1917 年，在法国前线被击落的一架德军"信天翁"歼击机。

加拿大空军上尉毕晓普，摄于 1917 年 8 月 6 日。

21

多尔姆和吉内梅战死疆场

地面上静悄悄的，几乎听不到远方的炮火声，但飞行员却驾驶着战机飞上天空，去迎击敌人的进攻，每天的战报都会报道说哪位飞行员未能安全返回营地。

5月25日，居内梅击落四架敌机，但就在同一天，多尔姆却在佛兰德地区被敌机击落，此前他曾击落击伤23架敌机。几个月过后，1917年9月11日，居内梅遭遇了同样的命运。

1917年2月18日，法国空军将年仅22岁的纪尧姆·居内梅晋升为上尉，以表彰他击落33架敌机的战绩。6月11日，空军又授予他荣誉勋章，以奖励他击落40架敌机的战绩。9月11日，在取得击落54架敌机的战绩之后，他又和平常一样飞上天空，9时35分，他发现一架敌机，便立刻加速冲过去。僚机紧随着他跟过去，与突然间从云雾中冒出的其他敌机展开激战，但他没有发现自己的长机，只好返航，后来才发现居内梅再也没有返回基地。

22

1918年战役中的空军

1917—1918年冬，战场上的枪炮声暂时平息下来，这种严阵以待的气氛比凡尔登战役前的局面还沉重，压得人们喘不过气来，大家感觉决定战争命运的时刻就要来临了：西线战事的火药味越来越浓，由于东线战场上俄国溃败，德国得以抽出更多兵力和资源投入到西线上。

1918年3月21日，德军向英法联军的结合部发起攻击，巴黎甚至遭到敌人炮袭，有人怀疑是德国空军发射的炮弹。战场上浓雾弥漫，根本看不清德军的攻势。3月23日，联军空军才联系上地面部队，协助地面部队侦察被敌人撕开的防线，很快就查清了卷入战斗的部队情况。1918年的战役由此打响，敌我双方反复进攻、突袭、反攻，大批的部队绞杀在一起。这让联军空军尤其是侦察飞行小队的任务变得格外艰难，好在空军的装备已经有了很大改善，布勒盖14型及斯帕德双座飞机性能非常棒，科德龙三座飞机也增强了攻击力。

联军空军侦察机的目标很明确，就是要在这场"肉搏战"中，协助地面部队掌控敌我双方的态势。有时他们甚至冒险飞至一两百米的低空，以获取更准确的情报，便于最高指挥机构做出相应的决策。另外一些飞行小队则飞到敌人后方纵深120—150千米处，执行高空侦察任务，而陆军航空兵则飞到敌人阵地纵深30—40千米处侦察敌人的动向。7月15日，当德军在香槟发动"和平之战"攻势时，第四集团军指挥部早已通过空军把敌人的动向摸得一清二楚了。

德军在香槟发动攻势之前，侦察机拍摄到的德军后勤运输状况。

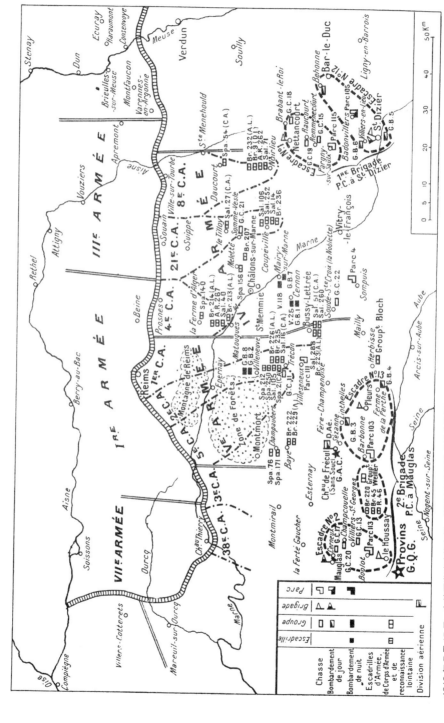

1918 年 7 月 15 日，在德军发动攻势之前，法国空军得到的前线作战图。

23

1918 年的空战

其实，在 1918 年战役爆发之前，法国空军就提前做好了准备：一方面为部队装备了布勒盖 14B-2 型轰炸机，该机装备一台 300 马力发动机，装载的汽油可以飞行 5 个小时，飞行高度可达 6000 米；另一方面，开始实施"4000 架飞机"的计划，以制造更多的飞机，要在数量上压倒敌军。

1918 年 4 月，法国在前线部署了 2750 架飞机，其中 1400 架侦察机，1350 架歼击机，歼击机的主要任务之一是保护侦察机。另外法国还有一批后备力量，由600 架歼击机和轰炸机组成。

1918 年 3 月 21 日，在德军凌厉的攻势下，英军在蒙迪迪耶一带遭遇全线溃败，空军得到的指令就是要联系上地面部队，同时尽量拖住敌人，挡住敌军的进攻势头。空军第一师为轰炸机中队配备了一个歼击机中队，以掩护轰炸机执行作战任务，但歼击机的作战半径很小，不能给轰炸机提供全方位的保护。另一方面，面对德军强大的歼击机，法军许多著名飞行员都牺牲了。在一段时间里，公众很少能听到法国空军的战绩，但到了 1918 年，法国空军开始复苏，并取得不俗的战绩，领军人物就是新的王牌飞行员冯克。截至3 月底，他击落了 35 架敌机。单 5 月 9日那一天，冯克就出击两次，击落 6 架敌机，其中前 3 架敌机是在不到半分钟时间内击落的。截至第一次世界大战停战那一天，冯克以击落 75 架敌机的战绩排在功勋飞行员首位，另外还有几位著名飞行员也都取得了骄人的战果，比如努恩热瑟、马东、布雅德、潘萨尔、阿热兰、马利诺维奇、埃尔托、德兰等，他们分别击落 43 架、41 架、28 架、27 架、22 架、22 架、21 架和 20 架敌机。

冯克将一枚 10 生丁的硬币固定在树上，在 20 米远处射击，他在检查弹着点。

1917 年，英国空军的歼击机付出了极大牺牲，到了 1918 年，他们改变战术，严格遵守战场纪律，歼击机只为侦察机和地面部队掩护。但是，当英军歼击机面对德军的攻击时，他们会毫不犹豫地与敌人展开搏击。1918 年春，英德两国在空中展开了两场激烈的搏杀，这是近代航空史上最惨烈的两场恶仗。

3 月 23 日，英德空军在卡德莱上空展开激战，在半个小时之内就有 70 架歼击机参战。一架架飞机拖着浓烟坠落到地面上，总共有 18 架飞机被击落，其中英军损失 14 架飞机。

4 月 21 日是德国空军遭遇惨重损失的一天。清晨，英国空军第 29 飞行小队年仅 20 岁的罗伊·布朗上尉拖着疲惫的身躯登上战机，随同其他 6 位战友一起升空作战，7 架"骆驼"式战机在前线遭遇二十几架德军战机，双方立刻展开激战。英国空军梅中尉是一位初出茅庐的新手，在击落一架福克歼击机之后，便得到命令立即返航，不要与敌机"缠斗"，于是他朝地面俯冲而下，在距离地面 60 米时向西飞去。此时一架漆成红色的飞机紧追梅中尉，罗伊·布朗发现之后朝这架福克飞机俯冲追去，瞄准之后立即开火，福克飞机坠落在地。在飞机残骸里，发现被击落的正是德军王牌飞行员曼弗雷德·冯·里希特霍芬。英国空军依照传统为这位对手举办了隆重的葬礼。

1918 年 8 月 28 日，被击落的德军飞机残骸。

1918 年，正在飞行中的信天翁歼击机。

斯帕德歼击机所装备的同步机关枪子弹，作战前检查弹夹。

24

白天的轰炸任务

在整个 1916 年，由于受瓦赞飞机技术性能的限制，法国空军无法实施远程集群轰炸任务。1917 年仅有个别飞行小队驾驶"骆驼"式飞机，携带副油箱实施过轰炸，但这种飞机所能携带的弹药少得可怜。1917 年底，随着布勒盖 14B-2 型飞机的问世，这一局面很快就被打破了。这款飞机能携带 250 千克炸弹，自身装备的火力也比较猛，可以飞到敌军阵地实施轰炸任务。在 1918 年第一季度里，德军的歼击机无法阻止法军实施轰炸，但从 4 月起，德军开始大批装备福克 D-7 歼击机，以打压法军实施战略纵深轰炸的空间。

1917 年 10 月 8 日，德军在一个飞行小队的掩护下，开始在佛兰德地区发起进攻，而在 1918 年 4 月 25 日，在科迈尔战役中，为配合地面部队的进攻，德军甚至出动了 4 个飞行中队近 200 架飞机参战。面对德军咄咄逼人的攻势，法军做出一项重要决定——成立空军第一师，下辖 6 个战斗机群和 10 个轰炸机群。

空军第一师成立之后，在短短 5 个月的时间里共击落 352 架敌机和 125 架德国滑翔机，向敌军阵地投放了 1360 吨炸弹。当然，成立第一师的目的就是要确保掌控制空权，因此 5 月在皮卡第上空，法国空军分两批次派出 56 架和 64 架歼击机，为 23 架和 24 架轰炸机护航。但德军对这一挑衅举动并没有做出回应。6—11 月，法国空军的大批轰炸机在歼击机的掩护下对德军目标实施了轰炸。

英国空军巴克少校与自己的"骆驼"式歼击机合影。

25

德国的轰炸机

从 1916 年起，德国空军装备了双发飞机，其中最常见的一种款式就是"哥达"飞机，后来盟军把所有双发飞机都称作哥达飞机。这是一款双翼飞机，配备两台 260 马力梅赛德斯发动机，翼展为 19~28 米，自重 2400~2900 千克，可携载 1200~2000 千克的负荷。因各型号飞机燃料荷载量不同，不同飞机可携带 600~1000 千克炸弹，飞行半径为 550~1200 千米，因此从各个空军基地起飞，可在 275~600 千米范围内实施空中打击。由于前线有大批盟军战斗机在己方上空巡逻，哥达飞机几乎很少在白天实施轰炸，但对于孤立的目标，比如伦敦城，德国空军则派了大批的哥达飞机前去轰炸。

其实，早在 1912 年德国人就开始设计制作大型飞机。1914 年底，西门子－舒克特公司研制出一款四发飞机，装备了 4 台发动机，总功率达 440 马力。在 1918 年他们又研制出 R-8 型飞机，配备 6 台 300 马力的发动机，飞机翼展为 48 米，自重 10.5 吨，有效荷载为 5~7 吨。除了这两款大型飞机之外，6 家德国公司先后制作出 20 种不同类型的大飞机，大飞机的总数达 64 架。这些大飞机先用于东线战场上，对俄国境内的重点目标实施轰炸，但它们很少被派到前线作战，往往都是派到敌人后方，对重点目标如火车站、交通枢纽实施轰炸。

战争期间，西门子－舒克特公司研制的最大型飞机，翼展达 48 米。

1918 年被击落的大型飞机的发动机组及起落架。

一位机组人员进入设置在上层机翼的射击舱。

哥达 G-Ⅱ 型双发飞机，停泊在德国工厂的试验场上，准备投入使用。

大型飞机主机身及机组人员工作舱，照片系在飞行中拍摄。

26

英国的空防

1917 年，在对伦敦的空袭行动中德国飞艇遭遇失败，此后不久，德国在比利时境内的根特建立了第三飞行中队，此地距离伦敦仅 280 千米。更先进的哥达轰炸机接替飞艇执行了轰炸任务。英国空军在接到空袭警报之后，立即派歼击机去迎战，但往往看不到敌机，只好无功而返。英国空军陷入了十分尴尬的境地：1917 年 6 月 5 日，英军派 66 架歼击机迎战，却没有发现任何目标；6 月 13 日，德军 14 架哥达轰炸机在伦敦投下 72 枚炸弹，造成 500 多人伤亡，英军派出 94 架歼击机迎战，但仅有 5 架与敌机展开搏斗；7 月 7 日，22 架德国轰炸机再次进犯，英军派出 95 架战机，这一次倒是击落了两架敌机；7 月 16 日，16 架哥达轰炸机前来轰炸哈里奇港口，英军派出 121 架歼击机，但竟然没有一架战机能发现敌机。

痛定思痛，英军对伦敦的防空体系做了彻底的整改：设定常规的巡逻航线，得到空袭警报后，在地面上标出敌机来犯方向，防空装备也有很大改善。此后德军在 8 月的 3 次空袭均遭遇失败，还损失了 5 架哥达轰炸机。随着飞行速度更快的"骆驼"式歼击机开始在空军服役，英国空军提升了夜间作战能力，与此同时，英国还在重点区域架设了防空网，挂在系留气球上，以压制敌机的活动空间。

下页的俯拍图是一位英国歼击机飞行员拍摄的，他把相机固定在机身上，起飞之前把相机快门设定好，待要拍摄时，便用一个远程控制装置按下快门，但每次出征只能拍摄一张照片。他拍摄了几百张照片，展现了英国空军与德国空军交战的真实场面，他最后也被德国空军击落。

设立在伦敦郊区的防空网。

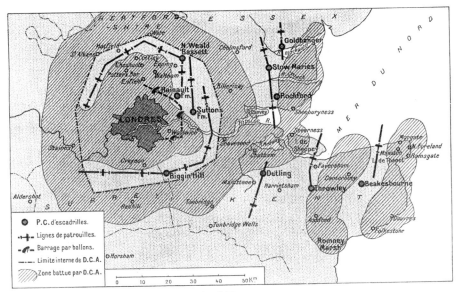

1918 年，伦敦为防止夜间遭遇空袭而设立的联防示意图。

在夜间对德军驻巴祖埃尔机场轰炸后实施侦察，右图为轰炸前，左图为轰炸后。

1918 年 9 月 2 日，英军对萨尔堡附近的机场实施轰炸。

英军出动集群飞机，在 300 米高空同时将炸弹投到姆瓦斯兰机场上。

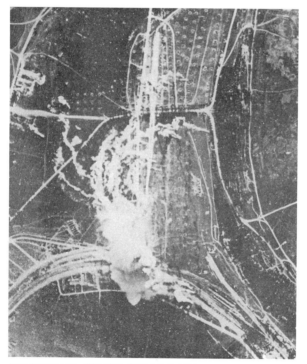

1918 年 7 月 1 日，英国空军对德军军火库实施轰炸。

$$27$$

对德国境内实施空中打击

　　法国在轰炸机技术方面已落后于德国，无论是布勒盖－米其林公司，还是瓦赞公司，都未能研制出能与哥达飞机相抗衡的轰炸机。1915 年年底至 1916 年年初，法国空军英勇的飞行员突破德国空军的防线，飞到敌军后方去执行轰炸任务。虽然法军的夜间轰炸行动付出了高昂的代价，但效率还是非常高的，尤其是著名的 F–25 飞行小队，出动 200 架次飞机，投下了 40 吨炸弹。

　　从 1916 年起，由于装备了速度更快、性能更好的"骆驼"式飞机，法国空军开始对德国境内实施远程空袭行动，进而沉重地打击了德军的士气，让德军的后方也不得安宁。1916 年 9 月 24 日，博尚上尉和多古中尉各携带 50 千克炸弹，飞越敌人防线 800 千米纵深处，轰炸了埃森城。11 月 17 日，博尚驾驶轰炸机从孚日附近起飞，飞到慕尼黑上空，投下几枚炸弹后，飞越阿尔卑斯山，安全降落到威尼斯附近。随后，法国还多次派轰炸机对埃森、法兰克福、弗赖堡等地实施轰炸，甚至飞到柏林上空投放宣传单。

1918 年 10 月 29 日，法国空军第 12 飞行中队出动 GB–9 型轰炸机，执行轰炸任务。这是投弹瞬间拍摄的照片。

法国空军在鲁纳维尔设立假机场，以迷惑德军轰炸机。

8支各由15架布勒盖14B-2型飞机组成的飞行小队，在科德龙R-11型飞机的掩护下，同时起飞执行轰炸任务。

一架福克飞机在向一架布勒盖 14B-2 型轰炸机发起攻击，一架科德龙
R-11 型飞机赶来救援。（库尔诺绘）

28

战时意大利空军

早在 1911 年时，意大利空军就是第一支面临空战严峻局面的部队，其在利比亚战场上所实施的轰炸与侦察任务与 5 年后欧洲战场上的战况截然不同，但不管怎么说，意大利空军在那里获得了宝贵的经验。意大利加入协约国阵营后，这些经验发挥出重要作用。在 1915—1918 年，意大利共制造了 1.2 万架飞机，但他们的飞机与英、法、德等国的飞机有很大的不同，因为意大利资源有限，采购渠道也很不稳定。

在战争期间，意大利空军与奥地利空军正面交战，击落 643 架敌机，但也付出沉重的代价——300 名飞行员和瞭望员牺牲，因飞行事故死亡者达 1300 人，其中有 500 人在战场上阵亡。意大利空军的首要任务是协同地面部队向奥地利军队发起攻击，在 1917 年 5 月 23 日的攻击行动中，意大利空军出动了 130 架飞机，在随后几次行动中，意军甚至出动了 230 架飞机。意大利卡普罗尼轰炸机也创下不俗的战绩，在 1918 年 2—7 月，意大利空军派遣轰炸机对法国境内的德军目标实施了轰炸，先后出动 56 次，投下 164 吨炸弹。

意大利大型轰炸机，卡普罗尼 41 型三发三翼飞机，配备 3 台 300 马力发动机。

1916年秋，在卡普罗尼轰炸机中队出击前，士兵们在做准备工作。

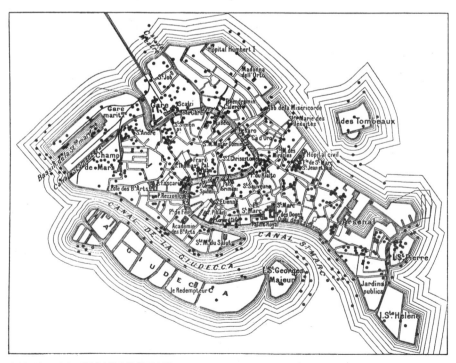

奥地利空军对威尼斯城实施轰炸的示意图。

1918 年 8 月 9 日，意大利飞行小队对维也纳实施空袭行动，在维也纳上空散发宣传单。右图为这次行动的指挥飞机。

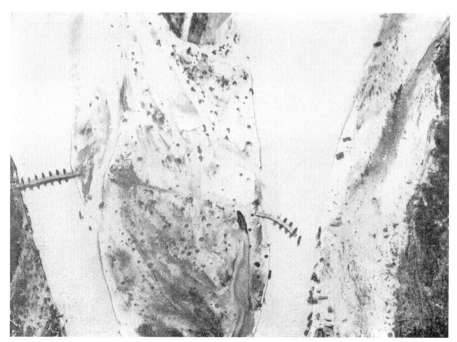

奥地利境内被意军摧毁的桥梁（1918 年 6 月 21 日）。

29

主战场之外的战事

在罗马尼亚、巴勒斯坦、红海沿岸、美索不达米亚、东非的达尔富尔等各条战线上，协约国的战斗机、水上飞机与地面部队及海军配合作战，取得了出色的成果。

在主战场之外最重要的空战发生在马其顿。1915 年 11 月 24 日，法国空军派出 24 架战机，配合地面部队向萨洛尼卡前线发起攻击。从 1917 年秋开始，德国空军加大了对这一地区的攻击力度，德军王牌飞行员埃施韦格中尉创下击落英法联军 20 架战机的纪录。英军想了很多办法，要干掉这个强硬的对手。由于埃施韦格常常攻击滑翔侦察机，于是英军在一架滑翔机吊舱里安放了假人和炸药，当埃施韦格驾机向滑翔机俯冲攻击、靠近时，地面部队引爆吊舱里的炸药，把他的飞机炸得粉碎。

英军在近东组建了一支飞行旅，并把指挥部设在埃及，飞行旅下辖 13 个飞行小队，分别在马其顿、美索不达米亚和巴勒斯坦前线执行任务。

西科斯基大型飞机，1915 年秋在俄国前线投入使用。

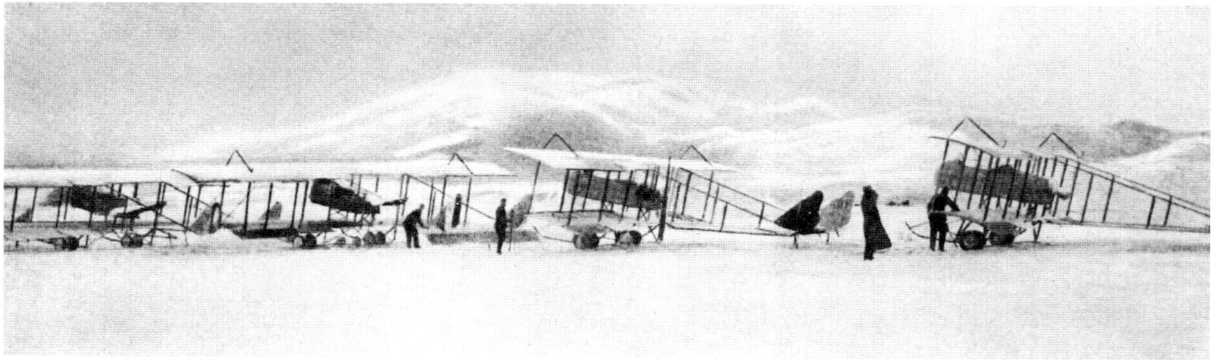

1915 年，一支法国飞行小队在塞尔维亚前线。

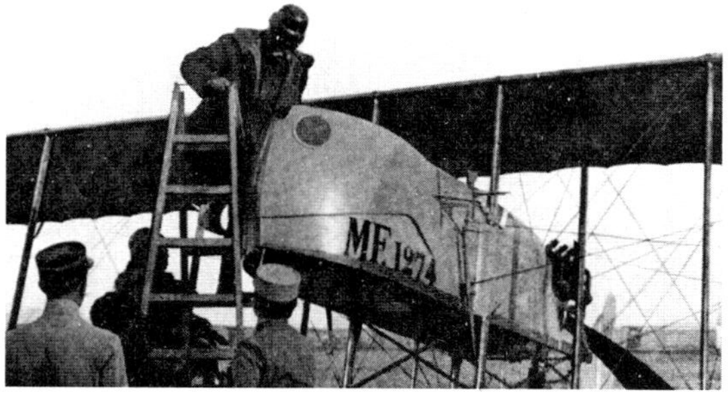

1916 年，萨洛尼卡前线，空军指挥官萨拉伊将军迎接返航的飞行员。

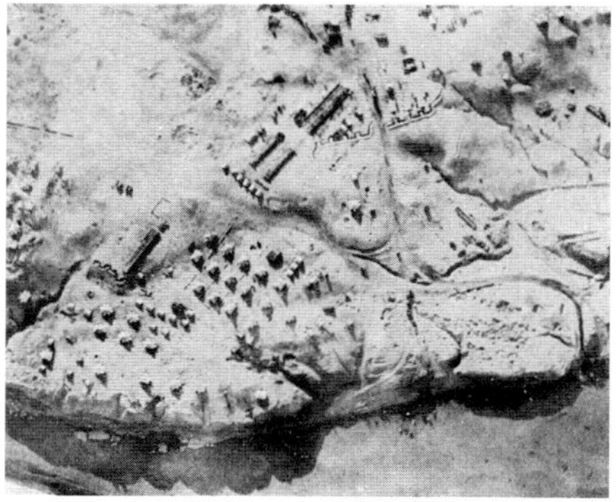

英军在底格里斯河地区建立的营地，系德－土联军拍摄的照片。

30

王牌飞行员

美国飞行员里肯巴克上尉，击落敌机 26 架。

意大利空军中校皮乔，击落敌机 25 架。

英国空军上尉阿伯特·鲍尔（1896—1917），击落敌机43架。

比利时空军英雄威利·柯本中尉，击落敌机 36 架。

美国飞行员劳尔·卢弗贝里少校，击落敌机 17 架。

意大利空军少校巴拉卡，击落敌机 34 架。

31

海战及飞艇

飞艇在海战中所发挥的作用通常被人忽略，由于水上飞机行动半径小，飞艇就成为反潜艇的最佳装备。英国很早就意识到在海面上实施监视任务的重要性，能承担这一任务的飞行器必须具有滞空时间长，甚至能在某一区域驻留的特性。为此，英国航空业制作出一款小型飞艇，体积 1800 立方米，艇身狭长，蒙皮则依然采用原有的材料。从 1914 年 8 月初起，英国海军便用这款飞艇执行海上侦察任务。1916 年，英国又推出另一款飞艇，由于制作简便，又经济实用，海军很快就部署了 50 艘飞艇，沿海岸线设置了 19 座飞艇中心和 12 座无掩体飞行站。战争结束前，海军拥有 103 艘飞艇。在整个战争期间，飞艇执行了上万次巡逻任务，巡逻总里程达 400 多万千米。

法国海军在 1916 年才开始使用飞艇执行海上侦察任务，但很快就在各沿岸重镇建立起了飞艇中心。1917—1918 年，共有 45 艘飞艇投入使用，到战争结束时，仍然有 15 艘飞艇尚待交付给海军。此外，法国还向驻非海军部队交付了 8 艘 AT 型和 ZD 型飞艇，其中 7 艘装备在阿尔及尔，1 艘派驻在比塞大。法国飞艇取得了不俗的战绩，侦察发现了 60 多艘潜艇，并向潜艇发起攻击，摧毁了 100 多颗水雷。除此之外，飞艇还为遭遇潜艇攻击的船只提供帮助、救助落水的船员、搜寻遇险的水上飞机等。意大利海军则利用飞艇对军事目标实施轰炸。

英国海军的飞艇，1914 年底开始服役，吊舱设计成飞机形状。

1918 年，法国海军设在阿尔及利亚巴拉基的飞艇站。

两艘 ZD 软式飞艇，体积为 6000 立方米（1917 年）。

32
系留气球

法国海军决定让某些舰船也具备高空侦察的能力，特为这些舰船装备一款特殊的系留气球。从 1917 年底至战争结束，共有 80 艘舰船装备了系留气球。除了执行空中侦察任务之外，这些气球还摧毁了 20 颗水雷，发现 6 艘潜艇，并向潜艇发起攻击。

33
战时的海军航空兵

在战争爆发初期，海军航空兵仅有几架稍加改装的普通型飞机，但这支部队发展得很快，1914 年仅有 8 架水上飞机，到 1916 年底就增加到 159 架，到战争结束前猛增到 1264 架，兵力也从 200 人增加到 1.1 万人。法国沿海岸线建立许多飞艇站及水上飞机站，在英吉利海峡沿岸每隔 60 海里就设立一个海军航空兵站，在法国至北非的地中海沿岸，每隔 100～120 海里设立一个海军航空兵站。海军航空兵的大部分装备都是水上飞机，在距离海岸线 30～40 海里的距离内保护商船免遭潜水艇的袭击。在 1917 年的后 8 个月时间里，海军航空兵共向敌军潜艇发起 90 次攻击，虽然攻击行动很少能够击沉潜艇，但至少能把潜艇驱赶开，起到保护商船的作用。

英国皇家海军航空兵分别在多佛尔和敦刻尔克建立基地，负责保卫英吉利海峡的安全，对来犯的敌军舰只和潜艇给予坚决回击，英军 F-3 型双发水上飞机配备 5 挺机关枪，在北海海域执行巡逻任务，将两艘进犯的齐柏林飞艇击落。

水上飞机向英军潜艇投掷炸弹，但潜艇最终成功返回岸边基地。

英军一架"骆驼"式飞机从拖船甲板上起飞，拖船速度为36节。

一架德军水上飞机在地中海将情报转交给潜水艇。

1918年夏,在大西洋法国附近海面上,阿斯特拉飞艇在为来自美国的商船护航。

在北海海域遭受潜艇攻击的"奥达克斯号"汽轮。

德军水上飞机正向潜艇发起攻击，照片摄于另一架水上飞机。

34

战争中空军的作用

我们在前文已看到空军所发挥的作用：给予地面进攻有力的支援，对敌后重要目标实施轰炸。但依然有人责备空军的行动效率不够高，尽管空军第一师所取得的战绩是无可争辩的。至于说对敌后重要目标实施轰炸任务，虽然空军的执行力很坚决，出动的次数也很频繁，但轰炸本身对于战争进程的影响并不是很大，因此从某种意义上说，轰炸往往是一种对敌心理战的威慑力量。比如在整个战争期间，德国空军共向敌对方投掷了总计100多万颗炸弹，总重约2.7万吨，平均每颗炸弹仅为25千克。

不管怎么说，飞机并不是一种终结战争的机器，但在终结战争方面，飞机确实发挥出一定的作用。然而，交战各方都付出了沉重的代价，飞机本身的损失只是其中一方面，更重要的还是飞行员的损失，培养一名优秀的飞行员要花费大量

1918 年设在圣特罗让（奥勒龙岛）的海军航空兵站。

的心血、时间和金钱。由于各参战国没有详细的统计数据，我们估计死伤的飞行员约为 3 至 4 万名，在航校及后方死伤的飞行员为 1.2 至 1.5 万人。另外还有地勤人员和机械师为飞机提供维修服务和技术保障，在战争期间，为法国空军提供地勤服务的人员约为 15 万人。

当然，航空制造业也需要大量的人力物力，截至 1918 年 11 月 2 日，法国共有 18.6 万人在航空制造业里工作，1914—1918 年，各参战国共制造了 20 万架飞机和 25 万台飞机发动机，其中法国约制造了 4.1 万架飞机和 6.4 万台发动机。此外，法国还向盟军提供了 9500 架飞机和 2.8 万台发动机。德国以一国之力生产了 4.8 万架飞机和 4.1 万台发动机。

1915 年，斯帕德推出一款大胆的设计，将侦察机观测舱设在螺旋桨前面。

1915—1916 年制造的侦察机：科德龙 G-4 型飞机，配备两台 80 马力罗讷发动机。

法国产侦察机：勒托尔三座侦察机，配备两台伊斯帕诺－苏扎发动机。照片摄于 1918 年 5 月，飞机准备飞往索姆河前线执行侦察任务。

英国产侦察机：德哈维兰公司的DH-2型单座推进螺旋桨飞机。

英国产侦察机：SE-5单座飞机，装备一台伊斯帕诺－苏扎发动机，四叶螺旋桨。

1918年德国产飞机：福克Dr-1型歼击机。

腓特烈双发轰炸机。

法尔兹单座飞机的武器装备。

35

战争与航空业的进步

　　战争结束前，性能最好的单座歼击机装备 220~300 马力的发动机，时速可达190~220 千米，在 15 分钟内即可飞到 4000 米的高度，最高飞行高度可达 8000 米。为了更好地评估这一性能，我们不妨回顾一下战前飞机的主要参数：只有竞技比赛飞机才设计为时速 200 千米，而且不搭载任何负荷。1916 年初投入使用的飞机动力仅为 130~200 马力，在 2000 米高度上飞行时速为 125~130 千米，飞行高度可达 4000 米。但是到了 1918 年，双座侦察机的时速可达 180 千米，飞行高度为6500 米，发动机功率达 250~350 马力。那时候，双座战斗机和侦察机已开始大批量生产，时速可达 210 千米。比如法尔曼双发 440 马力轰炸机可携带 800 千克的荷载，在 2000 米高空时速可达 146 千米，飞行高度 4750 米。

　　这一进步在很大程度上是靠改良发动机取得的，发动机自重更轻，但功率却更大。无论是法国的高空侦察机，还是德国的巨型轰炸机，航空业所碰到的难题都是如何在高空让发动机依然保持强劲的动力。法国在发动机方面的技术进步有目共睹，随着水冷发动机的问世，这一技术便被航空业广泛采用。

战争期间大批量工业化生产：伊斯帕诺－苏扎发动机库房一角。

此外，大批量生产迫使航空业采用新的制造模式，从设计到制作再到检验，要形成一整套真正意义的工业化生产模式。

　　战争结束了，人类迎来了和平，但该怎样把航空业所取得的成就应用于和平事业呢？这是 1918 年年底摆在世人面前的问题。

战时最后一次飞行任务：一架法国双座飞机将把德国投降谈判代表送至斯帕城。

战争结束后，从空中俯瞰圣康坦大教堂，大教堂的屋顶已被炸塌，显露出教堂的双十字结构。

第 五 章

第一次世界大战后航空业的发展

战争结束后，航空业不再怀疑自己的能力，虽然经历了痛苦的磨难，但航空业已建立起自己的威望，成为一支不容忽视的力量。

战斗机的迅猛发展让法国创建起一套"高品质的工业体系"。同一款式的飞机，法国在几个月内制造出 7300 架，同一型号的发动机法国制造了两万多台。1914年至 1918 年，各交战国航空业所能支配的资金高达 400 亿金法郎（法国实行金本位制后发行的货币，与法定黄金等值，现已不流通）。尽管战前商用航空已展现出十分广阔的前景，但战争爆发后，航空工业及其技术很快就把重点放在军事用途上了。尽管如此，我们注意到那时的飞机还不具备作战能力，所有的飞机都是仓促上阵，去执行极为艰难的任务，冒很大的风险。战争只是给航空工业带来产能上的突破，只是用飞机的产量来衡量这个工业的发展。

1919 年，航空工业展开了一场斗争，不过起初大家对这场斗争的困难估计不足。斗争的焦点就是要在技术层面上解决飞机适应性的问题，要让飞机去适应人类的活动，因此航空工业首先就要证明它能提供什么样的服务，为谋得此项服务而向这个工业体系投资值不值得。

1919 年，航空业凭借各种飞行器所获得的成绩再次印证了自己的能力，飞机、水上飞机和飞艇展现出各自的新技能，尤其是各种飞行器在越洋飞行和远途飞行中创下了骄人的成绩。

通过本章所描述的细节，大家可以感受到航空业在印证自己能力和适应性方面所做的种种努力。航空人以坚韧不拔的精神，以大无畏的勇气去开拓各个新领域，比如民用航空网、各种交通工具快速衔接体系、航拍系统、探索新世界、创建飞行比赛项目、推行航空旅游观光服务等。

在设计新型飞行器方面，设计师和工程师也付出了很大努力。他们的设计任务仍然十分艰巨，要不断设法提升飞机的飞行速度，而飞行速度依然与飞机的升力密切相关，这正是飞机要取得突破的重点。

美国海军装备的"洛杉矶号"飞艇飞越纽约城。

01

民用航空运输

战争结束后，飞机很快就转而为民用航空运输服务。在巴黎和会期间，英法两国用 GB-9 和 GB-5 大型军用飞机为北方地区运送了大批物资，比如奶粉、药物和信件等，飞机在短短两个月内飞行 300 架次，运送了 36 吨货物。

1919 年 2 月，民用航空开始正式为公众提供服务。2 月 5 日，德国汉莎航空公司开辟了柏林—莱比锡—魏玛航线，这是德国第一条国内航线；2 月 8 日，法尔曼公司开辟了巴黎飞往伦敦的航线，这是首条国际航线，将"哥利亚"型轰炸机改造成民航机，可运载 11 名乘客，再加上一位机械师，飞机第二天便返回巴黎，连接两国首都的往返处女航极为顺利；2 月 12 日，法国又开辟了巴黎飞往布鲁塞尔的航线，首航也是采用"哥利亚"飞机，搭载了 13 名乘客，再加一名机械师；3 月 1 日，汉莎航空公司开辟了柏林至汉堡的航线；英国对伦敦至巴黎的航线非常感兴趣，8 月 25 日，英国航空运输及旅行公司开辟了伦敦至巴黎的航线，这条航线虽飞行距离不长，但由于两地是重要的政治中心，且不必中途换乘轮船，很受公众欢迎。人们广泛认为航空更适合执行远距离的运输任务。从 1918 年起，拉泰科埃尔公司就着手研究由法国飞至摩洛哥的航线，1919 年 3 月，这条航线开始试航，7 月 13 日，首个定期航班从图卢兹起飞，飞往拉巴特，再飞往卡萨布兰卡。

德哈维兰公司的 DH-4 型飞机经改造后，承担运送英国参加巴黎和会代表的任务。

法尔曼双发 F-60 轰炸机经改装后，承担民用航空运输任务，飞机正在起飞。

英国军机改民机后的座舱。

最早在伦敦—巴黎航线上飞行的英国飞机。

1919 年 3 月 12 日，由图卢兹—卡萨布兰卡首航寄送的信件。

1919 年 2 月 12 日，科德龙飞机搭载乘客从巴黎飞往布鲁塞尔。

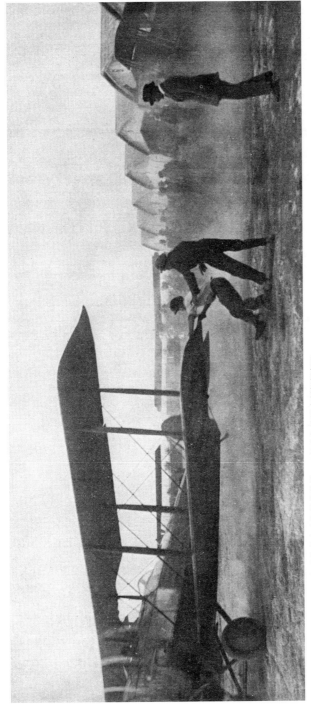

1919 年 7 月 13 日，图卢兹至卡萨布兰卡定期航线首航，飞机准备从图卢兹机场起飞。

02

早期的跨大西洋飞行

经过战争的磨炼，航空业取得长足的进步，从 1919 年初开始，飞机、水上飞机和飞艇开始尝试远途飞行，以验证航空业的进步，横跨大西洋也就成为首选目标。战争结束前，美国海军与柯蒂斯合作，推出适于在远洋上空航行的水上飞机，即 NC 水上飞机系列，这款飞机的飞行半径足够大，完全可以飞越北大西洋。5 月16 日 23 时，三架水上飞机从纽芬兰岛起飞，其中一架在 17 日 13 时在霍达水域降落，另两架在亚速尔群岛前的海面上降落。

与此同时，《每日邮报》也设了一个奖项，以奖励成功飞越大西洋的飞行员。起点设在纽芬兰岛，终点为爱尔兰海岸，全程约为 3040 千米。5 月 18 日，霍克和格里夫驾驶"骆驼"式飞机从起点起飞。第二天，在飞行 2000 千米之后，由于发动机冷却系统故障，他们在丹麦"玛丽号"汽轮附近的水域降落下来，船员将他们俩搭救到船上。5 月 27 日，伦敦市政府为他们举办了热烈的欢迎仪式，《每日邮报》向他们颁发了 5000 英镑的奖金，以示安慰。这项竞赛的奖金很快就被奥尔科克和布朗收入囊中。6 月 14 日 16 时 28 分，两人驾驶一架威格士飞机，从纽芬兰岛起飞，经过 15 小时 57 分钟的飞行，最后降落在爱尔兰克利夫登海岸边，降落时飞机遭到一定损坏。在整个飞行过程中，时速接近 200 千米，所携带的 3900 升汽油还有三分之一的余量。

随后飞艇也加入到横跨大西洋的尝试当中。其实在 1918 年，齐柏林飞艇就已具备了飞越北大西洋的能力。战争结束后，英国人模仿齐柏林飞艇制作出 R-34 飞艇。这艘飞艇长 204 米，内装 19 只气囊，总体积达 5.5 万立方米，配备两台 270 马力日光发动机。1919 年 7 月 2 日凌晨 2 时 30 分，飞艇从苏格兰伊斯特福琛起飞，7 月 6 日 15 时飞抵纽约附近的米尼奥拉上空，随后在那里降落下来，此时他们所携带的汽油仅能再飞行 40 分钟。飞艇上搭载着 21 位乘员和 6 位军官，其中有英军飞艇部队指挥官麦特兰德准将，飞行全程由斯科特少校指挥。

格里夫（左）和霍克。

霍克所驾驶飞机的残骸。

奥尔科克和布朗驾驶的威格士飞机在飞越大西洋之后，降落在克利夫登海岸边。

奥尔科克（右）和布朗在伦敦受到民众的欢迎。

在海军少校里德的指挥下，NC-4 型水上飞机途经亚速尔群岛，飞越大西洋。

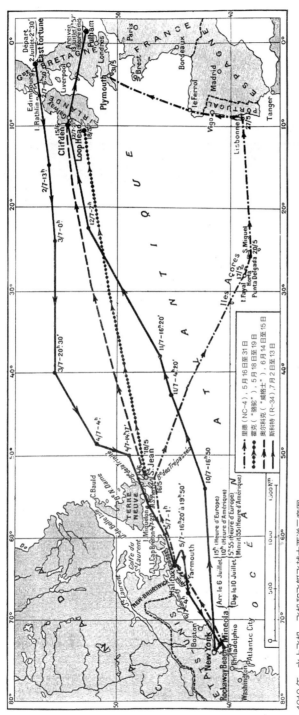

1919年，水上飞机、飞机和飞艇飞越大西洋示意图。

1919 年 7 月，R-34 飞艇在往返飞越大西洋之后，降落在普汉姆。

1919 年，齐柏林飞艇定期由腓特烈港飞至柏林和斯堪的纳维亚半岛。

03

在城市内飞行

在第一次世界大战爆发之前，巴黎一家大型商场（老佛爷）的老板就设立了一项奖金，奖给第一个能在商场楼顶平台上降落的飞行员，奖金为 2.5 万法郎。这座平台长 28 米，宽 12 米，平台四周围着 1 米高的栏杆。这样一项奖金简直就是拿人的生命开玩笑，要在如此小的平台上降落，飞机基本上是以接近失速状态往下掉。

直到 1919 年，这项奖金依然无人获取。朱勒·韦德里纳决定向这一挑战发起冲击，他认真地研究了这个问题，选择了科德龙 G-3 型小飞机。这款飞机速度慢，操控性好，可以在很短的距离内降落，制动性能也很不错。于是他开始在宜西机场训练，掌握在 20 米见方的范围内降落的要领。1 月 19 日，他真的去发起挑战了：飞机紧贴着栏杆朝平台降落下去，平台上铺的沙袋减缓了飞机的速度，再加上有一个团队协助他拦住尾翼，但飞机还是一直冲到电梯间前才停下来，他本人安然无恙，飞机却遭到损坏。

同一年 8 月 7 日，战斗机飞行员戈德弗鲁瓦驾驶飞机从凯旋门的门洞里飞了过去。凯旋门门洞宽 14.6 米，他选用的是纽波尔单座飞机，这款飞机动力强，速度快，操控性好，翼展仅为 9 米。那天早晨 7 时 30 分，在众人惊愕的目光下，他由西向东在凯旋门前俯冲而下，从凯旋门洞里飞过，紧接着便爬升起来，朝香榭丽舍大街上空飞去。

1919 年 1 月 19 日，韦德里纳驾驶科德龙 G-3 型飞机在老佛爷商店楼顶平台上降落。

戈德弗鲁瓦驾驶飞机从凯旋门洞中飞过时有人为他拍摄了影片。这是影片中的两个镜头。

04

非洲大陆的航线

1919 年年初，罗歇和科利在 24 小时内往返飞越地中海。6 月 18 日，勒迈特中尉和机械师吉沙尔驾驶一架布勒盖 14B-2 飞机，携带 1300 升汽油，从巴黎近郊起飞，分别在拉巴特、莫加多尔等地短暂逗留，最后降落在毛里塔尼亚的莱夫里耶湾半岛，在毛里塔尼亚境内飞行 1700 千米，耗用 10 个小时，这是人类首次飞越大沙漠。从巴黎起飞后他们共飞行了 4200 千米。1919 年 4 月 12 日至 25 日，海军上尉勒弗朗驾驶水上飞机，成功地从法国飞至达喀尔，这是连接法国与塞内加尔的首条航线。

维耶曼和达尼奥飞赴非洲的经历更是惊心动魄，他们俩各驾驶一架布勒盖 14 型飞机，于 8 月 7 日出从巴黎近郊起飞，先后经停萨洛尼卡、君士坦丁堡，飞越小亚细亚和地中海，于 16 日飞抵开罗。26 日，他们离开埃及前往贝鲁特，但在降落时，达尼奥的飞机起落架遭到损坏，维耶曼只好独自继续前行，在君士坦丁堡和那不勒斯短暂停留后，于 9 月 9 日返回巴黎，全程飞行 8000 千米。

海军上尉勒弗朗驾驶的水上飞机。

开拓非洲航线的两位先驱：达尼奥和维耶曼。

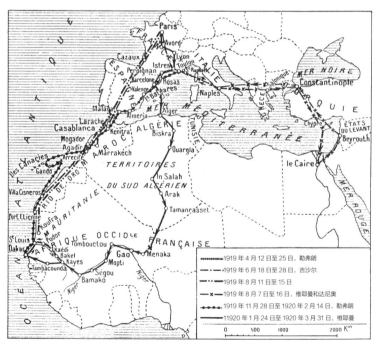

早期飞越地中海及非洲大陆的航线示意图。

05

"哥利亚"飞机历险记

在巴黎至布鲁塞尔和巴黎至伦敦航线上，法尔曼的"哥利亚"双发飞机展现出极佳的性能，是当时最成功的机型之一。这款双翼飞机翼展为 28 米，机翼面积达 165 平方米，装备两台 270 马力萨尔牟逊发动机。飞机自重 5 吨，爬升到 2000 米用时 23 分钟，搭载 24 位乘客时飞行高度可达 5100 米，巡航时速为 115 千米。

大家知道法尔曼公司打算凭借"哥利亚"飞机来建立法国与西非之间的航线，因为勒迈特中尉所开辟的航线并不成功。在政府部门的支持下，法尔曼公司召集了两位优秀的飞行员、三位出色的机械师，在三位政府官员的参与下，他们在 8 月 11 日凌晨从巴黎近郊机场起飞，在经过 18 小时 23 分钟的飞行之后，抵达卡萨布兰卡，飞行距离为 2000 千米。法国海军特意沿非洲西海岸为他们配备了三艘巡逻艇，于是机组人员在卡萨布兰卡等待三艘巡逻艇就位。8 月 14 日，他们飞往莫加多尔。15 日 16 时，他们准备动身飞往达喀尔，要在夜间飞越毛里塔尼亚。16

1919 年 8 月 11 日，法尔曼"哥利亚"机组人员在试飞巴黎至毛里塔尼亚航线前的合影。

1919 年 8 月 16 日，"哥利亚"飞机迫降在库夫拉海滩上，机组人员在抢救器材及食物。

在飞行途中，机组人员走出舱外，对飞机进行维修。

日凌晨，他们给巴黎发了电报，告知预计在 16 日早晨 7 点左右飞抵喀尔。16 日一整天都过去了，飞机并未到达目的地。是飞机遇到故障，还是出事故了？或是发生空难，落入大海里了？法国立即展开搜救工作，报界也极为关注这一失踪事件。一周之后，大家才知道机组人员安然无恙。原来在飞行途中，右螺旋桨的一根螺栓折了，他们只好用单只螺旋桨继续飞，但由于气候炎热，发动机很快就变得很热，他们准备在沙滩上降落，在转向时却落入海水里。他们在飞机残骸上漂流了 6 天，才被当地人救起。

06

飞越撒哈拉沙漠

首次飞越撒哈拉沙漠并不是一项飞行比赛，而是法国有关机构为在北非与西非之间建立空中航线所做的探索。为建立这样一条航线，法国做了许多准备工作：在比斯克拉和廷巴克图之间设立14座经停站，安装了救援设施，配备了机械维修师、救援车辆、飞机零配件，还设立了9座地面通信接收站。

1920年1月24日，三位军官被指派执行首飞任务。维耶曼少校、梅泽格上尉和达尼奥中尉每人驾驶一架布勒盖16Bn-2型飞机，从巴黎起飞，前往非洲大陆，但只有维耶曼飞抵阿尔及利亚。2月18日，两架飞机从塔曼拉塞特起飞，一架由维耶曼驾驶，另一架由贝尔纳准尉驾驶，飞行目的地是廷巴克图，按照计划，飞机应在当晚到达廷巴克图。19日14时，基塔尔地面站报告称没有看到任何一架飞机，也没有听到飞机的声响。于是，法国相关机构开始展开搜救，10天过后，他们得知维耶曼安全降落在梅纳卡，但另一个机组依然没有任何消息。3月22日，就在大家对找到生存者不抱希望的时候，在那一带南部地区执行巡逻任务的普沃中尉报告说找到飞行员贝尔纳了，他还活着，但搭乘飞机的拉佩林将军在飞机迫降时身负重伤，已于3月5日去世。

尽管如此，维耶曼还是顺利地完成了任务，在巴马科、卡伊、坦巴昆达等地短暂停留后，于3月31日飞抵达喀尔。但飞越撒哈拉沙漠确实是一大挑战，整个航程充满了危险，一旦发生事故，救援人员很难前往施救。

拉佩林将军的葬身处，上面放置了一个飞机轮胎和他的军帽。

贝尔纳准尉迫降时飞机损毁。

1920 年 3 月 31 日，维耶曼和沙吕驾驶布勒盖 16Bn-2 型飞机降落在达喀尔，首次在阿尔及利亚和西非之间建立起一条空中航线。

07

洲际飞行

　　1919 年秋至 1920 年春，有三条长距离航线被开辟出来。1919 年 10 月 14 日，飞行员普莱和机械师伯努瓦驾驶一架科德龙 G-4 型双发飞机离开巴黎，准备飞往墨尔本，但这架飞机的动力太小，两台发动机总功率仅有 160 马力。他们用了 47 天才飞到仰光，当时飞机的状态已无法继续往前飞了。开辟首条连接欧洲与大洋洲航线的荣誉落在英国人头上：11 月 12 日，罗斯·史密斯驾驶一架威格士飞机从伦敦起飞，12 月 10 日飞抵澳大利亚达尔文港。这架双发飞机动力强大，总功率达 720 马力。最终他们赢得了澳大利亚政府设立的 1 万英镑奖金。此外，英国还开辟了一条从伦敦经开罗飞往开普敦的航线，好几名英国飞行员在试飞这条航线时都遭遇失败，而最终飞抵开普敦的范·莱尼维尔上尉也是以损失两架飞机的代价才到达目的地的。

　　开辟洲际航线最大胆的举动是意大利人创下的：费拉林和马奇罗各驾驶一架 SVA 飞机从罗马飞至东京，他们于 2 月 11 日从罗马起飞，直到 3 月 31 日才飞抵东京。

埃蒂安·普莱和机械师伯努瓦在科德龙 G-4 型双发飞机前合影，他们驾驶这架飞机从巴黎飞至仰光。

罗斯·史密斯的飞机停在新加坡跑马场上。

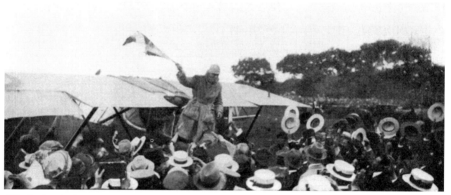

费拉林抵达东京时受到日本民众的欢迎。

08

时速从 200 千米提升至 300 千米

第一次世界大战爆发前，各种飞行比赛的最高时速也就是在 200 千米左右，战前最好的成绩是普雷沃在 1913 年 9 月 29 日创下的，他当时驾驶的德佩迪桑飞机装备了一台 160 马力格诺姆发动机，平均时速为 200 千米。在 1919 年举办的德驰杯赛上，萨迪·勒库安特驾驶斯帕德 –20 型飞机创下了时速 247 千米的纪录。一周过后，贝尔纳·德罗马奈驾驶纽波尔 –29 型飞机飞出时速 268 千米的好成绩，但这一成绩不能算作新纪录，因为未能达到将原纪录提升 10% 的要求。后来杯赛组委会对破纪录的规则做了修改，时速每提升一千米就认作打破速度纪录了。10 月 20 日，萨迪·勒库安特驾驶纽波尔飞机创下时速 302 千米的纪录，他也由此成为首个驾机突破时速 300 千米的飞行员。

贝尔纳·德罗马奈和路易·布莱里奥先生交谈，身后是他所驾驶的斯帕德飞机。

阿尔努先生设计的桑普莱克斯无尾翼飞机，1923年试飞。

09

戈登 - 贝奈特杯和德驰杯飞行比赛

在1920年举办的戈登－贝奈特杯赛上，飞行员又创造出一批好成绩。在300千米计时赛上，萨迪·勒库安特获得冠军，这是法国连续三届获得杯赛冠军。其他参赛者都没有完成比赛，不过美国飞机——尤其是代顿－莱特飞机，以单翼、无帆索、流线型可变翼、起落架可收回等全新设计为航空业展现出良好的前景。

1921年，由法国航空俱乐部组织的德驰杯也采用300千米计时赛的方式。在10月1日的比赛上，法国人再次获得冠军：基尔施驾驶一架纽波尔单翼飞机以时速278千米的成绩夺冠。不过，此前几天，在分组赛上，萨迪·勒库安特曾飞出时速330千米的好成绩。但进入淘汰赛之后，基尔施采取的是稳扎稳打的策略。意大利飞行员布拉克帕巴驾驶菲亚特单翼机在前100千米创下时速299千米的世界纪录，但由于飞机故障，他中途退出了比赛。萨迪·勒库安特也未能完成比赛，因螺旋桨出现故障而不得不迫降。飞机速度提升到300千米之后，许多技术问题有待解决，但是在找到解决方法之前，不少飞行员付出了生命的代价。

戈登－贝奈特杯赛优胜者萨迪·勒库安特所驾驶的纽波尔飞机（1920年9月28日）。

在戈登－贝奈特杯赛上，代顿－莱特型单翼飞机，流线型可变翼，起落架可收回。

德驰杯赛优胜者基尔施驾驶纽波尔单翼飞机准备起飞（1921年10月1日）。

萨迪·勒库安特在其纽波尔飞机前留影（1921年）。

蒙热型飞机残骸，飞行员贝尔纳·德罗马奈在事故中丧生（1921年9月23日）。

10

滑翔机

第一次世界大战结束后，巴黎和会签订的条约制定了限制德国发展航空业的条款。从 1920 年起，德国又重新回过头来发展滑翔机。那一年，德国伦山地区组织了第一届滑翔机飞行演示会，有 24 位滑翔机爱好者参加了演示会，最好的成绩是从 330 米高的山冈上飞下，滑翔了 1800 米，滞空时间为 2 分 22 秒。1922 年，德国又举办了一次滑翔机比赛，比赛成绩优于上一届演示会创下的纪录，尤其是克伦贝勒驾驶滑翔机在乡村上空连续划出几个 "8" 字，滞空时间达 13 分 3 秒，在滑翔 6 分钟后，他又飞回到距出发点上空 100 米的地方。

这些好成绩在各地引起广泛的关注，法国决定组织一次滑翔机演示会，但由于地形原因，飞行成绩并不理想，而且还发生了伤亡事故。与此同时，德国人举办了第三届滑翔机演示会，飞行员又创出惊人的成绩，其中马腾斯驾驶 "吸血鬼" 滑翔机在空中滑翔了 1 小时 4 分钟。而两天过后，亨芩创下新的滞空时间纪录，他分别飞出 2 小时和 3 小时 10 分钟，甚至返回爬升到出发点上空 360 米的高度。

随后在英国举办的滑翔机比赛中，法国飞行员马内罗尔驾驶纵列双翼滑翔机飞出了 3 小时 12 分的好成绩。1923 年 1 月 29 日，马内罗尔在沃维尔峭壁一带甚至飞出了 8 小时 4 分 50 秒的惊人成绩。

1922 年，德国伦山滑翔机演示会。

1922 年，法国举办的滑翔机演示会。

马内罗尔驾驶纵列双翼滑翔机从埃弗山顶起飞。

从小山冈上俯瞰穆亚尔飞行营地。

11
滑翔飞行

就在马内罗尔创下佳绩的那个月月初，托雷中尉创出一项更惊人的成绩：他驾驶一架昂里奥 HD-4 型双座飞机，在飞越德鲁阿特时，要穿越一个上升气流带，这个上升气流带是北风吹到山岩上形成的，这时他关掉发动机，让飞机滑翔。在上升气流中，飞机晃动得很厉害，他一直在同狂风、旋风搏斗，牢牢地控制住飞机，在空中滑翔了 7 小时 3 分钟，这是有动力飞机以滑翔方式滞空时间最长的纪录。他认为这是训练飞行员的一种很好的方法，于是把双座飞机改成教练机，配两套控制装置，带学员一起飞，第一次培训就滑翔了 1 小时 9 分钟。

德鲁阿特山脚下，远景里的飞机就是托雷所驾驶的飞机。

他的滑翔训练经验很快就引起各方的关注，因为许多飞行事故都是因突遇狂风或气流不稳造成的。在地势高低不平地区上空飞过时，会碰到变化多端的气流，这样的地区最适合让飞行员进行滑翔训练。1924 年 8 月 27 日，托雷驾驶昂里奥 80 马力飞机以滑翔方式飞行了 9 小时 4 分钟。他培训的飞行员，如朗迪埃里、安托万、威奈特等人都创造出不俗的滑翔成绩。

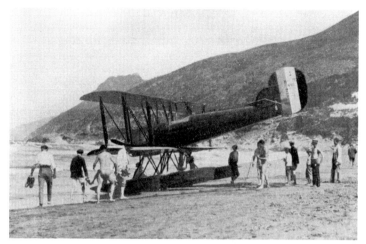

托雷的昂里奥水上飞机。

托雷驾驶昂里奥飞机沿阿尔皮耶山峰滑翔。

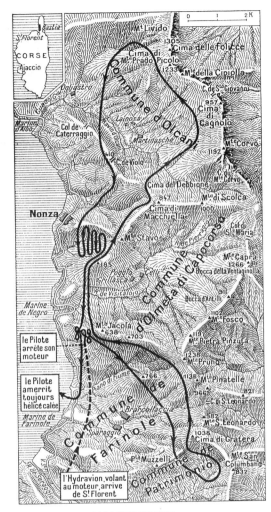

托雷根据地形所规划的滑翔路线示意图。

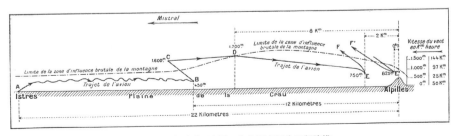

起伏的地势对风速的影响：托雷所绘的滑翔试验示意图。点 A 至点 F 为飞行路线。

12

欧洲各地的飞行演示会

从 1919 年起，阿姆斯特丹开始举办航空展览会，展会期间安排了各种飞行演示活动，其中还有飞行比赛。1920 年，摩纳哥举办了战后第一届飞行演示会，这次活动中，水上飞机大放异彩，其技术进步令人刮目相看。那一年最有意思的还是在比克举办的演示会，其中有战斗机表演，有乘气球体验活动，有航空摄影比赛，还有跳伞表演等。最令人兴奋的是，飞机搭载着乘客飞往伦敦或布鲁塞尔，几个小时之后，再搭载那边的乘客返回比克机场，从而向公众展现出新时代的生活方式。

比克飞行演示会的盛况：排列整齐的飞机、充好气的气球和兴奋的观众。

在巴黎早期的演示会上，飞行员在进行惊险动作表演。

13

飞越南大西洋

在驾驶飞机飞越北大西洋三年之后，才有人驾机飞越南大西洋，主要是因为与这条航线相关的国家没有雄厚的航空工业做后盾，关注这条航线的国家主要有葡萄牙、西班牙和南美大陆的相关国家。实现这一壮举的葡萄牙人选用的是英国飞机。

1922 年 3 月 30 日清晨，飞行员萨卡杜拉·卡布拉中校、领航员加戈·库蒂尼奥海军中将驾驶一架费尔雷 F-3 型水上飞机离开里斯本。这架飞机装备一台 360 马力罗尔斯·罗伊斯发动机，因长途飞行要携带许多物品，英国人对这架飞机做了改装，配备了更宽大的机翼和浮筒。经过 8 个半小时的飞行，他们抵达加纳利群岛，但由于天气原因，他们在那里一直逗留到 4 月 4 日。随后由于气候恶劣，他们直到 18 日才飞抵费尔南多·迪诺罗尼亚岛，但这一带地形非常复杂，飞机浮筒撞到岩石上，遭到损毁。5 月 11 日，他们得到第二架费尔雷水上飞机，但在飞行途中遇到故障，只好在海上迫降。一艘路过的英国船将他们救出水面，但飞机却遭到破坏，无法继续航行。6 月 5 日，他们在费尔南多·迪诺罗尼亚岛又得到第三架水上飞机，6 月 17 日，他们顺利抵达里约热内卢。

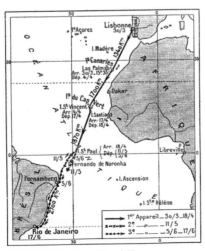

首次飞越南大西洋的航线示意图。

在首次飞越南大西洋的航程中，库蒂尼奥和卡布拉所驾驶的费尔雷水上飞机（1922 年 3 月 30 日至 4 月 18 日）。

14

直升飞机

1919 年以来，航空业取得显著的进步，发明家也尝试着将新技术应用到直升机的设计当中，比如采用重量更轻、马力更大的发动机，性能更好的结构材料，质量更稳定的轴承等。欧米森、佩斯卡拉、贝林纳分别在法国、西班牙和美国研究制造直升机，并用飞机发动机来驱动直升机。

为了更好地分析垂直升降飞行器的问题，在研制 1 号机时，欧米森为其配置了一只 144 立方米的气球，以减轻飞行器的重量，同时确保它的稳定性。但飞行器所采用的发动机动力太小，仅有 25 马力，借助两只直径达 6.4 米的螺旋桨，要提升的重量达 267 千克。

佩斯卡拉的 2-R 型直升机选用一台 160 马力发动机，起飞荷载为 800 千克。1921 年在巴黎航空展上，他展出了样机，法国有关部门对这台样机很感兴趣，向他提供了资金，以研制新的机型。佩斯卡拉很快推出 3 型直升机，配置一台 180 马力发动机，总重达一吨，起飞到 1 米高度时，可以滞空 1 分钟，在 1924 年 1 月的试飞中，滞空时间达 10 分 10 秒。

贝林纳在美国试飞自己研制的直升机。

欧米森也在不断改进自己的设计。他设计的 2 号机型取消了气球，设四只升力螺旋桨和四只垂直小螺旋桨，动力系统也做了几次更改，最后选用 180 马力发动机。该机在试飞时可在距地面 9~10 米的高度滞空，在贴近地面环绕飞行一千米时，飞出 7 分 40 秒的成绩。在整个 20 世纪 20 年代，直升机的成绩并不理想，直到 1930 年年底，才有所突破。

佩斯卡拉的直升机在试验时因主轴卡死，螺旋桨叶片缠在了一起。

1923 年，佩斯卡拉 3 型直升机在宜西机场试飞。

欧米森1型直升机在试飞。

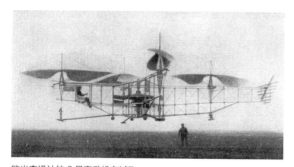

欧米森设计的2号直升机在试飞。

波扎特设计的直升机在美国代顿试飞（1922年）。

15

旋翼机的诞生

1923 年年初，年轻的西班牙工程师胡安·德拉切尔瓦制作出一款飞行器，他将其称作"旋翼机"。这种飞机和直升机很相似，也有很大的螺旋桨，但它并不是靠发动机驱动的。发动机驱动一只拉力螺旋桨，飞机起飞后向前飞行时产生的风力带动旋翼转动，逐渐让飞机进入自由飞行状态。1924 年 12 月 12 日，洛里加中尉驾驶旋翼机在马德里附近升空，飞行了 12 千米，用时 8 分 12 秒，最后降落在杰塔夫机场。这架旋翼机重 780 千克，由一台 110 马力发动机驱动。

德拉切尔瓦设计的旋翼机，旋翼配 5 只叶片。

德拉切尔瓦设计的首架旋翼机：
1923 年 1 月 31 日，西班牙飞行员斯宾塞在维安托斯机场飞行 4 千米，用时 3 分 30 秒。

16

美国飞机的飞行速度

1920 年，美国航空业派人来法国学习提升飞机飞行速度的经验，但学生很快就超过了老师，并在普利策航空竞赛上接连获胜，表明他们已经取得很大进步。

1921 年 11 月 3 日，在航程 247 千米的速度比赛上，伯特·阿科斯塔以时速 284 千米的成绩荣获冠军。在 1922 年的德驰杯赛上，拉斯尼以 289 千米的时速摘得桂冠。就在那时候，传来默翰在普利策航空竞赛上获胜的消息，在航程 250 千米的速度比赛上，默翰驾驶柯蒂斯飞机创下惊人的平均时速 334 千米的纪录。竞赛中前四名的时速都突破了 300 千米。几周过后，萨迪·勒库安特驾驶纽波尔单翼飞机创下时速 348 千米的好成绩。1923 年 2 月 15 日，他又创下平均时速 375 千米的纪录，法国人再次夺回速度优势。

但这并不值得大肆宣扬，因为美国人的成绩是靠技术优势做后盾的，他们的潜力还没有完全发挥出来。美国人的双翼飞机结构极为精致，机翼型面轻薄，上

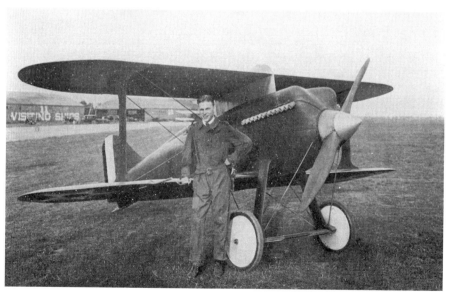

梅特兰中尉和他的柯蒂斯双翼飞机（1922 年 9 月）。

瑞滕豪斯驾驶柯蒂斯水上飞机准备参加施耐德杯赛(1923年)。

面覆盖着一套双层金属"蒙皮"，并以此作为发动机的散热器。发动机重量很轻，由里德设计的螺旋桨是用厚铝锭锻造成型的。英国人刚刚创下的水上飞机速度纪录还没捂热呢，就被美国多名飞行员接二连三地打破，他们驾驶柯蒂斯水上飞机分别创下了时速243千米、279千米、284千米的成绩。一周过后，在普利策航空竞赛上，威廉中尉以时速392千米的佳绩荣膺冠军，布劳以389千米的成绩获得亚军，突破时速400千米的标杆已指日可待，要看的只是在这次竞赛当中谁能率先赢得这项荣誉。最终布劳首先以时速414千米的成绩创下新纪录，但这一纪录很快就被威廉打破，他创下了时速429千米的新纪录。

1924年11月11日，在巴黎举办的航空展上，博奈军士创下时速448千米的新纪录。他驾驶的贝尔纳－费尔博瓦飞机是由工程师于贝尔设计制造的，装备一台600多马力的伊斯帕诺发动机，金属螺旋桨是里德授权在法国制作的。1923年，法国飞行员从美国人手里夺回飞行高度纪录：10月30日，萨迪·勒库安特驾驶纽波尔飞机在一个半小时内爬升到了11145米的高度。

美国海军装备的柯蒂斯高速飞机，座舱里的飞行员是最先突破时速 400 千米的布劳中尉。

由工程师于贝尔设计制造的贝尔纳－费尔博瓦飞机。

1924 年 11 月 11 日，博奈士军驾驶该机创下最快飞行纪录，这一纪录直到 1932 年才被打破。

在加尔索医生的帮助下，萨迪·勒库安特走出减压舱。他在舱内模拟升到 12000 米。

最早飞入 11000 米高空的纽波尔飞机，为加长型双翼飞机，图中飞行员为萨迪·勒库安特。

17

飞行拉力赛

1922 年 6 月 18 日，在安德烈·舍克尔先生的倡议下，法国航空俱乐部举办了首届飞行拉力赛。这次活动又被称作"双 104"：比赛的终点设在巴黎至格兰维尔公路 104 千米处的一家饭店草坪上，34 架飞机要搭载 104 位观光者抵达终点。从早晨 9 点至中午，飞机陆续飞抵终点，负责航空事务的国务副秘书主持了盛大的午宴，招待各位来宾。下午 4 时，飞机开始返回巴黎。这项活动此后每年举办一次，成为宣传法国航空业的一个窗口。

18

私人飞机的前景

1920 年，两款小型观光飞机引起大家浓厚的兴趣。一款是波泰双座飞机，配备 50 马力发动机；另一款是阿弗罗单座飞机，装备 40 马力发动机，这架小型飞机从伦敦一直飞往都灵。在这方面，航空业还是有很大的发展空间。

德·比绍夫战前是飞行员兼机械师，他研发出一款"轻便摩托车飞机"，装备的发动机仅有 18 马力，引起了大家的注意。与此同时，有动力飞机在滑翔方面取得的成就让工程师们去设计配备更轻发动机的小飞机，其中最成功的设计就是德瓦蒂纳 D-7 型飞机，巴尔博驾驶这款飞机在 1923 年 5—7 月两次飞越了英吉利海峡。为促进观光旅游飞行的发展，科德龙公司推出了 C-68 型飞机，配备 50 马力发动机，双翼可折叠，性能稳定，占地面积小。这款飞机在布鲁塞尔比赛中获得了优胜奖。此外，还有几款性能很不错的小飞机，可当作私人飞机使用。1921 年，唐皮耶先生设计出一款会飞的汽车。

法国航空俱乐部举办的首届飞行拉力赛，一架"哥利亚"飞机正在着陆。

在第二届拉力赛上，罗宾中尉驾驶的科德龙C-68型飞机机翼破损，被拖车从海岸边拉回饭店。

1920 年，德·比绍夫驾驶自己设计的"轻便摩托车飞机"试飞。

巴尔博驾驶的德瓦蒂纳飞机，在飞越英吉利海峡前留影。

水陆两栖观光飞机在环法飞行后降落在机场。

1922 年春，唐皮耶设计的汽车飞机在皇家大道上行驶。

19

飞艇的空难

　　R-34 飞艇两次飞越大西洋的壮举表明这款大型硬式飞艇完全可以承担远途飞行任务，这也正是美国海军相中飞艇的原因，飞艇既可以用来运送货物，又能在远洋上空执行侦察任务。于是，美国人开始制造 ZR-1 型飞艇，而英国人则在卡丁顿制作 ZR-2 型飞艇。1923 年 6 月 23 日，飞艇开始试飞，8 月 24 日，飞艇在赫尔附近的亨伯河上空爆炸，飞艇上的 49 人全部遇难，事故的原因是飞艇钢架结构牢度不够。

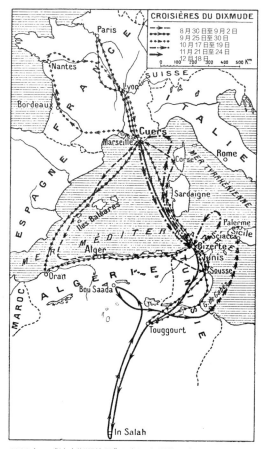

　　几乎就在同时，德国向法国交付了一艘 L-72 飞艇，法国人将它命名为"迪克斯谬德号"。1923 年 8 月 2 日，飞艇开始飞行训练，但 12 月 21 日夜间发生的空难让远途飞行训练戛然而止，飞艇在加贝斯湾上空爆炸起火，51 名官兵全部遇难。

1923 年，"迪克斯谬德号"飞艇飞行训练示意图。

英国飞艇失事后坠落在亨伯河里的残骸。

"迪克斯谬德号"飞艇被拖出机库的场景。

20

横贯美洲大陆的飞行

  美国疆土辽阔，联邦政策也很统一，为航空业的发展提供了一个很好的平台，使美国东西海岸之间的空中运输得以迅速发展。在战争尚未结束前，联邦政府就已经开始研究启用航空邮政业务，1918年5月15日，纽约至华盛顿的航空邮政航线正式开通。

  邮政管理部门很快就着手在全美推广航空邮政服务。横贯美国大陆的航线要经过许多荒凉地区，但邮政部门有条不紊地展开工作，首先在最合适的地区开辟夜间航班，接着开通了芝加哥至纽约的航线，并把这条航线交给私营公司去开发。尽管邮政部门做了很大努力，但飞机依然无法在4500千米的距离内充分展现出速度和续航能力的优势，因为邮政飞机要严格按照时刻表的安排来飞行。所以，为

1923 年，马克·雷迪和凯利首次横贯美国飞行时所驾驶的福克 T-2 型飞机。

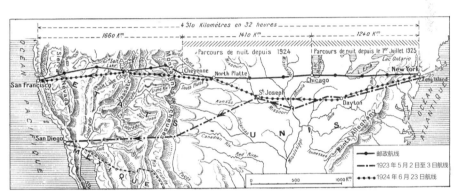

1923 年至 1925 年，美国东西海岸之间航线示意图。

展示飞机的技术优势，1923 年 5 月 2 日及 3 日，两位全美最优秀的飞行员驾驶福克 T-2 型飞机从纽约出发，一直飞到圣迭戈，全程 4088 千米，平均时速 174 千米。一年后，另一位飞行员驾驶柯蒂斯 PW-8 型飞机在一天之内从纽约飞至旧金山，全程 4345 千米，用时 21 小时 44 分钟，其中 18 小时 12 分钟为净飞行时间。

德哈维兰公司制造的双翼战斗机，1919 年改装为航空邮政专机。

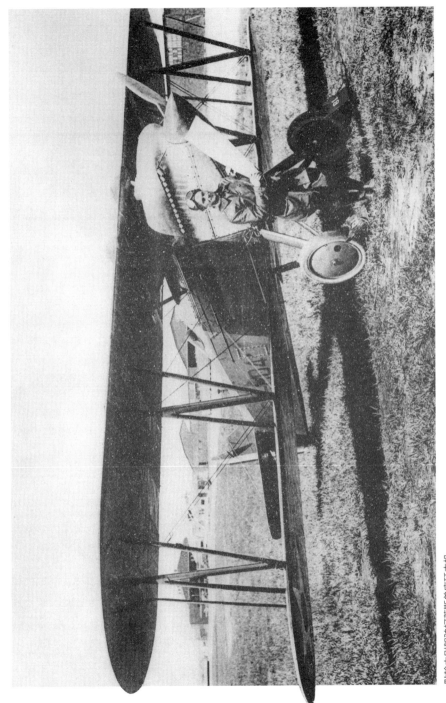

默翰中尉驾驶柯蒂斯单座歼击机。

21

首次环球飞行

1924 年，人类首次成功地驾驶飞机完成了环球飞行，这一荣誉归功于美国人。这不单是一次长途奔袭行动，而是一个组织得极为完善的集体飞行活动，是由 3 名机组人员共同创造的佳绩。

为确保飞行成功，他们用了很长时间来准备：研究各地区的气候条件，确定食物及零部件供给地，选择合适的飞机。3 月 17 日，他们驾驶 3 架道格拉斯 DT-2 型飞机从加利福尼亚起飞了。这是一款双翼飞机，配备利博蒂发动机，轮胎卸掉后换上浮筒，可改装成水上飞机。马丁少校负责指挥这次环球飞行行动，其间遭遇种种意想不到的困难和挫折，尤其是马丁少校的飞机在浓雾中撞到山坡上，飞机遭到损坏，他们翻山越岭，艰难地走了 10 天，才和战友们会合在一起。从 5 月 3 日起，3 架飞机一直在一起飞行，从西雅图起飞，途经日本、西贡、加尔各答，甚至特意选择在法国国庆日那天飞抵法国，随后抵达冰岛。但从奥克尼群岛飞至霍纳峡湾时，一架飞机因故障被迫降落在水面上，一艘渔船将机组人员搭救到船上。9 月 9 日，3 名机组人员顺利抵达华盛顿。

飞行员返回美国时，海军司令前往迎接。

这次环球飞行历时 175 天，飞行 49560 千米，净飞行时间为 66 天，用时 351 小时，平均时速约为 140 千米。飞行过程中，在预先设定的供给地，他们更换过 5 次发动机，两次换上新机翼。这一了不起的飞行成绩被载入航空史册。

环球飞行的 3 架道格拉斯飞机。在法国上空飞行时，伴飞的法国飞行员拍摄了照片。

在经过 5 个半月的飞行之后，"芝加哥号"和"新奥尔良号"飞机降落在美国水域。

22

驾驶水上飞机征服北极

在首次环球飞行过程中，美国飞机是从北线由欧洲返回美国的。由于北极地区常年被冰雪覆盖，受冰冻层的影响，他们碰到很多困难，尤其是在雷克雅未克与弗雷德里克斯达尔之间，水上飞机根本无法短暂停留。由此可见，挪威探险家罗尔德·阿蒙森准备征服北极的举动将会多么艰难。

除了得到一笔公众捐款之外，阿蒙森还收到美国人埃斯沃兹提供的一笔 8.5 万美元的资金。他订购了两架多尔尼耶－瓦尔水上飞机，这款飞机机身宽大，底部平坦，既可以在水面上降落，也能在田野或冰面上降落，飞机装备两台 360 马力罗尔斯·罗伊斯发动机。他们将两架飞机命名为 N−24 和 N−25。

两个机组由 4 名挪威人、1 名美国人和 1 名德国人组成。1925 年 5 月 21 日 17 时，

1925 年 5 月底，在北极探险活动中，阿蒙森的团队驾驶两架水上飞机降落在距离北极 254 千米的地方。左侧为 N−24 飞机，中间挂挪威国旗的飞机是 N−25。机组人员正在平整冰面，为返航起飞做准备。

飞机艰难地从挪威起飞，因为飞机重达 6400 千克，其中 3100 千克是探险所必备的物资。22 日凌晨 1 时 50 分，N-25 飞经一片水域，这是自起飞后唯一可以降落的水域。由于发动机过热，而且燃料也耗掉了一半，飞行员决定在这里降落。随后，N-24 也降落在这片水域上，飞行员设法把飞机开到冰面上，因为飞机在起飞时机身有破损，降落在水面上后，水开始涌进机舱里。

经过定位后，他们发现此地距离北极尚有 254 千米，经过 8 个多小时的飞行，他们已朝北方飞出 1000 千米，这在 20 年前是难以想象的。但最困难的还是返程。他们要在冰面上整出一块平坦的区域，以便让飞机顺利起飞；把燃料和必需品都搬到 N-25 飞机上，再把多余的物品都清除掉。6 月 15 日 10 时 30 分，N-25 飞机载着 6 位探险家顺利起飞，朝斯匹次卑尔根岛飞去。经过 8 个小时的飞行，飞机已靠近起飞前所设定的目标点。但就在要靠近海岸时，控制副翼的装置被锁死了，他们只好降落在水面上，随后在水面上滑行了将近 1 个小时。在对飞机做了简单修复之后，他们再次起飞，朝远处水面上的货船飞去。最终货船将水上飞机拖回了目的地。

探险家们将雪块运到待起飞处,以填补冰面上的裂缝。

1925 年 7 月 5 日,驾驶员拉尔森驾驶 N-25 飞机朝奥斯陆湾飞去,前往挪威首都奥斯陆出席市政府为他们举办的庆祝仪式。

23

佩尔蒂埃 - 杜瓦奇的"巴黎—东京"之旅

1924 年 4 月 25 日，法国各大报纸报道了此前一天法国机组从巴黎起飞，不经停飞往布加勒斯特的消息，这一段航程为 1900 千米，用时 10 小时 45 分钟。飞行员是佩尔蒂埃 - 杜瓦奇中尉，机械师是贝赞中士，他们驾驶的布勒盖 19 型飞机是一款新机型，配备一台 400 马力洛林发动机。25 日当天，他们休息片刻后随即起飞，用 5 天时间飞过 6 个经停点，于 29 日抵达卡拉奇。随后，他们稍作休整，于 5 月 3 日从卡拉奇起飞前往河内，在那里他们更换了飞机发动机。5 月 18 日，他们朝最终目的地东京飞去，当天抵达广州，20 日飞抵上海，但是降落在江湾跑马场上时，飞行员未注意到前方有一道壕沟，待发现时已经太迟，飞机被折成两段。

不过，这次远途飞行已引起轰动，世界各大报纸都在进行追踪报道，《每日电讯报》甚至还发表了长篇专题报道。鉴于此次飞行的目的地是东京，中国为他们提供了一架老式布勒盖 14 型飞机，飞机装备一台 300 马力雷诺发动机。5 月 29 日，佩尔蒂埃 - 杜瓦奇驾驶这架飞机离开上海，途经北京、沈阳、大阪等地，最后于 6 月 9 日抵达东京。从巴黎飞至上海的距离为 17000 千米，布勒盖 19 型飞机经受住考验，平均时速达到 188 千米，这在当时是一个了不起的成绩，这也表明法国航空业取得了很大的技术进步。

佩尔蒂埃 - 杜瓦奇驾驶的布勒盖 19 型飞机，由巴黎飞往上海，在江湾跑马场降落时，跌入壕沟，机身损毁。

佩尔蒂埃－杜瓦奇向前来搭救的人微笑，坐在机身上的是贝赞（1924 年 5 月 20 日）。

两位飞行员驾驶中国赠送的布勒盖 14 型飞机继续飞行。这是 6 月 2 日在北戴河经停时的留影。

1924 年 1 月，中国购买的威格士双发飞机在汉口—北京航线上投入使用。这是飞机经停郑州时的场景。

1923 年，中国人用竹子和草席搭建的临时机库，以遮挡飞机。

两架苏联飞机首次开辟莫斯科—北京—上海航线。照片于 1925 年 8 月 17 日摄于郑州。

多勃罗莱公司在北纬 62 度一带用飞机来辅助捕猎海豹，在半个月之内竟能捕获 5 万头海豹（1926 年至 1927 年冬）。

24

大英帝国殖民地空军

英国很早就意识到在保持帝国的完整性方面，航空能带来极大的便利条件：在某些动乱的地区，大英帝国可以高效地处理那里的事务，却不需要投入很大的资金。从 1919 年起，英国人相继开辟出从伦敦飞往开普敦、印度、澳大利亚等地的航线，将帝国遥远的殖民地与本土更紧密地联系在一起。驻守在埃及的英国飞行小队每年都执行从开罗飞往开普敦再返回开罗的训练活动；在其他殖民地区，需要军事介入或执行高空侦察任务时，帝国毫不犹豫地让空军担当起指挥责任，让各军种统一服从空军指挥，以最大限度地减少军事人员的数量。大英帝国殖民地空军的特点是装备了多架大型军用运输机，这些装备多台发动机的运输机机身庞大，可搭载 20~30 名全副武装的士兵，必要时可在几个小时之内就把士兵送往需要军事干预的地区。

25

1925 年的远途飞行

1925 年 1 月，两组法国飞行员准备驾驶布莱里奥 115 型飞机飞越撒哈拉沙漠，他们于 1 月 19 日从比克机场起飞，于 2 月 5 日抵达尼日尔。但在 2 月 7 日的飞行中，一架飞机因装载不均衡，起飞时机翼擦到地面上，造成电报员死亡，其他人受伤。

2 月 3 日，勒迈特上尉和阿拉沙尔上尉驾驶布勒盖 19 型飞机从巴黎近郊起飞，向南方飞行。飞机重达 3.4 吨，携带 2000 升燃料，第二天飞抵锡兹内罗斯（今达赫拉），全程飞行 3166 千米，创下单程直飞距离最远纪录。鉴于机内仍有足够的燃料，他们决定继续往南飞，2 月 5 日飞抵达喀尔，接着又于 17 日飞抵廷巴克图，并准备从那里返回法国。但受风沙影响，且飞行路线也出现了失误，最后因燃料

英国皇家空军飞行小队正沿尼罗河由开罗飞往开普敦。

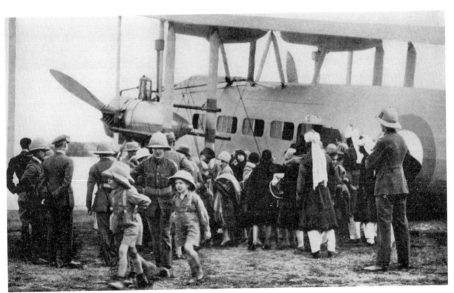

1928 年年底，阿富汗爆发反政府暴动时，英国空军派出军用运输机撤离侨民。

日本飞行员首次完成东京—巴黎航程，阿部河内（站立者）和机械师在布勒盖飞机座舱内。

三架法国飞机进行巴黎—德黑兰往返飞行，飞机停靠在德黑兰机场。

不足而迫降在沙漠里。之后在救援人员的帮助下，他们顺利返回巴黎。

8 月 10 日至 12 日，阿拉沙尔上尉驾驶一架波泰 25 型飞机，成功地完成了环欧洲飞行。他从巴黎起飞，当晚抵达君士坦丁堡，第二天晚上飞抵莫斯科，第三天晚上就返回巴黎。这次 64 小时飞行之旅净飞行时间为 39 小时，先后在贝尔格莱德、伊斯坦布尔、布加勒斯特、莫斯科、华沙及哥本哈根短暂停留。尽管飞行途中遭遇暴雨，但飞行时速达到了 190 千米。

1925 年，作为对法国飞行员的回访，日本飞行员驾驶两架布勒盖 19 型飞机于 9 月 28 日飞抵巴黎，他们是在 7 月 25 日离开东京的。此外法国飞行员还完成了一次巴黎—德黑兰—巴黎的远途飞行。

26
水上飞机 5.5 万千米飞行历程

1925 年最有意义的远途飞行由皮内多和康巴奈里完成，他们驾驶一架萨瓦 S-16 小型水上飞机，飞行了 5.5 万千米。除了预先设定需要补充燃料及添加润滑油的地点之外，他们出发之前几乎没有做任何准备，发动机只在东京更换过一次，那时飞机已经飞过 3.7 万千米了。整个行程分为三个阶段，第一阶段要从意大利飞至墨尔本，经波斯湾飞抵印度之后，由孟买至古迪瓦达一段在内陆飞行，这一段航程为 1100 千米。在由意大利飞往澳大利亚的航线上，他们基本上是按照前人开辟的航线飞行，但从墨尔本至中国的航线则从未有人飞过，他们途经新几内亚岛、摩鹿加群岛、苏拉威西岛、菲律宾及中国台湾，最后抵达日本东京。

他们所驾驶的水上飞机机身是木制的，机翼是木结构帆布蒙皮，在穿越菲律宾水域的一座座岛屿时，飞机机身受到一定的损坏。由东京返回罗马的航程是一个很大的挑战，他们历时 20 天，飞行 18000 千米，经停 18 个站点，最终顺利抵达罗马。这是有史以来飞机飞行距离最长的纪录，整个行程历时 200 天，经停 68 处，净飞行时间为 350 小时。

27

航空探索北极

在首次驾驶飞机探险北极之后，罗尔德·阿蒙森认为在北极地区探险最合适的飞行器是飞艇。阿蒙森再次萌生要去北极探险的念头，埃斯沃兹家族再次为他提供了资金，但这一次他订购了一艘飞艇，是诺比莱上校创制的，并由他本人亲自驾驶。飞艇长82米，总体积为19200立方米，由三台260马力迈巴赫发动机驱动。

1926年5月11日14时，阿蒙森及伙伴们驾驶飞艇朝北极飞去。5月12日1时25分，他们飞到北极，从空中拍照，抛下旗帜。下一个飞行目的地是巴罗角，按照事先制订的计划，他们要飞越极地冰盖层，降落在阿拉斯加的诺姆市。由于飞艇没有携带足够多的压舱物，很快就遇到大片的迷雾。在这段2200千米的航路上，飞艇一直在迷雾里飞行。从北纬85度30分起，迷雾的水汽在飞艇上结成冰霜，尤其是飞艇前部冰霜越结越厚，艇身越来越重，平衡性也越来越差。接下去的航程变得十分危险，螺旋桨不断地把冰块甩在飞艇上，无线电天线也被冰霜给蒙住了，无法接收到天气状况的报告。

5月14日3时30分，飞艇顺利降落在距离诺姆市几千米远的地方，整个飞行航程5500千米，直线距离4425千米，用时68小时30分钟，这是人类首次飞越极地冰盖层。

阿蒙森为飞艇设置的露天机库。

1926 年 5 月 9 日，美国飞行员伯德驾驶"约瑟芬－福特号"飞机飞临新奥尔松，前景背对者是阿蒙森。

1928 年 4 月 20 日，威尔金斯和艾尔森从阿拉斯加的巴罗角起飞，降落在绿港雪地上。

28

从美国本土飞往夏威夷

美国海事部门一直关注太平洋沿岸港口与夏威夷群岛的联系。1925 年 8 月 31 日，两架总功率达 950 马力的双发水上飞机从旧金山起飞，前往夏威夷群岛，其中一架飞机刚飞出 500 千米就出现故障，在海面上迫降后被沿途设置的救援船救起。另一架由约翰·罗杰斯驾驶的飞机在飞行 3500 千米之后，因燃料耗尽，也迫降在海面上，距离目的地尚有 500 千米。虽然美国海军在沿途设置了 12 艘舰船，并一直与水上飞机保持无线电联络，但在随即展开的救援过程中，海军舰船却没有发现目标。直到 9 天后，一艘潜艇才发现他们，此时他们距离考艾岛仅有 25 千米。原来，飞机迫降在海面上之后，他们用飞机机翼的蒙皮帆布制作了一只风帆，朝考艾岛漂去。为了捍卫自己的荣誉，4 名机组人员一直坚守在飞机上，直到飞机泊到考艾岛的码头上。

直到 1927 年 6 月 28 日，旧金山与火奴鲁鲁的航线才成功地开辟出来。飞行员梅特兰中尉和领航员赫根贝格驾驶一架福克三发飞机从旧金山起飞，飞行了 3900 千米，用时 25 小时 49 分钟，顺利飞抵火奴鲁鲁。

约翰·罗杰斯驾驶的 PN-7 型水上飞机，由旧金山飞往夏威夷岛，飞行员刚给飞机加满汽油。

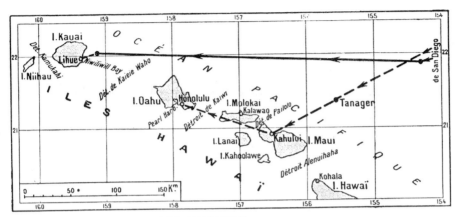

由旧金山飞往夏威夷的航线示意图，虚线为原计划飞行航线。

梅特兰和赫根贝格驾驶福克三发飞机飞往火奴鲁鲁，飞机正从旧金山码头上空飞过。

29

1926 年的飞行纪录

　　截至 1925 年年底，不经停飞行最远的纪录是阿拉沙尔和勒迈特创下的，他们从巴黎近郊飞往锡兹内罗斯，飞行距离达 3166 千米。由于配置了更强劲的发动机，屡创纪录的布勒盖 19 型飞机成为飞行员的首选机型。1926 年，飞行员驾驶这一机型将最远飞行纪录提升到 5400 千米。

　　1926 年 6 月 26 日及 27 日，阿拉沙尔兄弟驾驶配备雷诺发动机的波泰 28 型飞机从巴黎飞至伊拉克巴士拉，创下 4305 千米的飞行纪录，将原纪录提升了将近 1200 千米。但这一纪录并未保持多久，在 7 月就被吉里耶上尉和多尔迪伊中尉打破了，他们驾驶布勒盖 19 型飞机从巴黎飞至鄂木斯克（4716 千米）。8 月 31 日，夏勒中尉和威斯尔上尉由巴黎飞至阿巴斯港，创出 5174 千米的新纪录，他们也是驾驶布勒盖 19 型飞机，但装备的是 500 马力法尔曼发动机。著名飞行员科斯特和里尼奥上尉荣膺当年最远飞行纪录的荣誉，他们驾驶布勒盖飞机从巴黎飞至贾斯克，全程 5396 千米，用时 32 小时。

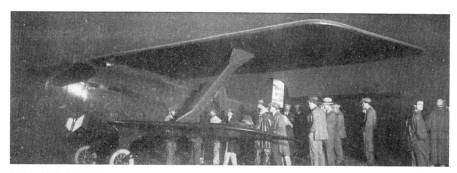

夏勒和威斯尔夜间从勒布尔热机场起飞，创下巴黎至阿巴斯港的最远飞行纪录。

布勒盖 19 型飞机, 配备 500 马力伊斯帕诺发动机, 科斯特和里尼奥驾驶该机创下当年最远
飞行纪录。

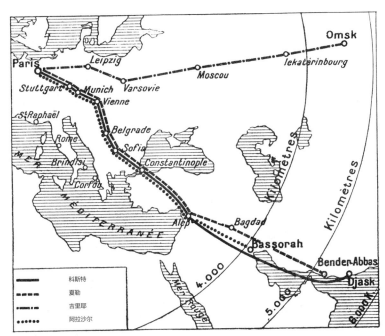

先后创下最远飞行纪录的航线示意图。

"白鸟号"飞机在起飞几分钟后，沿塞纳河上空飞行。

30

1927 年：飞越大西洋年

法国人在 1926 年创下的最远飞行纪录再次表明，航空事业有着非常广阔的发展前景。对于公众来说，尽管从欧洲大陆飞往亚洲的长途飞行并没有遇到多大障碍，但越洋飞行要远比跨洲飞行更有挑战性。1926 年 9 月 21 日，冯克从纽约飞往巴黎的尝试以失败告终，从 12 月开始，大家都知道有一个法国机组准备从巴黎飞往纽约。

1927 年 5 月 7 日深夜，科利和南热塞在勒布尔热机场为飞行做最后的准备。5 时 21 分，"白鸟号"飞机从机库里拖出，在短短的 46 秒钟之内，南热塞就驾机升入天空。6 时 4 分，护送他们的飞机见"白鸟号"飞机朝英吉利海峡飞去，便由此返航。在随后的 30 个小时内，没有任何有关他们的消息。5 月 9 日 12 时至 17 时，消息一个接一个地传来，他们正在飞越纽芬兰上空，接着飞到哈利法克斯，又飞临波士顿上空，最后飞抵纽约。各大晚报纷纷推出特辑号外，在 17 时 30 分宣布，两位飞行员于法国时间 16 时 50 分降落在纽约城。

但官方很快就否认了这一消息，随即展开的搜寻工作也没有找到失事的飞机，这也成为航空史上一个未解之谜。

巴黎报纸刊载的"白鸟号"飞机飞抵纽约的假新闻报道。

31

从纽约飞往巴黎：林德伯格

在南热塞和科利飞越大西洋的尝试遭遇失败后仅仅半个月，巴黎勒布尔热机场在 5 月 21 日迎来一个年轻的美国飞行员，他就是刚刚从纽约飞抵巴黎的林德伯格。

林德伯格驾驶一架单翼飞机，仅配备一台 220 马力的发动机，于 12 时 52 分（巴黎时间）在长滩起飞，14 时 40 分飞临哈利法克斯，23 时 55 分飞到纽芬兰。两艘轮船分别设在距离爱尔兰海岸 100 千米和 800 千米处，负责接收他从飞机上发出的无线电信息。17 时 20 分，他飞到斯梅里克港上空，这表明整个飞行过程非常平稳，他飞越大西洋的尝试肯定能获得成功。听到这个消息之后，巴黎人纷纷涌进勒布尔热机场，以见证这个历史性的时刻。机场四周很快就汇集了 20 万人，大家都想一睹这位勇敢飞行员的风采。20 时 25 分，飞机飞临瑟堡上空，22 时 15 分，大家听到空中传来飞机的轰鸣声，紧接着飞机缓缓地降落在勒布尔热机场。

整个飞行过程直线距离为 5850 千米，林德伯格创下新的最远飞行纪录，实际飞行距离约为 6300 千米，用时约 33 小时 30 分钟，平均时速为 188 千米。飞抵巴黎时，机内尚有 322 升汽油，仍可飞行 1200 千米。他打破了巴黎至贾斯克航线的纪录，但驾驶的飞机的动力却小得多，由此我们看出人类在航空技术方面所取得的巨大进步。

查理·林德伯格在飞越大西洋之前和母亲在纽约留影。

在圣迭戈，林德伯格在飞越大西洋之前，在新飞机前和机械师合影。

瑞恩公司制作的"圣路易精神号"飞机，由圣路易飞往纽约途中拍摄。

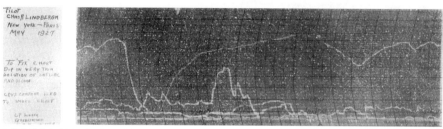

飞机自带的高度记录仪所记录的飞行轨迹。

林德伯格并不是一个初出茅庐的鲁莽小伙子，而是退役的美国空军飞行员，退役后他就职于航空邮政公司，专门在夜间运输航空邮包和信件。在1926年的最后两周当中，因遭遇迷雾，他两次成功地跳伞脱离险境，后来又两次成功地跳伞死里逃生，是经验丰富的飞行员。

林德伯格此次所驾驶的飞机设计和结构都很简单，翼展14.3米，机翼面积为30平方米，莱特发动机呈星形排列，采用风冷方式，在整个飞行过程中，发动机仅消耗了1385升汽油。这架飞机的另一个特点是瑞恩公司将控制驾驶与导航的仪器汇集在一个控制板上，这套控制系统是由法国人巴丹先生发明的，美国人购买了专利使用权。

林德伯格成功飞越大西洋给航空业留下一笔巨大的财富，也给航空发动机制造业带来深刻的影响。

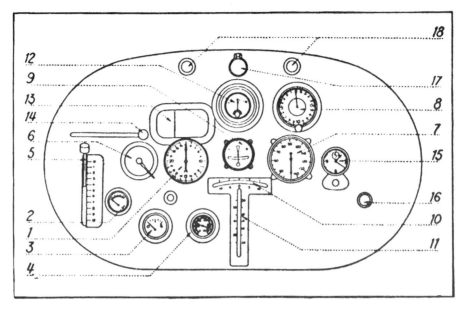

瑞恩飞机配备的控制仪表盘示意图。

控制仪表盘实物。

"圣路易精神号"飞机在勒布尔热机场机库里检修,机身内的钢管是用气焊焊在一起的,地面感应罗盘上面放置了流速计。

查理·林德伯格和路易·布莱里奥合影(1927年)。在首次飞越英吉利海峡18年过后,布莱里奥向成功飞越大西洋的年轻飞行员表示祝贺。

查理·林德伯格和时任美国驻法国大使米伦·赫里克。

巴黎民众在市政厅前广场向林德伯格致敬。

林德伯格在民众的欢呼声中从克罗伊登机场起飞。

时任法国总统杜梅格向查理·林德伯格授予荣誉勋章。

32

继林德伯格之后，张伯伦的尝试

就在林德伯格成功飞越大西洋所掀起的热潮尚未平息之际，另一架飞机也从纽约起飞，要越过大西洋飞往欧洲。飞行员张伯伦所驾驶的飞机是贝兰卡公司设计制造的，与瑞恩公司制造的飞机属于同一级别。查理·莱文跟随张伯伦一起飞行，因此成为飞越大西洋的第一名乘客。

林德伯格的壮举不但引起极大的轰动，还赢得了 2.5 万美元的奥泰格奖金。但这一次，张伯伦没有奖金可拿，而且他也不想飞前人飞过的航线，他的目标是飞机所携带的燃料能飞到哪儿，就在哪儿停下来。6 月 6 日，张伯伦降落在距离柏林西南 150 千米的艾斯莱本，以超过原纪录 600 千米的成绩打破了林德伯格的最远飞行纪录。

在短短的时间里，美国人先后两次打破最远飞行纪录，美国的飞机制造技术再次引起人们的广泛注意。

在飞越大西洋抵达德国境内的艾斯莱本之后，1927 年 6 月 30 日，张伯伦和莱文驾驶贝兰卡飞机抵达勒布尔热机场。

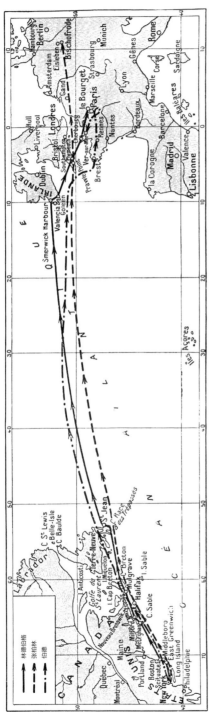

林德伯格、张伯伦和伯德从美国飞往欧洲的飞行航线示意图。

33

伯德及其伙伴

1927年7月1日2时30分，第三架从美国飞越大西洋的飞机降落在欧洲大陆上。但这一次是一个由4人组成的机组：飞行员阿科斯塔、巴尔肯，报务员诺维尔，机长理查德·伯德。这次飞行的目的既不是追求速度，也不是为了打破纪录，而是要证明如何科学地安排好飞行计划，如何有条不紊地完成一次越洋飞行航程，以便能安全地飞抵目的地。

他们驾驶的这架运输机"美洲号"装备三台220马力莱特发动机，总重7.25吨，机翼面积为67平方米，配备无线电系统及其他救生设备。整个飞行过程惊心动魄，飞机起飞时天一直在下雨，待飞到哈利法克斯上空时，才飞出云雨带。但是在黑夜里，他们又遇上迷雾，在此后20个小时的飞行过程中，他们一直在调整飞行高度，以避开迷雾，但始终无法摆脱。借助飞机上的导航仪器和罗盘，他们在浓雾中继续飞行，与此同时，他们一直和在大西洋上航行的"巴黎号"货船保持通信联络。飞入法国境内后，天已经黑下来，而且下起了暴雨。虽然勒布尔热机场做好了一切准备，但伯德还是认为在勒布尔热机场降落不保险，于是转向朝海边飞去，在燃料即将耗尽之际，伯德决定在海面上迫降。降落时，飞机的轮子都被撞掉了，机身触到海滩上，他们打开飞机携带的橡皮艇，划至岸边。

1927年堪称"飞越大西洋"年，5个机组成功地由西向东飞越大西洋，另有5个机组失事，其中包括由欧洲飞往美国的两个机组，共有14人遇难。

伯德所驾驶的"美洲号"三发福克飞机准备从长滩起飞。

1927年7月1日，"美洲号"机组人员在法国海岸小镇降落后留影，从左至右：
诺维尔、伯德、阿科斯塔、巴尔肯。

"美洲号"在海面上迫降。

34

民航运输网

就在一个个最远飞行纪录被打破之际，航空运输公司也在扎扎实实地展开设立飞行航线的工作，这种开拓性的工作得到政府的大力扶持。从 1920 年起，一家法国 – 罗马尼亚合资公司开辟出多条航线，其中包括巴黎—布拉格—华沙航线和巴黎—布拉格—布加勒斯特—君士坦丁堡航线。但公司的航运服务遭到德国人的反对，受巴黎和约条款的限制，德国不能发展航空业，于是便要求所有飞越德国领空的飞机采用与其对等的技术规范。1926 年，法德两国达成协议，法尔曼公司和汉莎航空公司很快就开辟出巴黎至柏林的航线。汉莎航空公司垄断了德国境内的航线，随着新开辟的航线越来越多，国家所提供的补贴也越来越多。不过，各国航空公司之间还是很快达成协议，形成联手合作经营某些航线的趋势。

1926 年，第一架德国商用飞机飞抵巴黎勒布尔热机场。

联合航空公司的布莱里奥－斯帕德飞机。

在意大利地中海航线上飞行的萨瓦 S-55 型水上飞机。

1928 年在意大利航线上飞行的多尔尼耶水上飞机。

地勤人员在清洗瑞典航空公司的一架飞机。

35

从空中认识地球

　　1926 年之前，有些航拍照片不但让人看到神奇的远景，还让人领略到多姿多彩的地貌，从高空俯瞰大地，也让人能更好地了解地球。从 1919 年起，法国航空公司一直在向行政部门、公共工程公司、科教部门的负责人宣传航拍照片所能带来的好处。在得到这些部门的许可之后，航空公司便在允许航拍的区域拍摄新的图片，并逐渐在全国范围内为所有城市绘制地图的工作提供航拍照片。

　　在探险者难以进入的广袤区域，在前人从未进入的原始地带，飞机所能提供的帮助是决定性的。不过，就在创纪录的飞行比赛得到国家和个人资助的时候，从空中去探索地球的尝试依然处于萌芽状态。美国人在这方面已经走到欧洲人的前头，他们组织了一支空中考察队，对阿拉斯加地区进行航拍，以更好地认识那一地区的地理特征及地貌景况。他们不但投入大量的人力物力，还配备了许多先进的设备，甚至建立起航拍基地，设立实验室及地面通信接收站。在历时 4 个月的航拍期间，整个团队飞行了 8 万千米，却没有发生过任何事故。

航拍拍到的海岛的形成过程。

达尔文山脉的腹地，此前从未有人见过这个场景。

美国海军在阿拉斯加海岸边设立的勘测基地。

阿拉斯加火山。

36

"意大利号" 飞艇空难

1928年，"意大利号" 飞艇在北极探险过程中遇险，多国航空部门派出飞机施救，但这场大营救行动遭遇许多困难和挫折，甚至有人献出了宝贵的生命。

"意大利号" 飞艇与阿蒙森探险时所选用的飞艇相似，长 106 米，总体积为 18500 立方米，配备三台 240 马力发动机。机组人员由 16 人组成，诺比雷将军指挥了这次探险活动，参加探险活动的有科学家，还有一个捷克人和一个瑞典人。意大利政府和米兰市政府资助了这次活动，其目的是为在北极圈内设立观察站选择地址。

4 月 15 日至 5 月 6 日，"意大利号" 飞艇由米兰飞往斯匹次卑尔根。5 月 15 日，他们开始向极地飞行，但遭遇强风而无法降落，只好返航，虽然白白浪费了 69 小时，而且累得筋疲力尽，但他们始终和泊在孔斯峡湾的 "米兰城号" 船保持通信联络。5 月 23 日，他们再次向极地进发，经过 20 小时的飞行，抵达目的地，但仍然无法降落。他们在所选中的地点上空观察了两个小时，决定还是返回斯匹次卑尔根。5 月 25 日，"意大利号" 飞艇发出电报，说他们遭遇浓雾，飞艇上结冰很厚，西风越刮越强，局面也越来越严峻。10 点钟过后，飞艇再也没有传来任何消息。

原来飞艇上的结冰越积越厚，最终压得飞艇撞到浮冰上，在猛烈的撞击下，主吊舱脱落，并被撞坏，吊舱内除诺比雷将军受伤外，其余 8 人安然无恙。而卸掉部分重量的飞艇携带着另外 7 人飞走了，他们生死未卜，下落不明。获悉这一飞行事故后，欧洲各国纷纷派出水上飞机、雪地飞机及其他救援装备前往施救。由于恶劣的气候条件及浮冰所造成的险境，救援队付出惨重的代价，最著名的探险家阿蒙森因飞机失事不幸遇难，同时遇难的还有迪特里克松中尉、法国飞行员吉尔博、报务员瓦莱特和机械师布拉奇等人。

飞艇飞越浮冰。

1928年5月23日，"意大利号"飞艇从孔斯峡湾起飞。

瑞典的HE-5型水上飞机停泊在孔斯峡湾。

"意大利号"飞艇的幸存者在向救援飞机挥手示意。

救援的雪地飞机滑雪板破损，幸存者坐在机翼上休息。

苏联的容克斯救援飞机。

吉尔博驾驶水上飞机准备出发，前往北极施救。

37

由东向西飞越大西洋

自从南热塞和科利驾机由东向西跨越大西洋的尝试失败之后，欧洲航空界一直设法突破由东向西飞行的障碍，飞越大西洋。1927年8月3日至5日，艾扎尔和里斯蒂茨驾驶容克斯 W-33 飞机创下 52 小时 12 分的滞空时间纪录，飞行距离约为 6500 千米，因此从技术上看，由东向西飞越大西洋是完全可行的。

8月14日，两架容克斯 W-33 飞机——一架命名为"欧罗巴号"，另一架命名为"不来梅号"，从德绍起飞。"欧罗巴号"飞机很快就在不来梅降落下来，但在导航员汉菲尔德的协助下，德国著名飞行员克尔驾驶"不来梅号"飞机继续向前飞，他们在欧洲大陆上空飞行了 22 小时，也未能穿过厚厚的云雨层。第一次由东向西飞越大西洋的尝试以失败告终。

1928年4月12日，爱尔兰飞行员菲茨莫里斯加入克尔机组，他们从都柏林起飞，经过 36 小时的飞行，降落在格林利岛一片冰冻的湖面上。冰面被飞机压破，飞机遭受损坏，但机组人员安然无恙。他们三个人成为最先由东向西飞越大西洋的欧洲人。

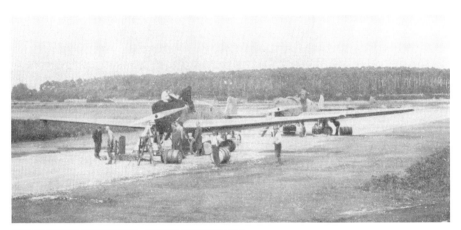

两架容克斯飞机在德绍机场加油，准备由东向西飞越大西洋。

"不来梅号"飞机在欧洲大陆上空飞越云雨层航程示意图（1927年8月14—15日）。

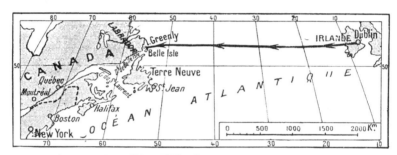

"不来梅号"飞机由东向西飞越大西洋航线示意图。

"不来梅号"飞机从爱尔兰起飞，准备飞越大西洋（1928年4月12日）。

38

南大西洋

　　继库蒂尼奥和卡布拉完成飞越南大西洋的壮举之后，西班牙飞行员佛朗哥于1926年再次成功飞越南大西洋。他们驾驶一架多尔尼耶450马力双发水上飞机，于1月22日从帕洛斯启程，在2月10日飞抵布宜诺斯艾利斯。整个航行过程极为艰苦，在经过佛得角时，由于补给出现问题，他们险些放弃这次尝试。这次航行也获得许多宝贵的经验，实践证明，与浮筒式水上飞机相比，船身式水上飞机更适合在海面上飞行，此外无线电导航也发挥出十分重要的作用。1927年3月16日及17日，葡萄牙人也成功地飞越南大西洋，于4月10日飞抵里约热内卢。

1926年2月10日，佛朗哥驾驶多尔尼耶水上飞机，飞越南大西洋，抵达布宜诺斯艾利斯。

佛朗哥等人驾驶的多尔尼耶双发水上飞机在海面上漂泊一周后才被货轮救起。

葡萄牙人萨米安多飞越南大西洋，飞临里约热内卢上空。

在两位助手的协助下，皮内多将军驾驶萨瓦S-55水上飞机环大西洋飞行，整个航程历时4个多月，飞行4万多千米。萨瓦S-55是一架双船身水上飞机，配备两台500马力发动机。

39

"南热塞 - 科利号"飞机环球飞行

在一系列骄人的最远飞行纪录之后，法国飞行员又创出一项新成绩，这一次既不是由东向西飞越大西洋（尽管飞机被命名为"南热塞－科利号"），也不是由塞内加尔直飞巴西，而是环球飞行。

这架布勒盖 19 型飞机做了某些改装：为飞机轮子加了整流罩，机身配置部分气袋，若遇险在海面上降落时可增加飞机的浮力。由于飞越南大西洋航程较长，布勒盖公司为这架飞机装备了一台 600 马力伊斯帕诺发动机，飞机携带了 2350 升汽油和 180 升润滑油，此外还携带了两艘充气救生筏、一台无线电收发机及 250 千克商品，主要是赠送给南美各国的礼品。

1927 年 10 月 10 日，飞机从巴黎起飞，经过 26 小时 27 分钟的飞行，抵达塞内加尔圣路易港。第一阶段的飞行表明，飞行员科斯特和领航员勒布里克斯经验丰富，而且驾驶技术极为高超。10 月 14 日 6 时 35 分，飞机离开非洲大陆，经过 18 小时 5 分钟的飞行，抵达纳塔尔港，顺利完成首次不经停飞越南大西洋的航程。这一段航程为 3400 千米，时速接近 190 千米，飞越赤道时飞行高度为 3300 米。

科斯特（左）和勒布里克斯在巴拿马与林德伯格会面。

从 10 月 17 日开始，科斯特和勒布里克斯先后经停里约热内卢、布宜诺斯艾利斯、蒙得维的亚、亚松森、圣地亚哥（智利）、拉巴斯、利马，为走访南美这些国家，他们三次飞越了安第斯山脉。抵达巴拿马之后，他们和林德伯格碰了一面，随后又绕行加拉加斯，经危地马拉和墨西哥进入美国，并于 1928 年 2 月 11 日飞抵纽约。至此为止，飞机已经飞行了 3.6 万多千米。他们在纽约更换了发动机，3 月 3 日离开纽约前往底特律，在这一航段上，他们遭遇暴雪，

"南热塞－科利号"飞机在巴拿马运河热带雨林上空飞行。

在返回巴黎之前，东京的小学生向科斯特和勒布里克斯表达敬意。

不得不在宾夕法尼亚州的沙伦停了下来。3月7日，他们经芝加哥飞抵旧金山，随后飞机搭乘远洋货轮前往横滨。

4月8日7时23分，他们离开东京前往巴黎。在这段1.7万千米的航程上，飞机飞行时速为110千米，平均时速达160千米，这两个数据差别很小，说明飞行员完全靠毅力支撑着飞行。尤其是飞行员科斯特，在7天时间里，他仅睡了7个小时。除了人的毅力之外，飞机的性能也是无可挑剔的，这次环球飞行的成绩表明，飞机完全可以提供全方位的快速服务。

科斯特和勒布里克斯的环球飞行示意图，图中虚线为"南热塞－科利号"
飞机搭载远洋货轮跨越太平洋的航线。

40

飞越太平洋

  1927 年，三架飞机先后由旧金山飞往夏威夷岛，成功飞越了 3790 千米，抵达目的地。但也有四个机组遭遇失败。由夏威夷继续往前飞，飞至澳大利亚，这一大胆的设想最终由四位勇士实现，其中两位是澳大利亚飞行员，另外两位是美国公民。

  1928 年 5 月 31 日，四位飞行员驾驶一架福克三发飞机由旧金山奥克兰机场起飞，在经过 27 小时 27 分钟的飞行之后，降落在火奴鲁鲁。他们驾驶的这架飞机是用两架破损的福克飞机部件改装的，但三台 230 马力莱特发动机是全新的，还配备了特制的无线电设备。他们将飞机命名为"南十字星号"。

  接下来，他们准备先飞往考艾岛，那里的跑道更适合重载飞机起飞，然后在飞行途中经停斐济群岛的苏瓦岛，这段航程为 5020 千米。6 月 2 日至 4 日，经过 34 小时的飞行，他们飞抵苏瓦岛，在飞越赤道时遭遇暴雨，为冲出暴雨云层，"南十字星号"只好暂时放弃早先拟定的航线。6 月 8 日，他们离开斐济，经过 21 小时的飞行，顺利抵达布里斯班。三个月过后，两位澳大利亚飞行员又从悉尼飞往惠灵顿，首次在澳大利亚与新西兰之间建立起空中联系，这段航程 2300 千米，用时 14 小时。但在飞回悉尼的途中，"南十字星号"遭遇浓雾，最终安全降落在悉尼时，飞机油箱仅剩下 14 升汽油，好险啊！

  1929 年 3 月 30 日，"南十字星号"尝试由悉尼飞往伦敦，但以失败告终。6 月 25 日，飞机从悉尼起飞，于 7 月 10 日飞抵伦敦。一年过后，1930 年 6 月 24 日，"南十字星号"由爱尔兰飞至纽芬兰，6 月 26 日飞抵纽约。7 月 4 日，金斯福德·史密斯驾驶飞机抵达旧金山，由此完成了"南十字星号"的环球之旅。

"南十字星号"机组人员，从左至右：报务员沃纳，副驾驶乌尔姆上尉，正驾驶金斯福德·史密斯，领航员莱昂斯中尉。

1928年6月1日，"南十字星号"飞机抵达火奴鲁鲁机场。

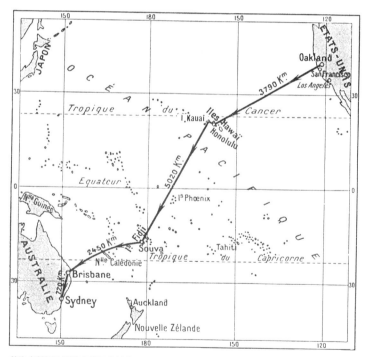

首次由美国飞至澳大利亚的航线示意图，中途经停夏威夷和斐济。

"南十字星号"迫降在澳大利亚北部海岸，为找到迫降的飞机，搜寻人员甚至付出了生命的代价。

1930年6月26日，"南十字星号"从纽约摩天大楼群中飞过。

41

旋翼机的突破

1928 年 9 月 18 日是航空史上值得铭记的日子，一种有别于飞机的新型航空器在那一天飞越英吉利海峡，从伦敦飞至巴黎。这就是德拉切尔瓦发明的 C8-II 型旋翼机，驾驶它飞越英吉利海峡的正是发明家本人，亨利·布歇随机前往。

飞机从英国一侧的林普尼港飞至法国的加来，飞行高度 1200 米，与在伦敦至巴黎航线上执飞定期班次的"哥利亚"飞机在同一航线上航行，让乘客能亲眼目睹旋翼机稳定的飞行状态。无论碰到什么样的涡流，旋翼机都飞得十分稳健，好似悬在空中纹丝不动，螺旋桨以每秒两转的速度旋转，让人感觉格外放心。宽 40 多千米的海峡，旋翼机仅用 18 分钟就飞越过去了，随后降落在加来的圣安格勒夫特机场。在飞抵勒布尔热机场之前，旋翼机还在阿布维尔短暂停留，我们用示意图再现旋翼机在法国境内三次降落的过程，表明旋翼机采用了一种全新的飞行模式。旋翼机可以在与地面呈 15 度至 80 度的仰角范围内降落，在地面上的滑行距离分别为在阿布维尔机场 2 米，在勒布尔热机场 2~3 米；在接近地面时，旋翼机便像普通飞机那样滑翔，只是一米一米地往下降，以免给起落架造成不必要的损坏。

旋翼机首次飞越英吉利海峡：德拉切尔瓦驾驶着旋翼机降落在勒布尔热机场。

发明旋翼机的胡安·德拉切尔瓦。

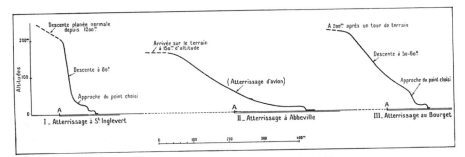

旋翼机首次由伦敦飞至巴黎时在法国境内三个机场降落的角度及滑行距离示意图。

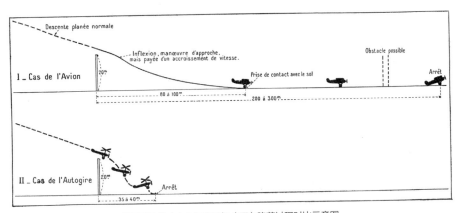

在飞越同一等高的界桩后，普通型飞机（上）与旋翼机（下）降落过程对比示意图。

皮特凯恩旋翼机首次在纽约上空飞行，这款旋翼机是购买德拉切尔瓦特许权制造的。

42

降落伞

　　在飞机出现事故，如失去动力、控制失灵、发生火灾时，降落伞是飞乘人员生命安全的保障。令人感到震惊的是，第一次世界大战期间，这一工具并未得到推广使用。从1924年起，美国空军和海军要求每个飞行员都必须配备降落伞，从事航空邮政服务的飞行员也要求配备降落伞。随后美国经常为年轻飞行员组织跳伞训练，事实证明降落伞确实能在关键时刻拯救飞行员的性命。1922年，两名飞行员凭借降落伞从事故中逃生；1924年，有9位飞行员因降落伞而幸免于难；1925年，又有12名飞行员得益于降落伞。美国飞行员林德伯格两次凭借降落伞死里逃生，一次是飞机相撞后，他从1700米高空跳伞，成功获救；另一次是因飞机控制失灵，从100米空中跳伞，安然落地。面对这样的成绩，英国航空部向美国订购了2000顶降落伞。正是仰仗这些降落伞，在短短一个月内，4名英国飞行员从事故中获救。在法国，截至1926年8月，共有8名飞行员靠降落伞逃生。

美国飞行员在圣迭戈上空进行跳伞训练。

43

格拉夫 - 齐柏林飞艇的环球飞行

从 1926 年起，德国获得制造大型飞艇的许可，但政府没有明确表示支持，制造商用了一年时间去募集资金，才得以制造出 LZ-127 型硬式飞艇。飞艇配备 5 个动力吊舱，每个吊舱装备一台 530 马力迈巴赫发动机，以煤气作为燃料，飞艇可携带 8 吨燃料。飞艇主舱设在控制舱后面，内设 10 个单间，单间内设两张床，另设一个电报收发间和一间厨房。

1928 年 10 月 11 日，飞艇起航进行飞越大西洋试航，埃克纳博士指挥这次试航活动。飞艇上共有 37 位军官，18 名机组人员，18 位乘客。飞艇经亚速尔群岛飞抵莱克赫斯特，用时 111 小时，返程走北部航线，用时 75 小时。

1929 年 8 月 8 日至 29 日，飞艇分 4 个阶段成功完成了环球飞行，总行程约 3.3 万千米，用时 21 天 7 小时 34 分钟。

埃克纳博士在指挥舱里。

格拉夫 - 齐柏林飞艇的系留装置。仅需 4 个人就能把飞艇与系留支架连接起来。

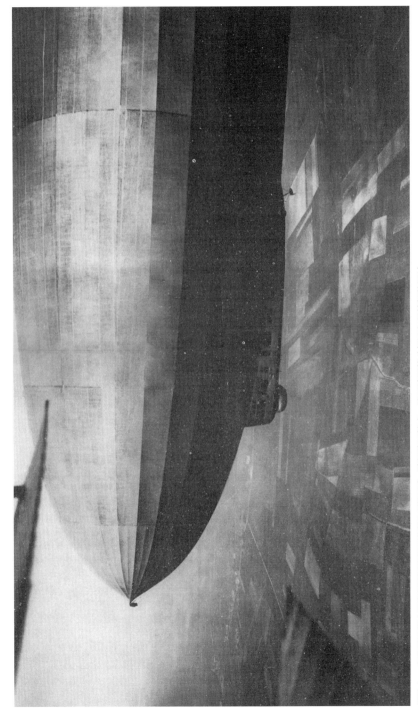

格拉夫－齐柏林飞艇由阿尔及利亚和西班牙返回德国时，途经法国境内。这是法国战斗机飞行员拍摄的照片。

环球飞行时，1929 年 8 月 17 日，格拉夫－齐柏林飞艇从西伯利亚森林上空飞过时留下的影子。

1930 年 5 月 25 日，格拉夫－齐柏林飞艇飞抵里约热内卢湾上空。

44

飞越北大西洋

　　1927 年是飞越大西洋年，人们领略过成功的喜悦，也体验到失败的痛苦，还感受到付出生命代价的遗憾，但报界依然不放过任何要飞越北大西洋的尝试，甚至对仓促的冒险行动起到了推波助澜的作用。

　　1928 年共有 12 个机组尝试飞越北大西洋，其中 10 个机组遭遇失败。1929 年，在 9 次飞越北大西洋的尝试当中，有 7 次遭遇失败。两次成功飞越大西洋的机组都是从缅因州老兰花海滩起航，最后降落在西班牙北部沿海沙滩上。

伊茨库夫斯基和库巴拉驾驶 SECM-123 型飞机在飞行 31 小时后，迫降在海面上。

1928 年 6 月 19 日，斯图尔兹、戈登及埃尔哈特驾驶福克三发水上飞机，从纽芬兰起飞，经过 20 小时 50 分钟的飞行，降落在南安普敦港口。

1929 年 6 月 15 日，勒菲弗和洛蒂驾驶"金丝雀号"飞机飞越大西洋，降落在西班牙卡米拉海滩上。

45

航空登山运动

在由巴黎飞往威尼斯的途中，托雷中尉驾驶一架小型飞机飞越勃朗峰，返航时又穿越意大利一侧的贡多关隘，峡谷内下降气流和旋风对飞行造成了很大的影响。正是这次奇特经历让他有机会结识迪纳先生，从此以后，他受雇于迪纳先生，由日内瓦驾机向瓦洛观察站运送物资。这个观察站建在海拔4360米的高山上，在9天时间里，托雷克服重重困难向观察站运送了1吨多重的物资和器材。

从那时起，托雷中尉就决定开创"勃朗峰飞行"之旅。凭借自己的顽强精神，他在帕西地区找到一块合适的地方作为飞行基地，又鼓动当地组织起航空俱乐部，再让铁路部门也来关注航空登山运动，并和联合航空公司签署了一份合作协议，当时联合航空有定期航班往来于里昂和日内瓦。从1928年年初起，作为一个旅游项目，勃朗峰航空登山运动开始试运营，结果表明这一项目在技术上是可行的，而且公众也很感兴趣。6月25日至10月1日，共有550名登山爱好者搭乘托雷的飞机登上勃朗峰。他驾驶一架250马力的飞机，搭载5名乘客，在45分钟之内就能飞到勃朗峰山顶。飞行的安全措施给人留下深刻印象，托雷可以从海拔4807米的山顶处向下滑翔至飞行基地，这表明即使下降途中发动机出现故障，飞机仍然可以安全降落。

1923年1月，联合航空公司的飞机搭载乘客返回日内瓦，照片是从托雷驾驶的飞机上拍摄的。

1929年夏天，托雷驾驶波泰32型飞机，搭载5名乘客，在格雷蓬山峰上空盘旋。

46

空中特技飞行

在第一次世界大战爆发前两年，珀古是最先开创空中特技飞行的飞行员，有人将此称为"空中飞行杂技"。其实珀古的初衷是通过特技飞行来证明飞机的可靠性及安全性，他的成功实践也证明，只要飞行员保持冷静，飞到一定的高度时，不管飞机处于什么样的姿态，就都可以恢复到平行直飞的状态。

第一次世界大战期间，特技飞行有了很大进步，尤其是战斗机在空中搏斗时，往往靠特技飞行摆脱敌人的追击。当然，假如飞机只是用作运输工具，则不必考虑使其具备特技飞行的能力，况且公众也不会以特技飞行能力去衡量一架运输机。但在战争期间，为培养战斗机飞行员，许多航校都设立了特技飞行培训科目，还有人专门研究飞机失速现象，并试图找到摆脱飞机螺旋状下坠的方法。

当然，随着编队飞行的出现，特技飞行变得更加艰难了。率先推出编队飞行的是美国空军，让3至5架飞机编成各种队形在空中做特技飞行。而英国人又把编队飞行推向极致，在令人眼花缭乱的队形变化中，有些飞行员要头朝下倒飞很长的距离。

一架立陶宛飞机在尼曼河上空表演特技飞行。

多莱驾驶德瓦蒂纳飞机表演特技飞行。

菲斯勒驾驶拉博－卡赞斯坦双翼
飞机倒飞转弯。

飞机开始旋转时，飞机自带照相机开始拍摄，画面看起
来好像要把机场附近的楼房拔起来似的。

飞机螺旋垂直下降时，飞机自带照相机拍摄的画面（上）。旋转速度加快后，画面变得模糊不清（下）。

47

航空节

在法国外省组织的飞行演示会始终把特技飞行当作保留节目，以吸引更多的观众。航空业在国民生活当中发挥出越来越重要的作用，尤其在保卫国家安全方面做出突出贡献，因此许多地方都开始组织"航空日"活动，这一活动逐渐演变成盛大的节日。

战争刚一结束，英国人就在亨顿组织了飞行演示会，英国皇家空军参加了演示会活动。举办这样的活动有两个目的：向公众展示皇家空军的力量；借此机会展开募捐活动。12 年当中，这项每年举办一届的活动共募集到 1200 万法郎。亨顿飞行节洋溢着浓厚的社交活动气氛，英国报界甚至将这一活动称为"飞机赛马会"。

截止到 1932 年，法国最重要的航空节是万塞纳国民航空日，前来参观的民众一年比一年多。在政府的扶持下，许多航空制造公司不断推出新的机型，空军也派出很强的飞行小队参加飞行表演，这个航空演示会成为最受民众欢迎的集会活动。

亨顿机场里浓郁的节日气氛，参加 1928 年皇家空军飞行表演的飞机停在机场上。

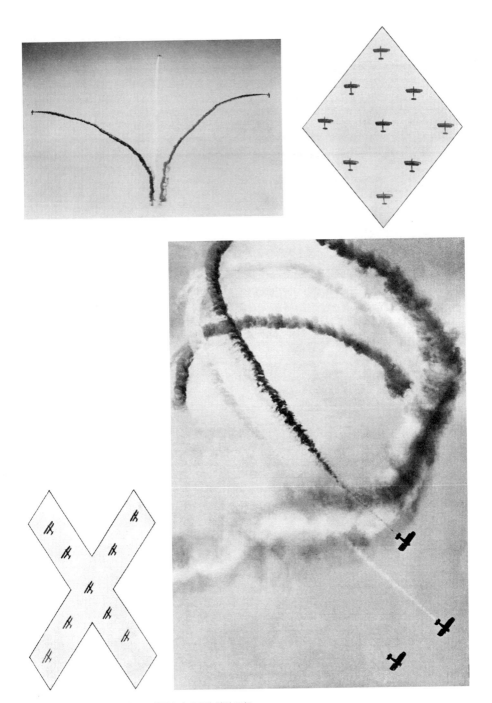

1931年在亨顿飞行演示会上，英国皇家空军在编队飞行。

1929 年，准备参加"航空日"飞行表演活动的飞机停在勒布尔热机场上。

美国柯蒂斯"箭鹰"歼击机停在冰面上，准备参加 1928 年的冬季演习。

美国空军飞行小队驾驶波音单座飞机在加利福尼亚上空编队飞行。

英国布里斯托斗牛犬单座歼击机。

48
陆军航空兵

第一次世界大战期间，空军对陆军的支持是显而易见的，空中侦察是最直接、最有效的支持行动，而轰炸机则直接参与对敌人的攻击行动，歼击机则负责保护轰炸机实施远途奔袭行动。对于法国来说，保持一支强大的空军部队是十分必要的，尽管这需要很大的国防投入。各军事强国，如意大利、德国、日本等都意识到空军的作用，并加大了对空军的投入，这在邻国看来无异于一种潜在的威胁。面对日本空军咄咄逼人的发展势头，美国人却一直没有增加对空军的投入，仍然使用过时的飞机。

49
海军航空兵

在战争期间，海军航空兵多次参加护航行动，但其战术威慑作用还是有很大的局限性。在针对潜艇所采取的行动中，海军航空兵往往是防守的一方，行动半径不大，仅能对沿海一带的船舶提供保护，很难深入到远洋海域执行作战任务；舰载飞机执行作战任务的技术还不成熟，而且也没有成功的先例。因此在第一次世界大战期间，海军航空兵仅是一种沿海护卫力量。

鉴于空军能对船舶提供有效的保护，怎样把飞机和船舶有机地结合起来，以弥补飞机作战半径小的短板，许多舰船制造强国都在考虑这个问题。美国人一直在有步骤地设法将舰船与飞机结合在一起，最难解决的问题就是飞机弹射技术，他们利用巡洋舰进行了飞机降落试验。

1923 年年初，美国海军司令莫菲特指出："只有在与海军战舰，尤其是与航空母舰协同作战时，空军才能把自己的优势发挥出来。"从那时起，美国不仅仅

在 1926 年海上演习中，一架水上飞机从"田纳西州号"甲板上弹射出去。

沃特飞机要与"洛杉矶号"飞艇衔接在一起。

1931 年 8 月，一架小型双座飞机从英国 M2 潜艇上弹射起飞。

关注舰载飞机，而且把更多的注意力放在了航空母舰上。

航空母舰的问题并不是一个新问题。早在第一次世界大战爆发前，法国和英国就各装备了一艘航空母舰，为增加海军力量，英国将一艘邮轮改装成航空母舰，并将其派往前线与德军展开日德兰海战。1917年，英国决定将1.9万吨的"暴怒号"及1.6万吨的"阿格斯号"改装成航空母舰。到1925年，英国海军已拥有7艘航空母舰，总吨位达9.2万吨，可装载120架飞机及水上飞机。与此同时，法国刚刚把"贝阿恩号"航空母舰交付给海军；美国海军则把"兰利号"运煤船改装成航空母舰，作为训练舰只使用，同时把两艘3.5万吨的巡洋舰改装成航空母舰。即便如此，航空母舰依然无法装载像轰炸机那样的大型飞机。

美国对废弃的货轮进行空中投弹轰炸试验。

水上飞机上装备的武器。

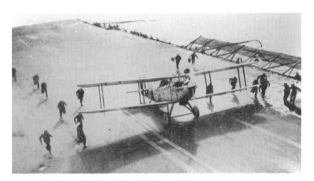

一架双座飞机在"狂潮号"巡洋舰甲板上降落。

1929 年，美国举行大规模海上演习，装载飞机的"萨拉托加号"航空母舰在巴拿马水域航行。

$$50$$

飞机在南极洲

　　人类以航空方式征服南极的历史不长，却极为惊心动魄。首次飞往南极的探险家仍然是曾经在北极探过险的高手，但这一次他们没有选用其他飞行器，而只选用了飞机。这三位探险家就是艾尔森、威尔金斯和伯德。

　　艾尔森和威尔金斯率先为征服南极活动做准备，在赫斯特先生的资助下，他们订购了两架洛克希德－维加飞机。飞机驾驶舱做了保温处理，起降轮子也换成雪橇板或浮筒，所有的科考设备都用船运送到欺骗岛。

　　1928 年 12 月 19 日，艾尔森和威尔金斯从欺骗岛起飞，对周围 800 千米范围内进行空中侦察。由于找不到合适的地点作为探索南极点的基地，他们决定返回美国再做打算，但他们还是带回了许多有科学价值的照片。

　　与此同时，伯德也在组织对南极的科考活动。1928 年圣诞节那天，他们抵达大堡地，5 天后，他们将科考基地设在阿蒙森早年探险南极时建立的大本营处，并在那里驻扎了一年时间。伯德为这次科考活动准备了大量的器材和装备，其中包

格雷厄姆地北部冰川（威尔金斯科考队摄于 1928 年 12 月 19 日）。

1929 年 11 月 28 日，伯德驾驶飞机朝南极点飞行途中，飞越毛德皇后地海拔 4500 米的高地与冰川。

括一架 110 马力的 GAC 小型飞机，一架费尔柴尔德飞机和一架福克飞机，两架飞机均为 425 马力，还有一架 1000 马力福特三发飞机，这架飞机可用来做远程飞行，执行飞往极点的任务。整个科考队由 80 人组成，其中有 4 位飞行员，伯德让自己的老搭档巴尔肯担任飞行组长。1、2 月正值南极夏季，科考队抓紧时间对周边地区进行考察，从空中拍摄照片和影片，地理测绘，研究南极的地貌特征。3 月 16 日，福克飞机在距离基地 200 千米处被暴风雪摧毁，好在救援人员及时赶到，没有造成人员伤亡。在漫长的冬季，气温降至零下 67 摄氏度，科考队员在基地冲洗照片，剪接影片，绘制地图。10 月天气转暖后，科考队又开始了飞行活动。伯德和巴尔肯等人驾驶福特飞机，携带大量的食物及必需品，向极点飞去。在极点上空，机组人员拍摄影片和照片，报务员凭借无线电始终与基地保持联系，在飞行 2500 千米之后，安全返回基地。

就在伯德飞抵极点上空那段时间里，另一位伟大的飞行员艾尔森却献出自己的生命。1930 年 1 月，他的飞机残骸及遗体被一支苏联科考队发现。

用飞机执行科考任务意义非凡，与飞行考察相配套的设备亦相继研制成功，并在飞机上投入使用，如摄像机、摄影机、地理观察仪、气象分析设备等。

艾尔森失事飞机的残骸，这是苏联救援组拍摄的照片（1930 年 1 月）。

一艘货轮被困在封冻的波罗的海上，瑞典和德国飞机前往施救。

51

荷属东印度航线

　　1924 年，范登霍普驾驶一架福克单发飞机，用了 45 天时间才从阿姆斯特丹飞至巴达维亚（今雅加达）。美国商人范里尔·布莱克认为航空业很有发展前途，值得大力推广，但要采用功率更大、性能更好的飞机。1927 年春，他把自己的福克 F-VII/3m 型飞机租给了荷兰皇家航空公司，这是一款装备三台 400 马力朱庇特发动机的飞机。飞机可以搭载 5 人。阿姆斯特丹至巴达维亚的往返航程约为 3 万千米，需要飞行 27 天。荷兰皇家航空公司利用这条航线运送邮件和信函，一次往返飞行能给公司带来 2.2 万荷兰盾（约合 22.5 万法郎）的收益。

1927 年 10 月 28 日，科本和弗瑞恩斯驾驶一架三发飞机飞抵阿姆斯特丹。

1927年11月，在开辟由马赛飞至贝鲁特的航线时，施莱克将水上飞机泊在那不勒斯老港口。

1928年9月23日，荷兰皇家航空公司最早由阿姆斯特丹飞至巴达维亚的邮政飞机，单程需要飞行12天。这是飞机抵达巴达维亚的场景。

52

飞往南美洲

1918 年 9 月 7 日，皮埃尔·拉泰科埃尔先生向政府提交了一份航空发展计划，准备开辟由法国经摩洛哥和西非飞往南美的航线。为实现这一计划，法国用了 10 年的准备时间。1925 年 6 月 1 日，法国开通了由卡萨布兰卡飞至达喀尔的航线，尽管这一航段困难重重，险象环生，但它已成为整个法属殖民地的一条重要航线，接下来就要把这条航线向海洋深处延伸。

为开辟由塞内加尔圣路易港飞至佛得角的普拉亚港的航线，法国航空邮政准备采用水上飞机完成这段 800 千米的航程，但多次试飞均遭遇失败，于是便决定采用快速通信舰由圣路易航行至巴西的纳塔尔，再由邮政飞机将信件送至布宜诺斯艾利斯。中间这段海上航运就需要 5 天时间，随后法国对这条航线做了改善，由图卢兹至圣路易及由纳塔尔至布宜诺斯艾利斯的航段采用直飞，平均飞行时速也提高到 110 千米。

为确保这条航线能更好地运行，航空邮政公司分别在多处地方设立了机库、地面通信站及其他必备的设施，但由于航线所经过的地区治安不好，地面设施经

航空邮政公司的一架拉泰科埃尔 28 型飞机从里约热内卢上空飞过。

1929年年初，在美国战斗机护航下，林德伯格上校驾驶西科斯基水陆两栖飞机飞越巴拿马运河上空，开辟出北美飞往南美的航线。

常遭到破坏或盗窃，有些飞行员甚至被当地部落抓去做了人质。面对这些困难和危险处境，公司不得不做出决定性的改变：由于找不到合适的大型水上飞机，那就改用快速飞机进行越洋飞行，并对拉泰科埃尔28型飞机作了部分改装，为其装备性能良好的浮筒。首次试飞取得圆满成功，5月12日，飞机携带150千克信件从图卢兹起飞，经停圣路易加油并稍事休息，然后直接飞往纳塔尔。由圣路易到纳塔尔的这段航程为3173千米，打破了水上飞机最远飞行纪录。这条航线意义重大，大大缩短了法国与南美大城市如布宜诺斯艾利斯和智利圣地亚哥之间的通信联络时间。

两年后，林德伯格上校仍然驾驶西科斯基水陆两栖飞机往来于这条航线上，但飞机载客量已从5名增加到40名。

53

飞越南大西洋创下的飞行记录

　　1928 年年初，意大利工程师马切蒂借鉴萨瓦大型水上飞机的设计，推出一款全新的水上飞机，即萨瓦－马切蒂 S-64 型飞机。飞机机翼很厚，翼展为 21.5 米，机翼面积为 60 平方米，机翼内的空间用来做油箱，总共设置了 30 个油箱。机身缩小，做成一个椭圆形全封闭机舱，置于机翼前部，飞机尾翼通过型材与机翼相连，发动机设在支架上，置于机翼上端，以更好地发挥推进式螺旋桨的功效。5 月 31 日至 6 月 2 日，德尔普雷特和费拉林驾驶 S-64 飞机飞行了 7666 千米，滞空时间达 58 小时 34 分钟。在这惊人的试飞成绩的鼓舞下，两位飞行员于 7 月 3 日从蒙特切利奥起飞，在飞行 48 小时 14 分钟后，降落在巴西托鲁斯，将最远飞行纪录提高到了 7188 千米。

　　1929 年，西班牙人也向这一纪录发起了冲击。3 月 24 日至 26 日，希梅内斯和伊格莱西亚驾驶布勒盖飞机从塞维利亚起飞，安全飞抵巴伊亚（6540 千米）。但在飞行途中遭遇狂风暴雨，从纳塔尔飞往巴伊亚仅有 640 千米，却飞了整整 8 个小时，否则他们完全有可能打破意大利人创下的纪录。

航空邮政公司的拉泰科埃尔 28 型飞机首次飞越南大西洋，降落在纳塔尔（1930 年 5 月 13 日）。

1929年3月24日，希梅内斯和伊格莱西亚驾驶布勒盖飞机从塞维利亚起飞，朝南美大陆飞去。

1929年12月15日至17日，夏勒和拉尔博热驾驶布勒盖飞机在飞越大西洋过后，迫降在巴西的丛林地带。

54

跨大西洋飞行中队

凭借性能优越的水上飞机，意大利人创下飞越南大西洋的惊人壮举，把最远飞行纪录掌握在了自己手里。在巴尔博将军的统率下，海军航空兵发起第三次远征飞行，飞越地中海及黑海已经满足不了意大利人的胃口，他们要编队飞往里约热内卢。

共有 14 架萨瓦－马切蒂双发飞机、两架提供后勤修理服务的水上飞机及 56 名飞行员和机械师参加了这次远征行动。1931 年 1 月 5 日深夜，飞机从意大利起飞，但由于每架飞机需携带 4 吨重的汽油，起飞碰到很大麻烦，不但损失两架飞机，还造成 5 人丧生。

12 架飞机沿同一航线向西飞行。飞越大西洋的过程极为艰难，途中多次遭遇暴雨。尽管如此，在经过 18 小时的飞行之后，有 10 架飞机飞抵纳塔尔，另外两架飞机中途因螺旋桨故障泊在海面上。借助无线电设备，救援船很快赶去施救，其中一架飞机在修复好之后，也安全飞抵纳塔尔。随后，11 架飞机又编队飞往里约热内卢。

两架萨瓦－马切蒂水上飞机在远征飞行途中。

1931 年 1 月 6 日，10 架飞越大西洋的水上飞机泊在纳塔尔附近的港口。

55

跨大西洋速递服务

飞机的飞行速度要比邮轮的快许多倍，邮轮离开港口 10 个小时后飞机起飞，8~10 个小时之后，在远洋 1000~1200 千米处就可以追上邮轮。如果在距离目的地 1000 千米的海域，飞机从邮轮上起飞，可以比邮轮提前十几个小时抵达。通过海军的舰载试验，许多措施都已变得极为成熟，其中包括起飞平台、弹射装置、降落甲板等。现有邮轮的结构完全可以实现舰载航行。1927 年 8 月 1 日，飞行员张伯伦在距离海岸 100 千米处从开往欧洲的邮轮上起飞，安全返回纽约。

1928 年，法国大西洋越洋船务总公司及其航空分公司也进行了相应的试验：在"法兰西岛号"邮轮上安装一套弹射系统，在距离纽约 750 千米的海面上，一架水陆两栖飞机从邮轮上弹射起飞，经过 4 小时 15 分钟的飞行，安全抵达纽约，当晚即可把飞机携带的信函发出去，比传统方法提前了 24 小时。邮轮返程时，依靠沿途岛屿作为支撑，飞机提早放飞，比邮轮提前 40 小时抵达巴黎。不过，法国最后还是放弃了这种海空结合的运输方式。

飞行员张伯伦驾驶小型飞机在邮轮平台上准备起飞。

飞机从邮轮上起飞后朝纽约飞去（1927年8月1日）。

水上飞机从"法兰西岛号"邮轮弹射器上起飞。

一架水上飞机在邮轮附近降落后，被拖到邮轮甲板上。

德国"不来梅号"邮轮上装备的可转向弹射器，水上飞机正准备弹射起飞。

56

从巴黎飞至纽约

　　1929 年 9 月 27 日至 29 日，在机械师兼领航员贝隆特的协助下，迪厄多内·科斯特成功地由巴黎飞往中国齐齐哈尔，将不间断最远飞行纪录提升到 7905 千米，比前世界纪录多飞了 700 多千米。创下这一惊人纪录的正是老牌布勒盖飞机，自 1924 年以来，布勒盖飞机打破了一个又一个飞行纪录。当年创下巴黎飞至贾斯克飞行纪录的布勒盖飞机起飞重量为 4160 千克，携带 3100 升汽油，飞机装备一台 550 马力伊斯帕诺发动机，而由巴黎飞往齐齐哈尔的布勒盖飞机起飞重量为 6150 千克，携带 5180 升燃料，飞机装备的是同一品牌发动机，功率仅增加了 75~100 马力，却足以让飞机起飞时多拉动两吨重量。布勒盖飞机所做的两项改进厥功至伟：翼面积由 53 平方米扩大到 60 平方米，双翼间距增大了 40 厘米。

　　在创下巴黎至齐齐哈尔的飞行纪录之后，科斯特用了四天半时间由北京返回巴黎。回到巴黎之后，他马上着手准备由巴黎飞往纽约。他让布勒盖公司在机翼下方加装两个副油箱，可多加 400 升汽油，副油箱的燃料用完之后，还可当作浮筒使用，假如飞机中途不得不在海面上迫降，在无风的气候条件下，这架飞机完全可以飞行 9000 千米。其实在科斯特成功的背后，法国国家气象局起到很重要的作用。1930 年 8 月 31 日，气象专家预测天气良好，于是科斯特和贝隆特决定启程。

　　勒布尔热机场设施确实很糟糕，对于起飞重量达 6 吨的飞机，连一条像样的跑道都没有。起飞过程还算顺利，科斯特仅用 46 秒就把飞机拉升起来。在权衡利弊之后，科斯特放弃了副油箱方案，依然装载 5180 升汽油，只是发动机功率

莫里斯·贝隆特和迪厄多内·科斯特，首次由巴黎直飞纽约的空中英雄。

提升到 710 马力。在飞行 37 小时 18 分钟之后，飞机于纽约时间 9 月 2 日 19 时 12 分出现在纽约长滩上空，并安全降落在柯蒂斯机场，此时飞机内尚有 450 升汽油。在林德伯格首次由纽约不间断飞往巴黎之后，法国人用了三年零三个月才完成对美国人的回访。许多法国人聚集在协和广场上，庆祝这一伟大的时刻，而美国人则在纽约为这两位飞行员举行了盛大的欢迎仪式。

1930 年 9 月 1 日，布勒盖－伊斯帕诺飞机从勒布尔热机场起飞，前往纽约。

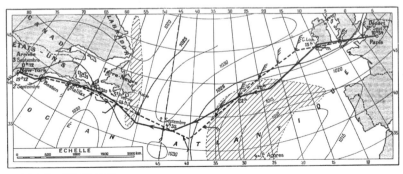

巴黎至纽约飞行航线示意图。

布勒盖－伊斯帕诺飞机的控制舱。

布勒盖－伊斯帕诺飞机飞抵纽约长滩柯蒂斯机场上空，准备降落。

9月2日深夜，民众聚集在巴黎协和广场，庆祝科斯特和贝隆特飞抵纽约这一历史性时刻。

9月3日，法国飞行员在纽约受到美国人的热烈欢迎。

$$57$$

飞越北大西洋的航线

1929 年，德国民航学校主任冯·格鲁诺决定研究经冰岛和格陵兰岛飞越北大西洋的航线。1930 年 8 月 18 日至 26 日，格鲁诺及其三个伙伴驾驶一架瓦尔飞机从李斯特起飞，穿越格陵兰岛南部，飞抵纽约，全程 6830 千米，用时 45 小时。其实这是一架老款飞机，只不过装备了两台 500~600 马力的宝马发动机。1931 年，他们驾驶一架新款瓦尔飞机，同样装备宝马发动机，由德国飞往芝加哥。但这一次旅程却用了三个星期，恶劣的气候条件迫使格鲁诺在飞离冰岛之后，继续往北飞，再穿越格陵兰岛。在这段 2000 千米的航程中，要一直保持 3000 米的飞行高度，先进的无线电台及无线电测向仪是确保航行安全的重要手段。

1932 年 7 月 22 日至 30 日，格鲁诺机组又沿着这条航线开始了第三次越洋飞行。受这条航线的启发，林德伯格携夫人驾驶水上飞机从华盛顿经阿拉斯加飞往东京。

1930 年 8 月 26 日，冯·格鲁诺驾驶多尔尼耶水上飞机飞抵纽约。

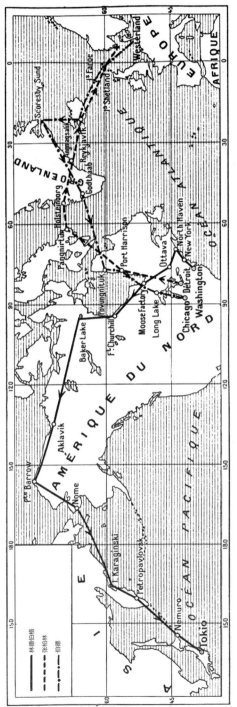

地球北部航线示意图：1931 年林德伯格、冯・格鲁诺和克拉梅尔飞行的航线。

58

施耐德杯赛和飞行速度

1923 年，美国飞行员赢得施耐德杯赛，将施耐德杯带回美国。1925 年，英国人和意大利人派出飞机要和柯蒂斯飞机一争高低。那时候，柯蒂斯水上飞机装备一台 600 马力发动机，以平均时速 374 千米的成绩轻松夺得冠军，超过意大利马基 M-33 型飞机 157 千米，尽管这款飞机也装备着柯蒂斯发动机。

这场失败让意大利人知耻后勇，在短短一年时间内，意大利人对水上飞机重新做了设计，推出马基 M-39 型飞机，换装了一台菲亚特 800 马力发动机。在次年举办的杯赛上，这款飞机最终以时速 396 千米的成绩战胜柯蒂斯飞机（372 千米）。同年 11 月 17 日，意大利飞行员驾驶这款飞机创下时速 416 千米的新纪录。

意大利人把施耐德杯带回欧洲，并把次年杯赛地点安排在威尼斯。英国派出 6 架水上飞机参加竞赛，其中有 4 架超级海军 S-5 型单翼飞机，意大利则派出 3 架马基 S-52 型飞机迎接挑战。最终英国人在 350 千米计时赛中以时速 453 千米的成绩获得冠军，亚军也被英国人夺走，成绩是 439 千米。

由于杯赛准备时间长，投入资金大，国际航空联合会决定将这项赛事改为每两年举办一次。法国航空部长决定法国将从 1929 年起参加施耐德杯赛。

在 1926 年施耐德杯赛上，意大利马基 M-39 型水上飞机获得冠军，将施耐德杯带回欧洲。

在 1927 年威尼斯施耐德杯赛上，英国水上飞机荣获冠军。

1929 年，施耐德杯飞行速度比赛在索伦特海峡举行。左为英国超级海军 S-5 型飞机；中为意大利马基飞机；右为英国超级海军 S-6 型飞机，这架飞机在 100 千米计时赛中以时速 535 千米的成绩获得冠军，并打破了赛会纪录。

当时飞行速度最快的水上飞机之一：超级海军 S-5 型，装备一台纳皮尔 1000 马力发动机。

1929 年 9 月 7 日，三架意大利水上飞机用特殊驳船运抵比赛地。

在 1931 年施耐德杯赛上荣获冠军的水上飞机：超级海军 S—6B 型，装备当时功率最大的发动机——2300—2800 马力罗尔斯·罗伊斯发动机。图中左边人物：决赛冠军获得者布斯曼中尉；右边人物：最快飞行纪录创造者斯坦福思中尉。

59

快速飞行服务

　　在美国，虽然政府自 1926 年起不再关注施耐德杯赛，但技术人员及飞机制造商却一直致力于提高飞机的飞行速度。令人感到奇怪的是，当时在各条航线上运营的飞机时速仅为 150 千米，而竞赛飞行时速已从 450 千米提升到 650 千米，竞赛纪录与实际运营速度之间的差距实在是太大了。

　　正是在这样的背景下，欧洲人开始议论飞行员霍克斯在北美创下的佳绩：他在北美航线上飞行时能以 300—350 千米的时速飞行。即使欧洲人不怀疑这一成就，起码也对创下这番佳绩的技术参数抱有疑问；因为在 1931 年，霍克斯曾在欧洲各大城市之间飞行过，这些城市包括巴黎、伦敦、柏林和罗马——显然他所选择的高速飞行航线对创下佳绩有帮助，尤其是这些航线很少遭受顶风等气象条件的影响。

　　然而，在美国部分固定航线上，航空公司已能提供快速运输服务，这要归功于洛克希德研制的飞机。洛克希德的猎户座型飞机起飞后将起落架收回到机身里，在 800~1000 千米的航线上，这款飞机以 300 千米的运营时速飞行。当然，高速度也意味着高风险，因此在 1931 年，在各条航线上全面实施快速运营服务还为时尚早。

霍克斯驾驶"空旅号"飞机在美国和欧洲的诸多航线上，多次飞出 350 千米的佳绩。

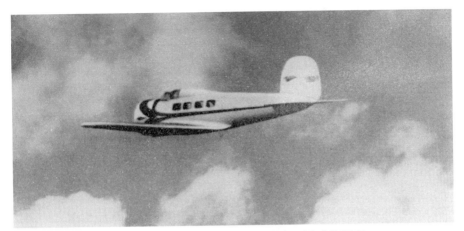

洛克希德猎户座飞机，装备一台550马力空冷发动机，以每小时300千米运营速度飞行。

60

1930 年的英国巨型飞艇

英国政府一直没有放弃研制大型飞艇的计划。虽然多名研制飞艇的专家在 R–38 型飞艇事故中丧生，但英国还是制造出 R–100 和 R–101 两艘巨型飞艇，所采用的技术也是全新的，尤其是框架结构采纳了全新的设计，完全不同于齐柏林飞艇的结构。

1930 年 7 月 29 日至 8 月 1 日，R–100 飞艇首次从欧洲飞往加拿大，停靠在蒙特利尔附近的圣休伯特，返程的气象条件要好很多，但也飞行了 57 小时。不过，R–101 飞艇的研制过程很不顺，发动机及框架结构过重，平衡性也较差，飞艇内的气囊总是出现小毛病，有人认为这样一艘飞艇不适合长途飞行。在经过短暂的试飞阶段后，R–101 飞艇于 1930 年 10 月 1 日从英国起飞，前往埃及和印度，但在飞至法国阿洛讷上空时，由于飞行高度过低，飞艇蹭到地面上，随即起火爆炸，50 人在大火中丧生。

英国 R-100 飞艇飞抵加拿大，从圣洛朗上空飞过。

R-101 飞艇用缆绳泊在空中，在投放液体压舱物之后升空。

R-101 飞艇在阿洛讷烧毁后的残骸。

61

D-33 的空难

德尔普雷特和费拉林创下的最远飞行纪录让大家开始关注萨瓦 S-64 飞机的模式。1930 年 5 月 30 日至 6 月 2 日，两位意大利飞行员驾驶 S-64 乙型飞机在绕圈飞行竞赛中飞出 8188 千米的新纪录。法国航空业很快就推出新机型，要与意大利飞机展开竞争。实际上，从 1929 年起，法国航空部就已经订购了三架特制的飞机，包括一架布莱里奥 110 型飞机，在绕圈试飞过程中，它飞出了 8805 千米的好成绩，滞空时间达 75 小时 23 分钟。另外两架特制飞机分别是贝尔纳 80 型和德瓦蒂纳 D-33型。贝尔纳 80 型单翼飞机机翼很厚，翼展为 24.5 米，在绕圈飞行中飞出 9145 千米的成绩；而德瓦蒂纳 D-33 型在绕圈飞行中创下 10500 千米的最远飞行纪录，比原纪录提高了约 2300 千米。

1931 年 7 月 11 日，飞行员多莱、勒布里克斯和机械师梅曼驾驶 D-33 飞机从勒布尔热机场起飞，但在飞离巴黎 6200 千米时，飞机出现故障，勒布里克斯和梅曼跳伞逃生，多莱驾驶飞机迫降在一片林中空地上，飞机遭到损毁，但飞行员安然无恙。

9 月 11 日，三人驾驶第二架 D-33 飞机再次起飞，在飞行 22 小时之后，准备飞越乌拉尔山脉。面对厚厚的云层，飞行越来越困难，飞机失去控制，多莱要两个伙伴做好跳伞准备。就在勒布里克斯与梅曼佩戴降落伞时，飞机坠毁，多莱跳伞获救，另两位飞行员丧生。

1931 年 7 月 13 日，第一架德瓦蒂纳 D-33 型飞机迫降在西伯利亚的森林里。

62

皮卡尔教授的升空试验

　　瑞士人皮卡尔教授在布鲁塞尔大学教物理课，为了对平流层进行科考研究，他准备升入高空实施探测工作，以观察那里的宇宙射线及电离范围。升空高度有必要突破 15000 米，大大超过此前飞行员所创下的最高升空纪录（美国飞行员阿波罗·苏切克驾机创下了 13157 米的纪录，另一个美国人格莱中尉驾气球创下了 8690 米的纪录）。

　　皮卡尔教授设计出一款很特殊的气球，体积虽大（14000 立方米），但重量极轻，他仅往气球里灌入 2000 至 3000 立方米氢气，给气体膨胀预留出了空间。全密封圆形吊舱是用杜拉铝制成的，直径为 2.1 米，可为宇航员提供足够的压力及氧气，尽管内部空间不大，却携带着许多科学测量仪器。1930 年，气球进行过两次试飞，发现一些小问题。1931 年 5 月 27 日，气球携带着皮卡尔教授及其助理基弗先生升入天空，升空过程非常快，仅仅过了 28 分钟，气球就升到 15000 米的高空，飞到云海之上。

　　气球一整天都在阿尔卑斯山上空缓缓地盘旋，当夜幕笼罩大地时，气球像一颗星星一样闪闪发光，在方圆 100 千米内都能看到，这真是太震撼了。随后，气

1931 年 5 月 27 日，皮卡尔教授及其助理基弗乘气球升入平流层。

搜寻气球的救援人员来到山上，发现气球就落在冰川上。

球开始下降，在降至 4500 米时，教授打开吊舱出口，几分钟后，他们安全地落在高山的冰川上，与后来赶来的向导会合。1932 年 8 月 18 日，在另一位助手的协助下，皮卡尔教授又进行了一次升空试验，这一次，气球升到了 16500 米。

63

格拉夫 - 齐柏林飞艇继续承担飞行任务

1928—1929 年，格拉夫 - 齐柏林飞艇共进行过 50 次远途飞行，其中有一次环绕地球飞行，六次越洋飞行，总飞行时间 1166 小时，飞行距离为 11.7 万千米。在 1930 年一年当中，这艘飞艇就飞行了 1155 小时，飞行距离达 11.5 万千米，共执行 109 次飞行任务，运送旅客 4407 人，运送物资 875 吨。1932 年，虽然飞艇

"马利金号"破冰船与格拉夫－齐柏林飞艇在北冰洋相遇。

飞艇从塞维利亚起飞前往南美，汉莎航空公司总经理收到从德国空运来的信函。

1931年，飞艇首次飞越南大西洋，停泊在巴西伯南布哥。

执行飞行任务次数有所减少，但飞行距离仍然超过前一年，达 11.8 万千米，运送 2056 名乘客及 681 吨物资。在 1932 年 3 月至 5 月的 52 天时间里，飞艇先后 8 次飞越南大西洋，在 639 小时内飞出 6.6 万千米。这段 8200 千米的不间断飞行最快用时 62 小时 30 分钟，最慢需要 87 小时。由于 20 世纪 30 年代全球遭遇经济大萧条，这条航线也不景气，航空公司也许是在亏本经营，但飞艇技术绝对是一流的。

64

8 天之内完成环球飞行

环球飞行纪录在 1931 年被打破。6 月 23 日 9 时，珀斯特和加蒂驾驶一架洛克希德 – 维加飞机从纽约起飞，飞越大西洋后，经柏林和莫斯科，飞越西伯利亚，沿着北太平洋继续向前飞，最后穿越加拿大和北美五大湖，于 7 月 1 日 20 时 47 分返回纽约，平均飞行时速为 250 千米。1924 年，人类首次环球飞行时，用了将近半年时间，从 175 天缩短至 8 天，单从这一成绩来看，航空业的进步可以说是突飞猛进。

65

横跨太平洋不间断飞行

同年 7 月，赫恩登和潘伯恩驾驶一架贝兰卡飞机飞越太平洋。他们原本沿着珀斯特和加蒂开辟的航线环球飞行，想打破他们的纪录，但出发不久就遭遇风暴，最终只好放弃这一计划。不过到了 10 月 4 日，他们从日本东部沿海出发，准备飞越太平洋，出发后他们就甩掉了起落架，朝美国西海岸飞去。经过 38 小时的飞行之后，他们飞临西雅图上空，但最终还是决定在华盛顿州的韦纳奇降落，因为一旦发生事故，那里很快会有人去施救。由于飞机抛弃了起落架，他们在降落时让飞机自由滑翔，逐渐降低飞行高度，让机身贴着地面向前滑，最后稳稳地停住了。

<h1 style="text-align:center">66</h1>

私人航空旅游

    1928 年至 1930 年，私人航空旅游业逐渐发展起来，法国航空俱乐部举办的飞行拉力赛也对私人航空旅游业起到推动了作用。航空旅游确实十分吸引人，众多飞行爱好者纷纷加入各种航空旅游俱乐部。与此同时，飞机制造商也看到其中的商机，法国的波泰、科德龙、莫拉纳，捷克的阿维亚，德国的克莱姆，英国的德哈维兰等公司都推出了适合家庭使用的小型飞机。德哈维兰的小型飞机最为出色，这款飞机性能优越，操作简单，动力也很强，适合中短途飞行。私人航空俱乐部由此应运而生，吸引了大批喜欢社交活动和体育运动的英国人，各俱乐部之间组织互访活动，交流飞行体会；由于英国总是出现雨雾天气，很多人便驾驶私人飞机到有阳光的地方去享受日光浴。

    从 1931 年起，法国政府开始扶持私营旅游航空公司，不但向其提供资金，还协助组织各种航空观光及比赛活动。这当中也涌现出许多优秀的飞行员，开辟出一条条新的旅游航线。

参加拉力赛的水上飞机停泊在勒阿弗尔港，右图为搭乘飞机观光的乘客。

英国私人飞机集会，飞机停靠在布里斯托尔机场上。小图为德哈维兰飞机机翼收缩后的景况。

67

滑翔机的第二春

从 1925 年起，滑翔机滞空时间纪录接连被打破，先是马索少校驾驶蓬斯莱滑翔机在克里米亚创下 10 小时 19 分钟的纪录，随后德国飞行员舒尔茨以 12 小时 6 分钟的成绩打破此纪录。7 年后，滞空时间已提升到 21 小时 36 分钟，这一成绩是柯克于 1931 年 12 月 19 日在火奴鲁鲁创下的。滑翔机以惊人的成绩焕发出第二春，尤其是在德国，飞行员最远能滑翔 250 千米。

1931 年，在采用空中"牵引释放"技术之后，德国人取得非常好的成绩，从而摆脱了起飞受制于地形要求的束缚。4 月 13 日，三架滑翔机在达姆施塔特由飞机牵引升入空中，在升到 400 米高度时，三架滑翔机同时从牵引飞机那儿释放出来，朝南方飞去，其中两架滑翔机仅飞行了 70 千米，第三架滑翔机沿着黑森州的山谷飞行了 215 千米，飞抵弗赖堡。

5 月 5 日，在一次航空演示会上，飞行员格劳恩霍夫驾驶滑翔机在慕尼黑由飞机牵引升入空中，升空不久就遭遇暴风雨。他随着暴风雨向东北方向飞，在经过 9 个小时飞行之后，降落在捷克境内的卡丹镇，那里距离慕尼黑有 265 千米。飞行途中，滑翔机突然被卷入很高的空中，一直攀升到 1800 米的高度，热气流裹挟着滑翔机，飞行员根本控制不了。

那个年代最著名的滑翔机飞行员就是克菲德。1931 年 6 月 30 日，英国滑翔机协会邀请克菲德到英国进行飞行表演。在牵引到 350 米的高度后，滑翔机开始自由滑翔，克菲德善于利用积云下的热气流和活动气流，一度攀升到 1400 米的高度。第二天，他驾驶滑翔机从机场被牵引到空中之后，再驾驶滑翔机返回到出发点，其精湛的驾驶技巧令人叹为观止。在 1931 年伦山地区滑翔机演示会上，克菲德更是把滑翔机驾驶技艺演绎得淋漓尽致。8 月 5 日下午 1 点钟，他驾驶滑翔机缓慢地飞，在半个小时之内，尽量不让滑翔机落地，随后在现场几千名观众的注目下，他神奇地把滑翔机拉起来，接着便朝一处刚形成的积云飞去，飞行几千米之后，消失在天空中。后来观众们才知道，在飞行 6 小时 25 分钟之后，他降落在直线距离 174 千米以外的阿恩斯堡。

1931年伦山地区滑翔机演示会，滑翔机停泊在瓦斯库伯山顶，等待合适的气候条件。

等待出发的滑翔机。

一架模仿滑翔机设计的单翼轻型飞机，配备一台 28 马力发动机。

克菲德驾驶滑翔机从汉沃斯机场上飞过，机场上停靠的这架飞机
牵引滑翔机飞上天空。

最著名的两位滑翔机飞行员：海尔茨和克菲德。左图是海尔茨，右图坐在滑翔机里的是克菲德。

68

1932 年的民用航空

　　民用航空如今已在欧洲建立起航线网，但与此同时，民航在固定航线上又不能提供更好的服务。由于铁路运输网络更发达，又可以昼夜运行，平均时速能达到60~70 千米，而民航却受气候影响，只能在上午起降，这让很多人在短途旅行时宁可选乘火车，而不会花大价钱去乘飞机。欧洲的许多航线都得到政府的补贴，但部分航线效益确实很差，比如在维也纳至布达佩斯航线上，起码有 6 家得到政府补贴的航空公司在运营，但也许只有一家航空公司来经营就足以满足市场需求了。

　　当然在欧洲的某些航线上，民航还是发挥出很大的作用，比如巴黎至伦敦航线，因为过英吉利海峡时乘飞机总比搭船摆渡方便多了。另外民航的优势还表现在长途旅行上，比如巴黎至君士坦丁堡航线，如果乘火车需要 2~3 天，但乘飞机仅需 6~7小时即可抵达，即使天气不好，最慢在 15 个小时内也可以到达。

　　在非洲大陆上，欧洲各航空公司也在开辟新航线，但 1920 年前后，仅有比利时属刚果的"萨贝纳"航空公司有若干条航线。直到 1932 年，贯通非洲大陆的开罗至开普敦航线才推出定期航班，但不过是大英帝国开辟的北非航线向南延伸罢了。这条北非航线连接开罗和肯尼亚，于 1931 年投入运营，但由于地理条件及恶劣气候等原因，再加上地面设施及救援设备严重不足，航线的运营面临重重困难。鉴于此，法国一直没有开辟飞至马达加斯加的定期航线。

　　在美国，航空邮政公司于 1926 年就已建立起覆盖美国本土的航空网，总里程达 4.8 万千米，600 架飞机每天在各条航线上飞行，累计要飞行 21 万千米。1924年通过的法案允许向航空公司提供补贴，1931 年，航空邮政公司共运送旅客 52.2万人次及 4400 吨邮政物资。

巴黎至伦敦航线所采用的客机，可搭载 40 名乘客。巴黎至布加勒斯特航班，15 个小时即可抵达目的地。

巴黎至布加勒斯特航班，15 个小时即可抵达目的地。

西南非洲航空公司的小飞机在温得和克机场。

"萨贝纳"航空公司在利奥波德维尔（比利时属刚果）的机场。

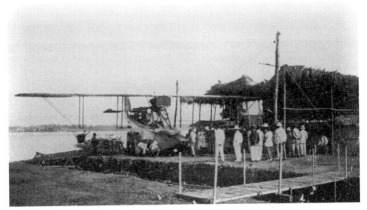

1921 年，法国在圭亚那开辟了民航航线。

哥伦比亚航空公司的水上飞机。

一幅很有意思的画面，传统与现代的完美结合。

1930 年 6 月 13 日，航空邮政总公司的飞机在 4000 米高空遭遇故障，倾覆在安第斯山脉的雪地上。

一架洛克希德 - 维加飞机停在洛杉矶机场停机坪上，准备搭载乘客和邮包飞往纽约。

勒丁顿航空公司的一架洛克希德猎户座飞机,自1931年起,在纽约至华盛顿航线上执飞。飞机起飞后起落架可收回。

工作人员正将航空邮政的邮包放入一架福特飞机里。

69

民用航空附属设施

在美国民用航空快速发展的过程中，各种地面设施发挥出很重要的作用。到1932年年初，美国已拥有2100座机场或中转站，设置信标的跑道及滑行道总长度达3万千米，还建造了100多个无线电发射塔，可覆盖2.1万千米，以向飞机传送天气预报等信息。

欧洲在这方面已被美国远远地甩在后面，因为欧洲没有一个统一的政策，难以建立起有效的地面辅助设施，以促进民用航空业的发展。欧洲主要国家也意识到这一问题，相关国家准备签署一项合作协议，每年投资7亿法郎，为欧洲民用航空网提供现代化的设备，同时加大对地面设施的投入。

机场的设置也会影响到旅客运送量，一般机场夏季每天会有30~50个航班起降。停机坪的位置、飞机起降顺序、海关检查等都会影响到旅客的满意度，因此如何设计出合理的机场布局就变得十分重要了。1925年，法国工程师迪瓦尔发表了自己的研究成果，建议将所有建筑物集中在一个三角区内，三角区直插到跑道附近，以减少飞机起飞前或降落后在地面上滑行的距离。后来许多机场都是按照这个思路设计的，其中包括加利福尼亚机场。

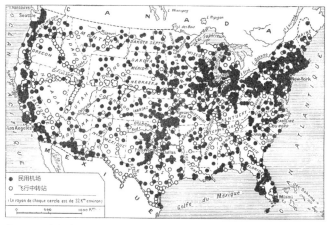

截至1931年年底，美国机场及飞行中转站分布示意图。（黑点为民用机场，白点为飞行中转站）

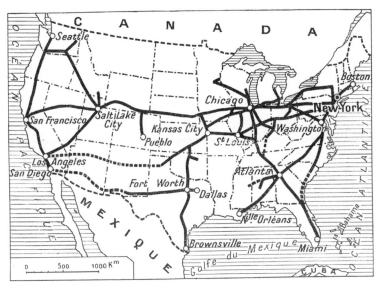

截至 1932 年 1 月 1 日，具备夜间起降能力的航线示意图。

巴黎勒布尔热机场 1919 年的设计规划图。这一设计已不适应高速发展的民航业，尤其是布

尔热机场还是一个军机和民航机混用机场。

柏林机场的建筑物和停机坪，附近的建筑物距离机场太近了。

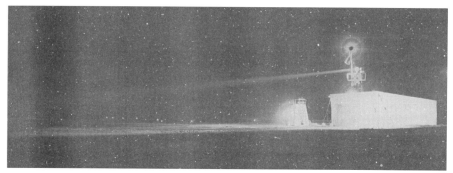

俄克拉荷马机场准备迎接即将降临的夜航飞机。

法国最大的民用水上飞机码头——马赛马里加纳港。

费宁斯为伦敦机场设计的方案。

在巴西伯南布哥为飞艇设立的系留塔。

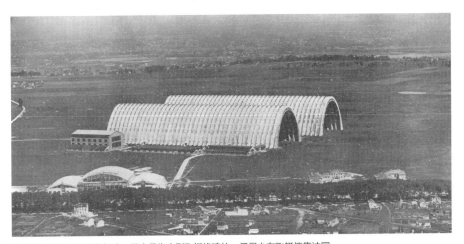

在巴黎奥利地区修建的机库，原本是为大型飞艇修建的，但很少有飞艇停靠法国。

加利福尼亚机场的五角形机库。

里昂机场的主楼。

70

空中交通及盲飞系统

随着飞机制造技术日臻完善，在飞行过程中，飞行员逐渐不再仰仗地面标识来飞行，而是采用更先进的导航设施。无论是越洋飞行，还是去极地探险，飞行员们之所以能成功，靠的就是先进的无线电导航设备。法国飞行员在巴黎至达喀

1929 年，詹姆斯·杜特利尔驾驶配备"盲飞导航系统"的飞机首次在全航段成功盲飞。

尔，再由达喀尔经卡萨布兰卡返回巴黎的航线上，就体验到无线电导航的重要性。

4 月 3 日至 7 日，他们驾驶一架阿米奥 – 洛林飞机，飞行了 67 小时，行程将近 1 万千米，但在行程的最后阶段，无线电测向航行仪出现了故障，他们马上启用普通导航方法，这也表明完全仰仗无线电导航仪会有潜在的危险。"盲飞系统"也同样会有这样的风险，1929 年 9 月 24 日，美国飞行员杜特利尔成功地依靠盲飞系统完整地试飞了一个航段（25 千米），从起飞到降落都靠仪器来导航，飞行员不必观察机舱外的情况。

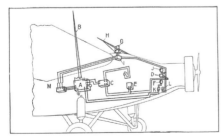

飞机上装备的盲降系统。

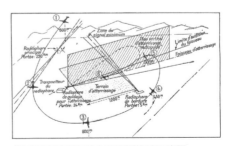

美国机场配备的无线电引导降落运行示意图。

法国飞行员首次在无线电测向仪的引导下成功飞越地中海。

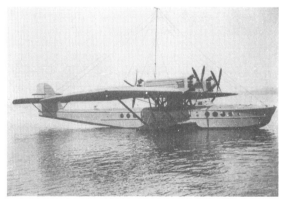

多尔尼耶水上飞机配备天线桅杆，用于泊在水面上时接收无线电信号。

71

航拍

在科研人员的不断努力下，航拍技术有了很大提升，应用范围也越来越广。在晴朗的天气下，从 6000 米高空拍摄的照片可以清楚地看到 360 千米以外的山峰，这么遥远的距离人的肉眼是看不清楚的，特殊屏幕、高敏感度胶片、高性能镁光弹（夜间拍摄）是航拍能取得成功的关键因素。

在摄影测量技术方面，凭借精确的还原技术，人们可以制作出地图，标出地表高度及面积等信息。一些专业航拍公司也应运而生，为各行业提供清晰的航拍图像。

阿姆斯特丹航拍图（荷兰空军在 3000 米高空拍摄，再做后期照片拼接）。

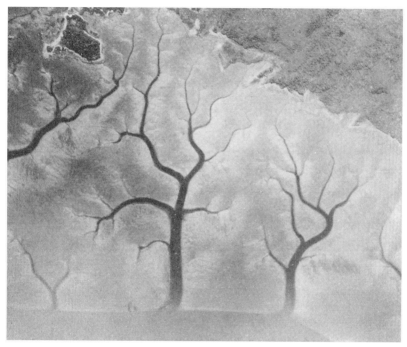

加拿大新斯科舍沿岸地区航拍图，可以看到海水倒灌的场景。

夜间航拍：美国空军利用镁光弹从 360 米高处拍摄美国巡洋舰。

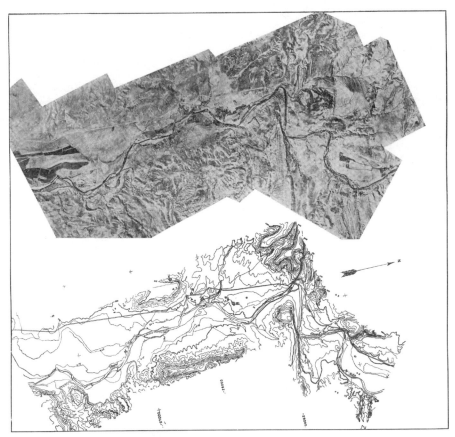

在对北非干枯的河道航拍并做拼接处理之后，再利用自动绘图仪绘出地表高度示意图。

飞机为加利福尼亚州的柑橘田喷洒农药。

飞机在空中拖带广告飞行，或在夜间使用探照灯打出光栅格。

美国林业部门利用飞机监视森林火情。

72

世界纪录及航空业的进步

1920 年至 1932 年，官方认可的世界纪录表明航空业取得如下进步：

飞行速度：由每小时 276 千米提升到每小时 655 千米；

飞行高度：从 10093 米攀升到 13157 米；

绕圈飞行滞空时间：从 24 小时 19 分钟延长到 84 小时 32 分钟；

绕圈飞行最远距离：从 1915 千米延伸至 10601 千米；

直线飞行距离（从 1925 年起计算）：从 3166 千米增加到 8066 千米。

通过这些简单的数据，我们可以看出航空业在技术上确实取得了长足的进步。当然还有许多详细的纪录，比如在 500、1000、1500 千米距离上进行荷载重量飞行，分别荷载 500、1000、1500 千克等，这里就不再一一赘述。

当然有些飞机制造公司对各种飞行纪录根本不感兴趣。而另外有些飞机是专门为破纪录而制作的，但这并不意味着它们会比简单实用的飞机性能更好。

布莱里奥 110 型飞机，装备一台 500 马力伊斯帕诺发动机，两位法国飞行员驾驶该机曾创下 10601 千米的最远飞行纪录。

拉泰科埃尔 28 型飞机，装备一台 650 马力伊斯帕诺发动机，创下 25 项世界纪录。

贝兰卡飞机，装备一台 220 马力帕卡德发动机，以 84 小时 32 分钟的成绩创下最长滞空时间纪录。

绕圈飞行计时赛。1930 年在芝加哥举行的比赛上，一架轻型飞机绕过了界桩。

1923 年 8 月 27 日至 28 日，美国飞行员洛厄尔·史密斯上尉和里克特中尉驾驶飞机在经过若干次空中加油后，创下补给飞行最远飞行纪录（5300 千米）和最长滞空时间纪录（37 小时 15 分钟）。

约翰和肯尼思·亨特在空中飞行到第 21 天时，实施空中加油。兄弟俩
创下补给飞行 553 小时（相当于 23 天零 1 小时）的纪录。

73

飞机是如何飞行的

为了更好地了解飞机是如何飞行的，我们不妨拿飞机和风筝做一个对比。在无风的条件下，要想让风筝在空中飘起来，放风筝的孩童就要不断地扯动风筝线，给风筝提供动力，这就相当于飞机本身所装备的发动机。假如孩童不再扯动风筝线，那么风筝就会失去平衡，朝地面飘落下来，或打着旋儿朝下栽去。如果飞机发动机停止转动，那么失去动力的飞机就会从适当的高度向下滑翔，直至安全落在平整的地面上。

实际上，在起飞或降落时，飞机必须有足够大的切向加速度，才能产生"动态升力"。要想安全地飞越一个 20 米高的障碍物，一架满载的运输机或旅游观光机要在 400 米以外的地方开始滑行起飞；在降落时，也要在越过障碍物之后，向前滑行 400 米才能停住。这就是机场要设置很长跑道的原因。因此，起飞和降落是飞机最难操控的两个阶段，飞行员必须格外谨慎。此外，飞行员还要手脚并用，控制好升降舵和方向舵，以确保飞行安全。

飞机降落示意图。

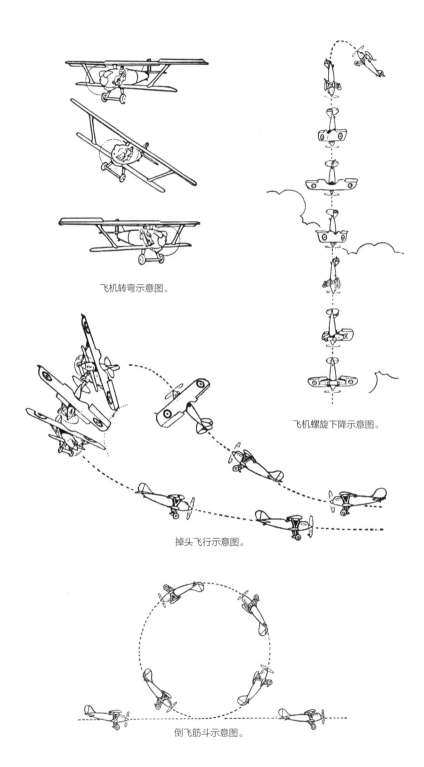

飞机转弯示意图。

飞机螺旋下降示意图。

掉头飞行示意图。

倒飞筋斗示意图。

74

航空动力学

30年来，研究人员、技师和飞行员一直在密切合作，以研究如何提升飞机的飞行质量。航空业的先驱，尤其是奥托·李林塔尔和莱特兄弟，总是以科学精神去从事各种试验。随着时间的推移，航空技术逐渐从其他技术中脱颖而出，在此领域里，科学家也一直在不断开展新的探索。

在现代航空动力学研究领域里，有两个响当当的名字：一个是古斯塔夫·埃菲尔，他在巴黎建立了自己的研究所；另一个是朱科夫斯基。另外还有慷慨资助这方面研

古斯塔夫·埃菲尔（1832—1923）

究的亨利·德驰先生，他在战前创办了圣西尔航空技术研究所，还在工艺美术学院设立了一个航空研究分院。从那时起，各地纷纷创办起航空研究所及实验室。

当时航空研究的主要目标是提升飞行效率，确保飞行安全。对于飞机本身来说，减少干扰阻力、提升机翼表面升力、选择合适的飞行舵一直是科研人员的重点研究课题，他们在这方面也取得了很大进步，其中航空动力实验室所进行的研究厥功至伟。实际上，风洞、滑架、训马装置可对单一部件做试验，再根据试验结果，做出最佳设计。

英国国立物理实验室的高压舱。

圣西尔实验室的空气动力试验滑架。

美国风洞试验：将一架飞机放入巨型风洞里做空气动力试验。

75

飞机制造（1922—1932）

当飞机从我们头顶上飞过的时候，人会自然联想起飞鸟，机翼就是飞鸟的翅膀，机身就是飞鸟的身体，尾翼就是飞鸟的尾巴。虽然飞机看上去也像是一个有生命的机体，但它其实只是由一个个零部件组装在一起的机器，只不过飞机外表的蒙皮把这些零部件都包裹起来，飞机能飞起来的动力是由发动机提供的。

早期飞机的结构比较简单，机翼是木材制作的，机身是用钢管焊接或用杜拉铝制作的，然后再蒙上一层蒙皮。无论是用木材，还是用金属，机翼总要设定翼梁（通常会设两根翼梁），翼肋按照一定的间距排列，垂直于翼梁，将两根翼梁衔接在一起。按照机翼形面的要求，翼肋设计成不同形状，外面蒙上蒙皮之后，就构成一只完整的机翼。机身的结构很像常见的结构件，比如像桥梁那样的结构，以便能在机身前部上发动机组，在尾部装上尾翼。

飞机机翼的造型也是多种多样，尽管当下单翼机已逐渐占据上风，大有取代双翼机的趋势，但双翼机并未因此而退出航空市场。双翼机的改良型机种——翼半双翼机问世后表现不俗，正是凭借这款飞机法国人实现了从巴黎飞往纽约的壮举，这也算是飞机制造业的一个大胆创新吧。

在飞机框架结构里使用特殊钢材意义非凡。特殊钢材的劣势是重量过重，但它的优势是其他材料无法比拟的，比如翼梁既要承受拉力，还要承受压力、弯曲力及扭曲力，唯有特殊钢材能满足这些技术要求。10年以来，飞机制造业一直采用更可靠的方法制造飞机，以避免由于材料或装配不善等原因而造成飞机在飞行途中出现险情。因此在制造过程中，飞机都要经受静态试验的考验，试验的条件要比飞机在空中遇到的环境苛刻得多。

福克飞机机翼结构：完全用木材制作，外面再蒙一层胶合板。

布莱里奥 111 型飞机的木制机翼，将装备在为创造最远飞行纪录而制作的飞机上。

早期金属框架结构双翼飞机：建造于 1922 年的鲍顿 P-15 型飞机的钢结构框架。

工人在制作容克斯 52 型飞机的杜拉铝合金机身。

整根金属翼梁机翼试验，为拍照而将机翼竖立起来。

竞赛型水上飞机的机翼：为参加 1929 年施耐德杯赛而制作的贝尔纳水上飞机。

阿米奥多座战机的全铝机身。

多向法兰盘衔接装置。

卢瓦尔 11 型飞机机身用三角钢板铆接。

100 人站在罗巴赫－罗马尔水上飞机的机翼上，其翼展达 40 米。

翼梁与卢瓦尔 11 型飞机机身固定在一起。

德瓦蒂纳飞机机身内部结构。

德瓦蒂纳 D-27 战斗机机翼翻转过后进行静态测试。

布勒盖 27 型飞机的钢结构。

76

军机装备

随着航空技术日臻完善，生产工艺不断提升，世界各大军事强国一直在不断扩充军机装备。无论是飞机生产商，还是发动机制造厂，其四分之三的产值均来自军机订单，在有的国家，甚至 90% 的订单都是军机。

欧洲各国认为本国领土面临着来自空中的威胁，整个国土，甚至连最边远的区域都覆盖在轰炸机的作战半径内，因此这场军备竞赛愈演愈烈。尽管如此，仅有很少的飞行小队装备了重型轰炸机。由于制造重型轰炸机需要大量的投资，航空业的大部分资源依然是向歼击机、侦察机、战斗机倾斜，航空业的重点还是放在防御及各军种协同作战方面，而不是去创建一股空中打击力量。

目前四分之一的军机是单座歼击机，一半是双座战斗机。无论是空军，还是海军，装备的重型轰炸机数量还很少，主要原因还是轰炸机价格昂贵，况且它的性能不太稳定，用途也不太明确。

纽波尔单座飞机在空中巡逻。

第 34 团的 N-62 飞机编队飞行。

1931 年 8 月，意大利举行大规模军事演习，600 多架飞机参加了这场演习。

在加利福尼亚上空，一架飞机在释放烟雾，但这种防空法作用有限。

法国最新生产的最大轰炸机样机，可在夜间执行轰炸任务。

英国空军轰炸机配备的炸弹，最大的 240 千克，最小的 9 千克。

1931年，美国空军举行军事演习，大批歼击机及轰炸机沿哈德逊河向北飞行。

歼击机：纽波尔 62 型飞机（伊斯帕诺 500 马力发动机）。

歼击机：波兰 PZL 飞机（水星 500 马力）。

歼击机：福克 D-16 型飞机（美洲豹 500 马力）。

歼击机：布莱里奥 91 型飞机（伊斯帕诺 500 马力）。

歼击机：莫兰－索尼耶 224 型飞机（木星 500 马力）。

布莱里奥 91 型飞机（伊斯帕诺 500 马力）

侦察机：（由左至右）道格拉斯 O-25 型飞机（柯蒂斯 600 马力）、波泰 50 型飞机（洛林 500 马力）、布勒盖 27 型飞机（伊斯帕诺 500 马力）。

ANF 穆罗 120 型飞机（K7-300 马力双发）

SPCA-3 型飞机（洛林 650 马力双发）

CAMS-55 型水上飞机（伊斯帕诺 600 马力双发）

勒瓦瑟 PL-14-T 型水上飞机（伊斯帕诺 600 马力）

法曼 -211 型轰炸机（法尔曼 250 马力四发）

利奥雷－奥利维埃 -203 型轰炸机（巨人 300 马力四发）

77

运输机和水上运输机

　　假如商用航空能拥有既适合运输各种物资，又能满足航线特殊要求的飞机，那么商用航空很快就能做到收支相抵，并略有结余。在许多航线上，各航空公司依然处于摸索阶段，但他们确实很想得到更好的飞机，以缓解收回投资的压力，不过大部分航线依然十分昂贵，而经营条件又反过来限制了商用航空业的发展。战争期间，国家为军机的研发和制造投了很多钱，但直到1930年，在商用航空航线上执飞的飞机依然是研发军机的副产品。不过，专门为商用航空设计的飞机正逐渐取代那种不合适的机型。美国市场需求大，航空制造业也很发达，其商用航空发展得很快，各大航空公司都推出了宽敞型客机，其中就有前文提到的洛克希德飞机。福特公司推出三发飞机，并开始制造远程豪华客机，而波音公司则推出了一款双发飞机。

德国容克斯 G-24 型三发飞机（1930 年）。

韦伯 210 型三发运输机，执飞巴黎至布加勒斯特航线。

为邮政航空新推出的三发运输机——库奇内 30 型飞机，装备萨姆森 40 马力发动机。

当时法国生产的功率最大四发水上飞机——拉泰科埃尔 300 型飞机，装备 650 马力伊斯帕诺发动机，在跨大西洋航线上服务。

美国制造的洛克希德天狼星飞机。

美国制造的诺斯－阿尔法飞机，全金属设计。

一架美国制造的福特三发飞机在布鲁克林区上空飞行。

美国制造的波音快速运输机，起落架可收回，用于运载乘客和邮政包裹。

美国制造的贝兰卡运输机，下机翼设计成 W 形状，以增加稳定性。

78

比赛和观光飞机

　　比赛和观光飞机属于小型飞机，因价格适中，很受市场青睐。"一战"后市场上已有多种类型的飞机供用户选择。英国轻型飞机航空俱乐部发展尤其迅猛，欧洲各国纷纷效仿，有些政府甚至拿出奖金鼓励购买小型飞机的飞行爱好者。飞行爱好者用购买一辆 10 马力小汽车的钱就能买到一架性能不错的双座小飞机，这类机型在短时间内就卖出几百架。当然，因用途不同，飞机的性能也有所不同，这要看飞行爱好者购买飞机是为了参加比赛，还是为了远途旅游观光，或是趁好天气时飞到天上看看景色。以下图片为几种当时较为流行的小型飞机。

德哈维兰公司的"飞蛾"型飞机。（吉普赛 100 马力发动机）

德哈维兰公司的"普斯飞蛾"型飞机。（吉卜赛发动机）

科德龙 C-232 型飞机，机翼可折叠（雷诺 100 马力）。

克莱姆 I-25 型飞机（萨姆森 40 马力）。

波泰 36 型飞机（雷诺 100 马力）。

柯蒂斯－莱特飞机（塞凯伊 60 马力）。

莫布森 M-11 型飞机（萨姆森 40 马力）。

沙莱－莫登航空博物馆一角。

79

飞机发动机组

得益于冶金、工具、建造等方面的进步，尤其是航空业所取得的经验，设计师可以让发动机的每一个部件都发挥出应有的作用，使其在减轻发动机重量的同时，又能输出更大的动力，最新的飞行速度纪录正是这一设计的最佳成果。发动机的冷却系统依然是风冷和水冷并存。风冷的优势是重量轻，更适应于飞行环境；而水冷效果更佳，可调控范围广，大功率发动机依然采用水冷。军机更多采用水冷发动机，因为经济性及维修方便并不是军机设计首要考虑的因素。相反，绝大部分商用飞机都已采用风冷发动机，而在小型私人飞机领域，风冷发动机已占据垄断地位，小型私人飞机要设计得更耐用、更简单。

目前活塞式飞机发动机在制造工艺方面也取得很大进步，这种发动机可以连续工作几千小时，可装在飞机上连续运行 500 多小时，然后再拆下来维修。发动机的关键部件，如压缩机、减速器及变螺距螺旋桨等在性能方面也都有了很大提升。

伊斯帕诺－苏扎水冷发动机，12 缸，650 马力。

布里斯托水星风冷发动机，9 缸，600 马力。

木星 -7 发动机压缩机。

发动机组件：金属变距螺旋桨（上）；法尔曼减速器（下）。

80

1929—1932 年的飞艇

第一次世界大战结束后，飞艇似乎备受冷落，但有关飞艇的研究一直在缓慢进行。从 1925 年起，美国人在底特律推出一款全金属飞艇，这是一个大胆的技术突破，飞艇长 45.5 米，总体积 5777 立方米，试飞取得了很不错的成果。飞艇被命名为 ZMC-2 型，计划在底特律与莱克赫斯特之间执行飞行任务，这段距离为 900 千米。

在研制这艘全金属飞艇之前，美国人制造出一台大型钻铆设备，就像一台缝纫机一样，把一片片锻压成形的杜拉铝板材"缝"在一起，杜拉铝板外面再包一层薄薄的铝板，以抗腐蚀。这台钻铆设备每分钟可铆 135 颗铆钉，整艘飞艇要铆 350 万颗铆钉，铆钉残损率仅为万分之三。飞艇分成两部分竖立起来进行铆接，然后两部分再对接起来，制成整艘飞艇。飞艇内部结构由 5 个主环和 7 个副环及 24 根纵梁组成，内部通透、密封，再设两只气囊及调压器等设备。飞艇尾部设 8 只放射状尾翼，在飞行中起保持平衡和方向舵作用。飞艇装备两台莱特 220 马力发动机，试飞效果相当好，但由于美国在 20 世纪 30 年代遭遇经济危机，这个项目最终被迫终止。

除此之外，美国人还制造了一艘当时世界最大的飞艇——ZRS-4 型飞艇长 240 米，高 48 米，总体积达 18.5 万立方米，装载 5.6 万升燃料，可以 74 千米的时速飞行 2 万千米。

制作全金属飞艇外壳。

全金属飞艇内部结构。

ZMC-2型全金属飞艇充满氦气后的正面及侧面照片。

1930年，美国制作的全金属飞艇停在机库里。

在纽约港上空飞行的 ZRS-4 型飞艇。

1932 年 8 月 1 日，世界最大的 ZRS-4 型飞艇在厂房里制作的场景。

法国制作的飞艇从奥利机场机库里拖出。

81

巨型飞机

从 1915 年起，航空业一直致力于扩大飞机的飞行半径，增加轰炸机的运载量，德国航空制造业为此付出了巨大的努力。要想让重达 10~20 吨的巨型飞机飞上天，就要给飞机装备 1200~2500 马力的发动机，那时候最大功率的发动机仅能输出 250 马力。于是德国人想出一个大胆的办法，将几台发动机集中安装在一个"机器舱"里，把单个发动机的动力融合在一起。战争结束后，这一设想本来可以应用到远途运输机上，但是德国人制造出的样机在战胜国的命令下被摧毁了。

意大利人则采用另外一种设计思路，推出了一款巨型水上飞机，配备三对纵列机翼，将发动机隔开排列在机翼之间的位置上。这一大胆的设计有其合理之处，但由于试飞过程中飞机遭遇事故，项目被迫下马。与此同时，法国布勒盖公司也在研制自己的巨型飞机，虽然这款飞机推力不是很大，但它的"机器舱"设计独特。

由于战胜国对德国航空业提出苛刻的限制条件，迫使德国人在有限的范围内考虑全新的设计，容克斯 F-13 型飞机、多尔尼耶 - 瓦勒飞机及罗巴赫 - 罗柯飞机都是在这一背景下问世的。从那时起，德国人有步骤地推出了一款款巨型飞机，其中最为显赫的机型是多尔尼耶 Do-10 型和容克斯 G-38 型。

多尔尼耶 Do-10 型从 1926 年开始研制，这款巨型飞机一经推出就经受住了两次飞越大西洋的考验。1932 年 6 月 24 日，在经由欧洲飞至南美、美国再返回欧洲之后，降落在柏林附近的米格尔湖上，整个航程约 4.5 万千米。这架飞机装备 12 台 600~700 马力发动机，每小时消耗燃料 1600 升；可运载 40~80 名乘客，机舱内部空间较大，约为 400 立方米，在长途旅行当中，乘客感觉还是很舒服的。容克斯 G-38 型飞机相对较小，仅配备 4 台发动机，总功率达 2000~2800 马力，升力面积约为 300 平方米；飞机自重 12 吨，加载货物后可达 18~22 吨，在装载少量货物的情况下，可实现长途飞行，比如装载 3 吨货物可飞行 3000 千米。这款飞机是与日本联合设计的，它更适合用来装载货物或作为轰炸机使用，而不适合用作商用飞机。

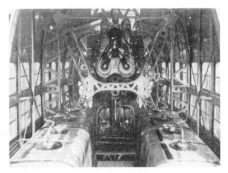

配备"机器舱"的布勒盖大型运输机：左图为运输机外观，右图为"机器舱"内部。

1921年，卡普罗尼巨型水上飞机在大湖泊上试飞，但遭遇失败。

装备12台650马力发动机的Do-10型巨型水上飞机，从湖面起飞，重量达52吨。

1931 年 6 月 4 日，Do-10 型巨型水上飞机飞越南大西洋，照片是从"鲁特西亚号"邮轮上拍摄的。

Do-10 型巨型水上飞机的控制舱。

1932 年 6 月，在两次飞越大西洋之后，Do-10 型巨型水上飞机降落在柏林附近的米格尔湖上。

为意大利建造的多尔尼耶 Do–10 型水上飞机在康斯坦斯湖上试飞。飞机总功率达 7800 马力，配备 12 台 650 马力菲亚特发动机，翼展 48 米，翼面积达 500 平方米。

82

制造性能更稳定的飞机

　　飞机的飞行安全一直是航空业最为关注的因素，在设计过程中，飞机的安全性总是要置于首位，无论是机身的形态，还是机翼的种种变化，目的都是为了确保飞行安全。第一次世界大战之后，航空业在设计制造领域取得一个又一个显赫的成果，其中与飞行安全有关的设计就有好多项，比如在机翼前缘或后缘设计出一段或几段狭长襟翼，形成前缘或后缘缝翼，可以有效地控制飞机的稳定性和飞行速度；在起飞、降落及飞行过程中，改变机翼的升力面：起飞和降落时增大升力面，但在飞行时，要减少飞机的升力面，以获得更快的飞行速度。根据这一原理，马霍尼涅在1931年设计出可伸缩的机翼，在飞行时，机翼面积可由33平方米缩减至19平方米。这一设计既考虑到飞机安全，又兼顾到了飞行速度。

容克斯 G-38 型飞机的外观。

容克斯 G-38 型飞机装备 4 台发动机，总功率达 2800 马力，翼展 45 米，
发动机安装在机翼里。

西科斯基 S-40 水陆两栖飞机，飞行时起落架收起。

古格努克右机翼前缘缝翼。

配备降落伞的飞机。降落伞装在机身里，在即将降落时打开。

专为参加 1929 年 10 月古根海姆安全飞机设计大赛而制作的两款飞机。

法尔曼190型飞机，配备带水平安定面和垂直安定面的尾翼。

1920年试飞的勒瓦瑟尔变翼飞机。

1931年试飞的马霍尼涅可伸缩机翼飞机，上图为机翼完全展开（21米），下图为机翼收缩后（13米）。

热兰设计的收缩机翼, 1931 年进行收缩试验。

1931 年研制的全封闭旋翼机。

首架由推进螺旋桨驱动的旋翼机。

福克－沃夫鸭式飞机。

靠 400 立方米小气球平衡的直升机。

1930 年，欧洲人研制的直升机。

83

发动机及特殊推进器

各国都在推进航空领域里的研究。1928—1929 年，美国人推出以重油作为燃料的飞机，美国派克特公司为飞机装备了一台柴油发动机，功率为 230 马力。这架飞机于 1928 年 9 月 18 日试飞成功，后来又成功地飞行了 1100 千米。后来两位美国飞行员驾驶装备改进型柴油发动机的飞机创下连续飞行 84 小时的优异成绩。1929 年，容克斯公司在 SL-1 型飞机上采用了 600 马力的柴油发动机；法国的克莱热公司也推出了一架装备 100 马力柴油发动机的飞机，后来两家公司先后研制出 500 马力的柴油发动机。

采用这样一款发动机具有双重意义：首先，柴油发动机更安全，可燃气体需要在更高的温度下才能燃烧，而且杜绝了发动机的"回火"现象；其次，它运行起来效率更高，飞机飞行半径更大，装载量更多。与此同时，热衷于喷气式推进器研究的科研人员一直没有放弃这一选择。1929 年，弗里茨·冯·欧佩尔在法兰克福机场成功地驾驶一架用火箭驱动的飞机飞行了 1 千米。

林德伯格在查看派克特公司研制的 230 马力柴油发动机。

克莱热和他所研制的第一台 100 马力重油发动机（1929 年）。

容克斯 SL-1 型 600 马力重油发动机（1929 年）。

1929 年 9 月 30 日，弗里茨·冯·欧佩尔驾驶火箭式喷气飞机直线试飞。

DB-70 运输机，装备 3 台 500 马力伊斯帕诺 – 苏扎发动机，1929 年开始试飞。波尔多飞机公司借鉴这款飞机研制出 AB-20 轰炸机。

意大利卡普罗尼 90-PB 轰炸机，装备 6 台 1000 马力伊索塔 – 弗朗基尼发动机

第 六 章

20 世纪 30 年代的航空业

进入 20 世纪 30 年代之后，在飞机设计及制造领域，人们依然在升力与速度的较量中艰难地探索着：巡航时速尚不到 200 千米，降落时速在 100 千米左右，鉴于机场通常都设在比较远的地方，对于乘客来说，搭乘飞机并没有节省太多的时间。

　　1932 年至 1938 年，航空业取得了一些新成就。在巡航速度方面，压缩式发动机、变螺距螺旋桨及可回收起落架对于提升飞行速度至关重要。截至 1938 年，在各条航线上，飞机的运行时速都提升到 250~340 千米，德哈维兰的"信天翁"远途运输机时速就能达到 340 千米。借助更完善的"超级升力"系统，飞机降落时仍然可以保持每小时 100 千米的速度。这些技术上的提升让乘客感觉搭乘飞机比以前节省了不少时间。

　　正是由于技术方面取得了这些突破，经济效益也得到显著提升，有些成套设备可以批量生产，生产成本得以降低。然而，研究人员并没有满足当下的成绩，他们依然在这条荆棘丛生的道路上继续探索，去扩大航空业的应用范围，为将来航空业的发展奠定坚实的基础。

　　自从胡安·德拉切尔瓦在飞行事故中丧生之后，旋翼机的研究也陷入停顿状态，况且旋翼机的两个问题始终没有得到解决：一个是飞行速度问题，在同等功率的前提下，旋翼机远不如普通飞机实用；另一个是操控性问题，许多严重事故大多发生在降落阶段。相反，借鉴了部分旋翼机技术的直升机却发展得很快，超出人们的预期。

　　此外，人类依然果敢而又有步骤地探索大气层，探索平流层下的高空。与此同时，航空业也在积极打造飞得更远、更快，能够轻松地飞越大洋、飞越广袤大陆的飞机。

　　在飞行安全方面，航空人一直在设法完善降落伞技术。两位勇敢的飞行员为这项科研活动献出了生命：一位是美国人克莱姆·索恩，他利用引导伞来控制降落伞的降落方向；另一位是法国人威廉姆，他从 11420 米高空跳下，直到距离地面 90 米时才打开了降落伞。

德哈维兰的"信天翁"远途运输机。

佩戴降落伞包的法国飞行员威廉姆。

01

平流层内竞争升空高度

在比利时科学研究基金会以及德国和比利时科研人员的努力下，皮卡尔教授和基弗先生曾搭乘飞行器升入平流层。令人感到奇怪的是，搭乘气球升入高空进行科学研究的做法并未引起法国人的兴趣，英国、德国、意大利等航空强国也没有展开这方面的研究。相反，倒是苏联和美国对探索平流层特别感兴趣。

1933 年 10 月 3 日，三位苏联飞行员从莫斯科附近升入高空。这个飞行器在地面竖立起后太高，为了做到万无一失，苏联人用系留小气球来对飞行器的每一部位进行最后的检验，密封舱下面再设一个用柳条编织的底座，以减缓密封舱落地时的冲击力。飞行器在抵达 17900 米高度后，顺利返回地面。

几个月过后，1934 年 1 月 30 日，苏联人又向平流层发出第二只探测气球，三位飞行员在平流层进行了好几个小时的观测活动，在抵达 22000 米高度后，开始下降。16 时 13 分，航行日志上留下了飞行员最后的文字，10 分钟后，密封舱坠毁到地面上，三位飞行员遇难。从事故的分析结果看，气球的压舱物消耗过快，宇航员在平流层升得过高，而且滞留时间过久，下降时，压舱物尚不及需要量的一半，所以从 12000 米高空猛然坠落。

与此同时，美国人也着手探索平流层，在美国国家地理学会的资助下，美国空军派遣飞行员在 1934—1935 年展开科学探测活动。1934 年 7 月 28 日，三位飞行员搭乘"探索者一号"气球升入平流层。这只气球的设计升空高度为 22000 米，但在升至 18000 米时，气球出现了裂缝，飞行员决定返航。降至 6000 米时，他们打开密封舱的逃生通道，此时气球受风力及下降速度的影响，损毁越来越严重。飞行员用专用降落伞把科学仪器空投到地面，在距离地面 1800 米时，他们一个接一个地跳伞逃生，安全降落在地面上。密封舱最终在地面上坠毁。随后，美国人决定建造"探索者二号"气球。

1935 年 11 月 11 日，"探索者二号"气球升空，在经过 8 小时 13 分钟的飞行之后，气球降落在白湖附近，距离出发地有 400 千米远。起飞时，气球仅充填了 7000 立方氢气，待升到 22066 米高空时，氢气膨胀后把整个 10.4 万立方米的气球撑得满满的。

1935 年 11 月 11 日，"探索者二号"升空。

史蒂文斯和安德森在"探索者二号"密封舱里。

"探索者二号"降落在白湖地区。

"探索者二号"人为控制排掉气球内气体的两个阶段。

02

德驰杯赛及飞行速度

1932 年至 1938 年，飞行竞技比赛依然在持续举办，但仅有两个等级的比赛。一个是大功率水上飞机及飞机的比赛，这就是著名的施耐德杯赛；另一个是德驰杯赛。竞赛规则要求所有参赛飞机的气缸总容积不得超过 8 升，这一规定促使设计师和工程师设法提升飞机的性能，尽可能将当时已经成熟的技术融入设计制造当中，比如可回收起落架、压缩式发动机、变螺距螺旋桨、襟翼缝翼等。

杯赛的第一年就取得令人瞩目的成绩：一架波泰 53 型单翼机，装备波泰发动机，星形排列，风冷系统，功率不足 300 马力，以时速 323 千米的佳绩飞完 2000 千米的比赛航程，荣获冠军。1934 年，业余飞行员阿尔努荣获杯赛冠军，他驾驶科德龙 C-450 飞机，装备雷诺 310 马力发动机，创下平均时速 389 千米的好成绩。1935 年，冠军再次被科德龙－雷诺飞机夺走，创下佳绩的是科德龙 C-460 型飞机，该机装备雷诺 370 马力发动机，在 2000 千米绕圈比赛中飞出平均时速 444 千米的佳绩。

1933—1935 年，德驰杯赛的技术要求促使飞行速度有了很大提升，最显著的成绩是德尔默特在 1934 年 12 月 25 日创下的。他以时速 505 千米的成绩将最快飞行纪录重新夺回到法国人手中，打破了美国飞行员在 1933 年 9 月 4 日创下的世界纪录（490 千米），当时美国人驾驶的飞机功率为 1000 马力，而德尔默特的飞机功率仅为 370 马力，但气缸总容积为 9.5 升。

1936 年，德驰杯赛的成绩低于前一年的成绩。此后两年，德驰杯赛没有继续举办下去，因为官方不支持这类比赛。此外由于各国加紧军备竞赛，政府更倾向于扶持功率大的飞机。

1938 年，水上飞机最快飞行纪录仍然掌握在意大利飞行员手里（这一纪录已保持 4 年），他驾驶马基 3100 马力双发水上飞机创下 709 千米的成绩。1937 年和 1938 年的最快飞行纪录均由德国飞行员创下，他们驾驶的飞机分别装备着戴姆勒－奔驰 1000 和 1800 马力发动机，成绩分别为每小时 611 千米和 634 千米。

波泰 53 型飞机起落架回收过程。

女飞行员埃莱娜·布谢在创下一系列纪录的飞机前留影，身旁是她的教练。

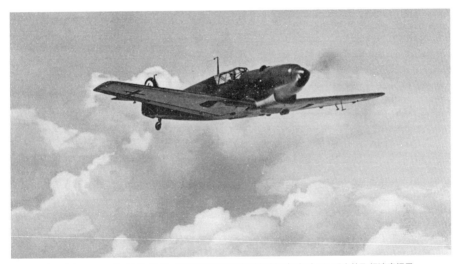

1935 年 5 月 19 日，科德龙－雷诺飞机准备编队飞行。

BFW 单座歼击机：1937 年 11 月 11 日，飞行员沃斯特驾驶该机创下每小时 611 千米的飞行速度纪录。

1934 年 10 月 24 日，马基水上飞机创下时速 709 千米的最快飞行纪录。

霍华德·休斯制造的飞机。他驾驶该机从洛杉矶飞往纽约，仅用了 7 小时 28 分钟，平均时速为 530 千米。

$$03$$

掌控飞行速度

当然飞行竞技比赛所采用的技术尚未全部应用于整个航空业，尽管如此，无论是军机，还是商用运输机，其飞行时速已达到350~400千米，在接近地面时，为了保持飞机的可操控性，其直线飞行时速也接近150千米，而不是100千米。然而，由于这些飞机机身较长，在接近地面时，要沿着与地面平行的轨迹飞行很长一段距离，即使落地后采取制动措施，飞机也要向前滑行一段距离，这就需要把跑道修建得很长。因此，使用现有的机场就会迫使飞行员在接近地面时，以近乎失速的危险方式来降落，这就是事故频出的原因。航空制造业不得不拿出更好的办法来彻底解决这个问题，"超级升力"技术便应运而生。

在经过反复试验和摸索之后，航空业对升力自然现象有了更深入的了解：当飞机机翼入射角度使机翼达到最大升力时，在机翼的上方和后方就会出现有害的气流扰动，为了克服这种扰动，有两种方法可以选择：要么在机翼下方和后方加设"襟翼"，要么在机翼的表面上加设固定翼缝或襟翼翼缝。这两种方法不管是单独采用，还是结合使用，都会延缓气流分离现象的出现。从那时起，飞机机翼上都加设了襟翼和翼缝。

巴特尔轻型轰炸机，打开襟翼，放下起落架，准备降落。

同款轻型轰炸机正常飞行状态。

一架波兰小型观光飞机，在最短距离内起飞，造成起飞仰角过大，但凭借前缘及后缘缝翼所产生的超级升力，飞机依然可以正常飞起来。

04

直升飞机的进步

飞机起飞和降落需要很长的跑道，需要大型机场作为支撑，这给飞机应用带来一定的限制，但却促进了直升机和旋翼机的发展。

有几个直升机设计专家借鉴了旋翼机的某些设计，特别是螺旋桨叶轴双接头设计。在法国，路易·布勒盖和多朗先生一直在设法完善他们的"旋翼机"，1937年，他们的直升机在试飞时创下新的世界纪录，但很快就被德国人制造的福克－沃夫61型直升机的惊人成绩给盖过去了。这架由福克教授设计的直升机装备一台160马力发动机，采用风冷系统，发动机驱动两只升力叶片，叶片以纵轴为中心对称布局。德国直升机以全新的纪录令世人刮目相看：升空高度达2439米，飞行时速超过120千米，绕圈飞行81千米，直线飞行230千米，向后飞行30千米，下降时以滑翔状态飞行（关闭发动机）。有人对这一成绩持怀疑态度，于是直升机的设计师们就在柏林体育馆里举办了多场演示会。

1938年，福克－沃夫61型直升机在柏林体育馆里飞行演示。

布勒盖－多朗旋翼机在维拉库布莱机场试飞。

05

大型风洞

　　从现代航空业问世那天起，人们就开始采用风洞对飞机的外形进行空气动力测试，但最初只是对飞机模型。直到 1927 年，美国人创建大型风洞之后，才开始对整架飞机进行空气动力测试。

　　1932—1934 年，法国在沙莱－莫登也建造了一个大型风洞，装备了 6 台送气风扇，每台风扇直径 8.5 米，由一台 1000 马力电机驱动，椭圆形进气道长 38 米。这个风洞的独特之处在于，为了让试验人员更好地观察到空气动力试验过程，设计人员在风洞里施放一种特殊的烟雾，再配上照明系统，可以清晰地展现出空气动力测试所产生的各种现象。

一架热兰飞机在风洞里进行空气动力测试，飞行员坐在座舱里。

风洞装备 6 台送气风扇，风洞中的人物起说明比例的作用。

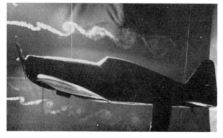

对飞机模型施放烟雾，并配以照明，以清晰再现气流扰动现象。

这是1938年福克G-1型双发战斗机的操控平台外观，这个操控平台装备了两台发动机。飞行员要控制飞机，还要观察各种仪表，需要监控的仪表及装置多达92个。当然飞行员不会同时去操控这么多装置，可以按照飞行步骤去操控，比如起飞、正常飞行、盲飞、格斗、降落等。

06

各国空军积极备战

1932 年国际裁军会议以失败告终，而且欧洲的经济形势依然困难重重，在这种局面下，欧洲各国加紧扩军备战。那时候，有两个最典型的事件：一是德国重建空军，二是世界其他地区（埃塞俄比亚、西班牙和中国）也开始采用空战战术。

1935 年，德国公然宣布重建空军，在纽伦堡举办的演习中，德军派出 100 多架战机亮相，其中包括单座歼击机和多发轰炸机。对于第三帝国的领导人来说，在中断了 15 年之后，重新建立起一支强大的空军部队是非常艰难的。但德国人在这方面付出了极大的努力，一方面要培养年轻飞行员，另一方面还要组织各种试飞活动。虽然德国人封锁试飞失败的消息，但有人员伤亡的飞行事故还是被国外媒体知晓了。

就飞行器材而言，德国人碰到的困难也不少，首先要重新建立起完整的航空工业体系，第一次世界大战结束后，除了两三家企业之外，原有的航空企业早已停产或转产。当然最困难的还是飞机发动机的生产，新一代压缩机式发动机都垄断在法、美、英等国的七八家公司手里。然而，最终德国容克斯公司成功研制出以重油作为燃料的发动机，并实现了大规模工业化生产，来装备大批军机。这款发动机不但节省燃料，还把飞行半径提升了 20%~30%。

德国空军以独立自主、稳健的方式重建起来，但重建规模依然受高性能汽油发动机的制约。从技术角度看，从 1936 年年底开始，德国人已经取得了很不错的成果；从工业生产角度看，截至 1937 年夏，发动机生产成效已显现出来，装备着容克斯或戴姆勒发动机的德国飞机在苏黎世的国际飞行比赛上创下不少新纪录；从军事角度看，随着发动机生产规模的扩大，在 1937 年 6 月至 1938 年秋末这段时间里，德国空军创建了许多飞行小队，其装备也优于欧洲其他国家，尤其是德国新研制的海因克尔歼击机在 100 千米计时赛中更是创下时速 634 千米的最快飞行纪录，而这款歼击机仅用很短的时间就完成了从研发到制作成型的过程。

在德国侵占奥地利这一事件中，第三帝国更是动用空中力量，出动好几个轰炸机小队，占领了奥地利的所有机场，尤其是迅速占领维也纳机场，利用大型运

一只装备容克斯 86 型双发轰炸机的飞行小队由汉诺威飞往纽伦堡。

1937 年，希特勒在纽伦堡检阅纳粹德国空军部队，图片上的飞机是海因克尔 111 型轰炸机。

输机，向奥地利派遣由纳粹分子组成的别动队，形成对奥地利的威慑力量。

1935年，意大利入侵埃塞俄比亚。在这场战争中，意大利空军积累了不少实战经验，而法西斯政府更是高度重视空军的发展，意大利航空业也得到迅猛发展。1932—1938年，意大利人推出现代型轰炸机，其中包括布雷达88型双发轰炸机，该机分别在100千米无荷载计时赛及1000千米荷载1000千克计时赛中创下时速554千米和524千米的最快飞行纪录；还有萨瓦S-79型三发轰炸机，在伊斯特尔—大马士革—巴黎国际长距离飞行比赛中，意大利人凭借该机囊括了比赛的前三名，冠军以平均时速353千米的成绩飞完了6200千米全程。在意大利至巴西航线上，萨瓦S-79型成为主力机型。

上述几款飞机都是大批量工业化生产的机型，况且德国和意大利很快就在军机生产方面达成合作，引起了法国和英国的高度警惕，因为法英两国在研制大功率飞机方面遭遇了很大困难。由于执行新的国防政策，法国航空工业进行重组，政府对部分企业实施了国有化举措，但飞机制造业依然发展得十分缓慢，而且投资也不足。法国拥有很强大的陆军部队，但空军已落后于德国空军，甚至连英国空军都比不过。在意大利入侵埃塞俄比亚事件发生后，英国人也开始加大对军机工业的投资，在1938—1939年度预算里，英国人计划投资1.3亿英镑，以实现四个目标：将现有飞机制造规模扩大一倍；创办新的航校，大批招收飞行员；工业化批量生产新的机型，创建更多的飞行小队；修建新的空军基地。1934年，英国皇家空军仅有52支飞行小队，到了1938年，就扩充到140支飞行小队，拥有1600架最新型军机，预计到1940年3月，皇家空军将拥有2370架军机。

面对潜在的战争威胁，苏联人也在发展自己的军机工业，借着外国来访者参观苏联的机会，苏联领导人也向他们展示了自己的航空工业。1933年，为庆祝五一劳动节，红场上举行了阅兵仪式，50架新型四发轰炸机从广场上空飞过。这款飞机可以携带1500~2000千克炸弹，不间断飞行1000~1200千米，那时候，欧洲航空强国的飞行小队都还没有装备这样的轰炸机。1933年夏和1936年，法国政府派出两个代表团参观了苏联的飞机制造厂，他们亲眼目睹了苏联航空业的发展状况，认为苏联是当时世界上最大的飞机制造强国。除此之外，苏联人还有另外一个惊人之举：他们组建了一支伞兵部队。1935年夏，在一次演习中，部队指挥官先让一个班的伞兵从飞机上跳下，他们不拿武器；接着再让一个排、一个连的伞兵跳下去，他们人人手里都拿着武器。用飞机把一个营的伞兵投放到需要进行军事干预的地区，或投放到敌人的后方去，这是一种全新的战法，战争爆发时，伞兵可以对敌后方实施破坏行动。

另一个飞机制造强国就是美国。美国空军和海军一直在发展，需要大量的军机。美国飞机制造业的产能也很大，每年可以出口600架军机。在国际市场上，美国军机还是很抢手的，中国和日本都是美国军机的潜在用户，不过，美国政府不允许出口最新型的军机。

意大利萨瓦－马切蒂S-79型轰炸机在西班牙内战中执行轰炸任务。

一架意大利萨瓦S-81型三发轰炸机在西班牙内战时对敌方阵地实施轰炸。

法国三座双发飞机，波泰 63 型飞机。

法国单座歼击机，莫兰－索尼耶 405 型，设一挺重型机关枪，与螺旋桨同步向外射击。

在埃塞俄比亚事件期间，英国海军在亚历山大港集结，英国霍克飞机在港口上空巡逻。

1937 年春，在克里克伍德的汉德利－佩季飞机工厂里，工业化批量生产轰炸机的场景。

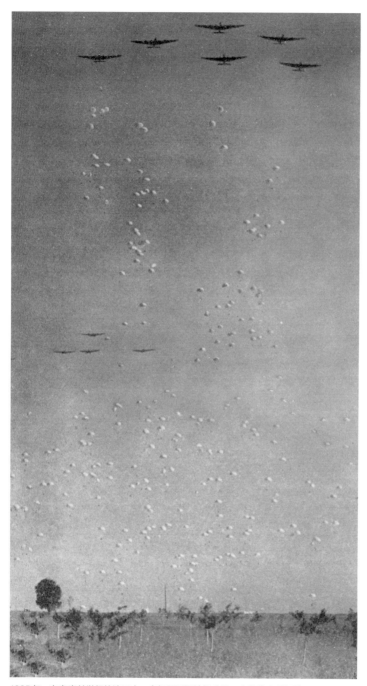

1935 年，在乌克兰举行的演习中，多架军用运输机空投一个营的伞兵部队。

伞兵落地之后，卸下降落伞，马上投入战斗。

三架波音四发大型飞机在兰利上空编队飞行。这款飞机重17吨，装备4000马力发动机，巡航时速为320千米。

三架柯蒂斯 BD2-C 型飞机编队飞行。这款飞机是为海军对水面舰只进行俯冲轰炸设计的。

07

航空运输时代

　　尽管目前飞机还不像小汽车那样与人们的日常生活密切相关，但航空运输时代已经来临。空运发展最快的两个区域是欧洲和美国，正是欧洲的航线让人们看到了航空运输的发展前景。有些航线虽然不长，却把最重要的中心城市衔接起来，比如巴黎至伦敦航线，由于要跨越英吉利海峡，与其他运输方式相比，飞机所提供的服务既快捷又舒适。从 1931 年起，英国帝国航空公司在这条航线上投放了 7 架汉德利－佩季 42 型飞机，这款四发大型运输机可载 35~40 名乘客。第一架投入运营的飞机到 1938 年仍然在这条航线上服役，7 年当中累计飞行 200 万千米，运送旅客 9.5 万人次，平均每天运送 37 名旅客。7 架飞机在此航线上累计运送了几十万名旅客，其间没有发生任何事故。1935 年，帝国航空公司又在此航线上投放了两架肖特飞机，这款飞机飞行速度更快。

　　帝国航空公司的另一重大举措就是加大对航空邮政服务的投入，英国每周有 20 吨的信函及邮包需要投递到非洲、亚洲和澳大利亚。为此，帝国航空公司投资

1935 年，英国帝国航空公司所装备的大型客机，两架肖特飞机和一架汉德利－佩季飞机，每架飞机可搭载 35 至 40 名乘客。

200万英镑，订购了28架肖特水上飞机、18架阿姆斯特朗－惠特沃斯飞机。除此之外，还要在遥远的地区建造十几所旅店，以满足经停旅客的需要。肖特水上飞机满载后重达20吨，巡航时速260千米，在装载3吨货物的前提下可连续飞行1200千米。

对法国来说，发展远途航空就要瞄准非洲大陆。从1934年夏起，一家法国国营公司开设了阿尔及尔飞往布拉柴维尔的航线，这家航空公司后来又开设了飞往比利时属刚果、莫桑比克、马达加斯加的航线，并开辟了一条支线，与帝国航空公司的伦敦—开罗—开普敦航线衔接起来。

在伦敦至巴黎航线上，乘客享有餐饮服务。

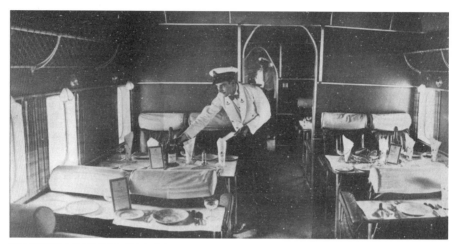

肖特大型客机空乘在飞机起飞前布置餐桌。

肖特大型 C 系列水上飞机，正在船台上收尾，准备入水。

法航的布洛克双发 220 型飞机,在巴黎—伦敦航线上执飞,可载 16 至 20 名乘客。

在非洲西海岸执飞的西科斯基水陆两栖飞机。

自 1936 年起,法航开始在非洲航线上启用德瓦蒂纳 338 型快速飞机。

08

南大西洋航线

1933 年 1 月 16 日，库奇内三发飞机"彩虹号"从达喀尔飞抵纳塔尔，此时距离法国首次开辟飞至南美的航空邮政航线已经过去了将近 5 年。新组建的法国航空公司准备用水上飞机在南大西洋航线上执飞，1934 年 1 月 3 日，拉泰科埃尔四发飞机"南十字星号"从达喀尔飞抵纳塔尔，顺利地完成了处女航。

但是从 1933 年起，德国汉莎航空公司开始在南大西洋海域用多尔尼耶水上飞机进行越洋试飞活动。他们用"威斯特法伦号"轮船做基地，飞机在飞行途中可停靠在轮船旁，轮船用吊车将飞机吊到甲板上，在给飞机补充燃料后，再用弹射装置将飞机弹射出去。轮船就像一座移动型经停站，而且夜间也在航行，飞机甚至可以在轮船上过夜。在试飞取得满意的结果之后，汉莎航空公司于 1934 年 2 月 2 日开辟了柏林—布宜诺斯艾利斯—柏林航线，航班每两周往返一次。法航与汉莎的竞争在所难免，两家航空公司为此于 1934 年年初举行谈判，但谈判所达成的协议并未得到贯彻执行。于是法航决定利用自己所拥有的两架水上飞机开启法国—布宜诺斯艾利斯—法国的航线，在 1934 年 1 月至 12 月，法航共实施 6 次越洋往返飞行，每次越洋飞行需要 4 天半时间，没有发生任何事故。

德国"威斯特法伦号"轮船为水上飞机做经停基地，一架多尔尼耶飞机已放到弹射器上，准备弹射起飞。

1934 年 2 月 2 日至 10 月 31 日，汉莎
航空则安排了 32 次越洋飞行，由柏林飞至
布宜诺斯艾利斯的航程需要 5 天半时间。
相比之下，法国航班速度更快，但德国越
洋飞行次数更多。为增加越洋次数，法航
又采购了两架水上飞机，一架是布莱里奥
5190 型"桑托斯－迪蒙号"，另一架是法
尔曼四发"半人马号"。1934 年和 1935 年，
在南大西洋航线上法航和汉莎都没有出现
过事故，但是在 1936 年，法航和汉莎都遭

"威斯特法伦号"轮船的船尾及吊车。

遇了可怕的飞行事故。1936 年 2 月 10 日，法航新投入运行的"布宜诺斯艾利斯城号"
飞机在飞离纳塔尔之后不久失联。2 月 14 日深夜，汉莎的"龙卷风号"也失联，4
名最优秀的飞行员失踪。10 个月后，法航再次遭遇空难，在飞离达喀尔 4 个小时
之后，"南十字星号"飞机在大西洋上空失联。

1935 年，法航的布莱里奥"桑托斯－迪蒙号"飞机在南大西洋航线上定期飞行。

1936年12月22日，法航法尔曼"蒙德维多港号"邮政飞机在南大西洋海域从"马西利亚号"船舶上空飞过。

1937年夏，法尔曼四发飞机从巴黎起飞，飞至里约热内卢、布宜诺斯艾利斯、圣地亚哥之后，返回巴黎降落在勒布尔热机场，整个航程仅用了不到三天时间。

09
北大西洋航线

　　1918 年至 1932 年，驾驶飞机飞越北大西洋的尝试多达 98 次，但其中 52 次尝试遭遇失败，12 名机组人员丧生，另有 15 个机组在迫降在海面上之后被救援队救出。不过，从 1931 年起，人们注意到，飞越北大西洋的事故已大为减少，这主要得益于飞机性能越来越优越、飞行速度越来越快。1931 年至 1932 年，多个机组成功地飞越北大西洋，平均时速也从 200 千米提升到了 252 千米。

　　与此同时，汉莎航空公司依然采用水上飞机停靠船舶的方式来经营飞越北大西洋的航线，两艘特制的船舶"欧罗巴号"和"不来梅号"在这条航线上做经停基地。1930 年至 1935 年，经由船舶弹射的飞机执行了 200 多次航行任务，平均每一航段飞行 1000 千米。

　　尽管如此，英国和美国也准备加大对这条航线的投入。帝国航空公司将自己所拥有的大部分肖特水上飞机运至百慕大群岛，与泛美航空公司合作经营百慕大至纽约航线；将两架带副油箱的肖特水上飞机投放到北大西洋航线上，在顶风飞行（风速达每小时 50~60 千米）的情况下，这两架飞机能确保涵盖 3500 千米的飞行半径，基本上可以做到不间断飞越北大西洋。

　　1937 年夏，帝国航空的两架肖特飞机和泛美航空的两架西科斯基 S-42B 型飞机开始在这条航线上执飞，在几周之内先后 16 次安全飞越大西洋，从英国飞往美国需飞行 16 小时，从美国飞往英国耗时 13 小时。

　　汉莎航空依然十分重视这条航线，又投放了两架新型水上飞机——布鲁姆 - 沃斯的 Ha-139 型飞机。该机装备 4 台 600 马力容克斯重油发动机，在 3850 千米的航程中平均时速达 240 千米。飞机从船舶平台上弹射起飞，在抵达葡萄牙的奥尔塔之后，再飞往德国。

　　由于没有在亚速尔群岛找到合适的落脚点，法航只能利用自己所装备的远程飞机来越洋飞行。法航还利用"卡里马雷号"船舶在北大西洋海域观察天气，并向执飞的水上飞机提供天气预报，以确保飞行安全。

近景为西科斯基水上飞机局部，远景为肖特水上飞机。1937 年，美英两国为开通北大西洋航线试飞这两款飞机。

1937 年，汉莎航空开始启用布鲁姆－沃斯的 Ha-139 型飞机，这是飞机准备吊装到轮船上。

法航利用"卡里马雷号"船舶搜集北大西洋地区的气象资料，研究人员准备放飞无线电探空仪。

10

太平洋及北冰洋

从 1935 年起，水上运输机就成功地跨越了太平洋。那一年 4 月 16 日，泛美航空公司的西科斯基 S-42 型四发飞机从旧金山起飞，飞往火奴鲁鲁，这是开辟飞往中国航线的第一个经停点。在这条航线上，飞机还要经停中途岛、威克岛、关岛及菲律宾。

其实早在几年前这条北纬 20 度的航线就由泛美航空开辟出来，此后公司便有步骤地实施经营航线的计划。1932 年，泛美航空订购了几架西科斯基－马丁水上飞机，这些飞机可以连续飞行 3850 千米，即从旧金山直飞到火奴鲁鲁。1931 年，泛美航空还在迈阿密建立了航空学校，以培养能够驾驶远程飞机的飞行员，为跨太平洋航线进行人才储备。

在航线正式建立之前，还要在夏威夷与菲律宾之间的海域上创建中途岛、威克岛及关岛经停站。开发经停站的任务交给了一支工程队。1935 年 3 月 27 日，他

1935 年 4 月 16 日，西科斯基 S-42 型水上飞机从旧金山起飞，飞往火奴鲁鲁，这是为开辟飞往菲律宾及中国的跨太平洋航线做准备。

1936 年，泛美航空开始在威克岛建立飞行基地。

们搭乘"北港号"货轮从旧金山起航，除了机组人员之外，这支工程队还包括 44
名空港建设技师及 74 位技术工人。他们很快就建立起 5 个飞行基地，新建了两个
村庄，并给各个基地运去 100 万升航油。1935 年 8 月初，"北港号"货轮返回旧
金山，在短短 4 个月之内，美国人建立起 4 个海外基地。

　　在 4 月开辟出旧金山至火奴鲁鲁的航线之后，泛美航空又分别于 6 月、8 月和
9 月将航线延长至中途岛、威克岛和关岛，每飞至一个新基地，水上飞机便返回旧
金山。10 月 9 日，泛美航空正式接收第一架马丁水上飞机，飞机被命名为"中国
快帆号"，跨太平洋定期航班可以正式开航了。11 月 22 日，这架巨大的"中国快
帆号"（China Clipper）飞机携带两吨信件和邮包从旧金山起飞，于 27 日飞抵菲律宾，
12 月 2 日飞机返程，6 日抵达旧金山，巡航速度为每小时 210 千米。

1935 年 11 月 22—27 日，泛美航空首次将航线延长至菲律宾，这是马丁四发水上飞机"中国快帆号"在飞行途中。

泛美航空在威克岛建立起一座宾馆，让旅客在经停站有一个休息的场所。左为宾馆入口，右为舒适的客房内景。

1936 年 10 月 21 日，"夏威夷快帆号"从旧金山起飞，除了邮政包裹之外，还首次搭载了 7 名乘客。1937 年 4 月 28 日，航线延长至中国香港，这样从美国到中国，仅需 6 天的旅程。截至 1937 年 10 月 1 日，共有 2000 名乘客搭乘马丁水上飞机飞越太平洋，美国的旅行社也向公众推出了太平洋岛屿旅游计划。开辟这条航线最初主要是为航空邮政服务，航线开通后第二年，泛美航空就运送了 200 多万封信函。从 1938 年年初开始，每月要运送的信函达 25 万封，国家给予航空公司的补贴有三分之一已收回。

与此同时，泛美航空准备开辟第二条航线，从夏威夷群岛向南，经由萨摩亚群岛，飞往新西兰。1937 年 12 月底，在首次航行中，机长穆西克及全体机组人员遇难。1938 年 7 月 29 日，"夏威夷快帆号"飞机也在关岛至菲律宾之间的海域上空失事。

1937 年，苏联人大胆尝试，以缩短苏联同其他地区的空中联系。5 月 21 日，在经过长时间的科学准备之后，一架 ANT-6 型四发飞机抵达北极，5 月 25 日和 27 日，另外两架飞机飞往北极与第一架飞机会合。6 月 5 日，第四架飞机也前往北极，30 人走下飞机，来到北极的浮冰上，把观测设备安装妥当。随后，所有的飞机都飞走了，仅留下 4 位科学家，他们打算在帐篷里住上一年，从事各种科考活动。当然后面的科考活动就与航空事业没有太多的关联了。其实，这正是苏联人探索北极航线的考察活动。6 月和 7 月，两个苏联机组分别飞越北极，世人由此注意到苏联政府对于开发北极航线抱着极大的兴趣。6 月 18 日，一个苏联机组驾驶 ANT-25 型单发飞机从莫斯科经由北极直飞旧金山，在经过两天半的飞行之后，他们飞抵波特兰，全程 8700 千米。7 月 2 日，另一个机组驾驶相类似的飞机，从莫斯科起飞经北极飞抵加利尼亚州的圣辛哈托，全程 10148 千米，耗时将近 60 小时，并以多飞 1000 千米的成绩打破了世界最远飞行纪录。

11

扩大飞行半径

1938 年，有些飞机或水上运输机的起飞荷载已达到 120~150 千克每平方米升力面积。但在 1932 年，则需要两倍以上的升力面积才能把同样的荷载提到空中，这在当时是不可想象的。无论是飞行速度，还是飞机的体积及效率，整个变化是非常巨大的。

让飞机飞得更远，就要给予飞机辅助推力，通常大家会使用传统的弹射装置来达到这一目的。但那时候，有人推出了一种新方法，即让一架大型飞机搭载一架小飞机，待飞到一定高度时，将小飞机从大飞机上弹射出去。1938 年 2 月 6 日，这种空中弹射系统正式开始试验：一架"玛雅号"大型水上飞机（3200 马力）搭载一架"水星号"四发小型飞机（1280 马力）升空，待飞到 225 米高度时，小飞机脱离大飞机。在启动自身动力之前，小飞机就已经达到必要的升力速度，在 5000~10000 千米的航程内，用小飞机就能承担起航空邮政的任务。这一设想很简单，但真正实施起来，需要把每一个细节都考虑得十分周到。首次试飞取得圆满成功：1938 年 7 月 20 日至 21 日，一架携带 500 千克邮政信件的小飞机成功飞越北大西洋，巡航时速达 241 千米。10 月 6 日至 8 日，"水星号"飞机用这种方法，飞出 9600 千米的好成绩，从苏格兰的邓迪一直飞到南非奥兰治河的出海口，全程用时 42 小时 6 分钟，平均时速达 228 千米。这一方法也可用于军事目的。当然还有其他提升效率的方法，比如采用重油发动机，1938 年 3 月 27 日至 29 日，采用这种发动机的多尔尼耶 Do-18 型飞机在弹射起飞后，打破了"水星号"的飞行纪录，比它多飞了 1350 千米。

1938 年 2 月 23 日，在空中弹射飞行试验中，"水星号"小飞机脱离"玛雅号"大飞机的瞬间。

1938 年 3 月 27—29 日，装备两台容克斯 205 马力重油发动机的多尔尼耶 Do-18 型飞机，从普利茅斯起飞，一直飞到巴西的卡拉韦拉斯。

12

"兴登堡号"飞艇灾难

自从 R-101 飞艇发生空难之后，英国人就彻底放弃了研发飞艇的计划。1935年，美国也发生了两起惨烈的飞艇事故，造成 70 多人死亡，两艘飞艇坠毁。人们以为飞艇事业从此便寿终正寝了。然而，"格拉夫－齐柏林号"飞艇依然在服役，一艘新飞艇"兴登堡号"也即将投入使用。这艘飞艇总体积达 19 万立方米，除了动力强之外，新飞艇还采用了许多新技术。

刚刚从腓特烈港的生产基地交付使用，"兴登堡号"飞艇便迫不及待地飞离德国，前往里约热内卢。1936 年 3 月 31 日，60 名机组人员及 40 名乘客搭乘飞艇完成了飞越南大西洋的处女航，往返飞行 2.1 万千米，空中飞行时间 216 小时。随后，飞艇便投入到北大西洋航线上。5 月 6 日至 9 日，在经过 62 小时飞行之后，飞艇飞抵纽约，12 日至 14 日，飞艇返回法兰克福，用时 45 小时。根据航班安排，"兴登堡号"飞艇要在这条航线上实施往返飞行，几个月后的座位都被提前预订一空。在北大西洋最适合飞行的这段时间里，飞艇安全地飞了 10 个往返航程，由于飞行半径更大，它的越洋飞行路线并不固定。

1937 年 5 月 4 日，"兴登堡号"开始那一年度的首次越洋飞行，但也是它的最后一次飞行。5 月 6 日 19 时左右，飞艇准备在莱克湖基站降落时，撞到基站的铁塔桩上，爆炸起火。在 97 名乘员当中，有 34 人因烧伤不治身亡，仅有 32 人死里逃生，安然无恙。这一次造成如此惨烈事故的元凶又是氢气。1938 年 9 月，德国人又制造了一艘飞艇，将其命名为"格拉夫－齐柏林 2 号"，由于美国禁止出口氦气，这艘飞艇依然采用氢气充气。

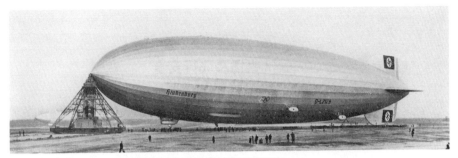

1936 年，"兴登堡号"飞艇在越洋飞行后，泊在莱克湖基站的桩位上。

"兴登堡号"飞艇十次越洋往返飞行示意图，右为由美国飞往欧洲，左为由欧洲飞往美国，中为"兴登堡号"飞艇机长欧内斯特·勒赫曼。

1937 年 5 月 6 日，"兴登堡号"飞艇在着陆时发生事故的过程。

13

大型飞机场及飞行安全

随着航空运输业发展规模越来越大，为航空业提供安全的运营环境，以适应技术进步所带来的变化就变得十分紧迫了。安全举措的重要一环就是做好基础设施配套工作，即建设好大型机场。美国一直在不断完善机场设施，虽然他们也经历了许多困难，而且飞机起飞时也发生过空难，但总体来看，正是借助于完备的安全措施，比如无线电导航设备，飞行事故得到有效的遏制，飞机甚至能够在夜间起飞。为完善自己的飞行系统，美国人会毫不犹豫地学习欧洲人的新方法，比如德国人所采用的柔性导航系统。

1938 年夏，美国政府设立了一个新机构，负责管理民用航空，致力于为民航业提供更优异的装备。我们希望欧洲也能尽早成立这样一个机构，虽然欧洲各国之间有一定的界限，但新机构可以搭建起一种均衡的"基础设施"，服从于统一的技术标准。因此，有必要在欧洲各地建设大型机场，比如像巴黎、柏林、罗马、伦敦那样的机场，当然还是要把飞行安全置于发展的首要位置上。

美国堪萨斯的一座机场，飞机可在夜间起降。这是环球航空公司的一架道格拉斯飞机。

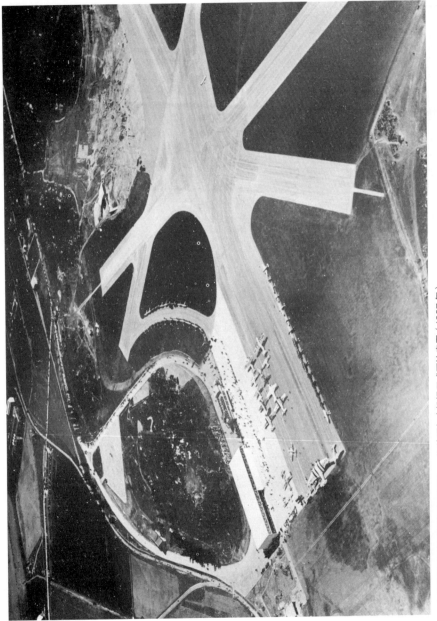

一座借鉴美国机场建设的欧洲机场——斯德哥尔摩机场正式开始启用（1937年）。

巴黎勒布尔热新机场，1937 年投入使用。

柏林机场的设计方案。

14

商用飞机的前景

由于政治原因，在两年当中，美国商用航空陷入重重危机之中，但从1936年起，商用航空基本可以做到收支相抵。1936年年初，三家经营国内航线和一家经营国际航线的商用航空公司决定为大型飞机的研发提供技术及资金支持。他们选中了一款道格拉斯四发飞机，这款飞机有效荷载可达27吨，并配备三轮起落架，便于在起飞时保持飞机的平衡。研发这样一款飞机遇到很多困难，直到1938年夏，第一架道格拉斯DC-4型飞机才交付使用，试飞结果令人非常满意。

虽然技术问题得到圆满解决，但商业航空企业的财政状况却变得格外微妙，经营国内航线的航空公司从政府那里仅得到100万美元的援助资金，但联邦政府法律又规定航空公司不得合并重组，形成垄断寡头；也不允许操控价格，妨碍正当竞争。然而，1937年，商用航空公司发生了几起空难，旅客人数锐减。到了11月，旅客人数从同期的13万人次，减少到8.2万人次，这让航空公司的财政状况如同雪上加霜。因此，尽快用性能更好的大飞机取代小飞机已成为当务之急，如果道格拉斯DC-4型飞机能够实现批量生产30~50架的话，那么每架飞机的单价将降至1000~1200万法郎。

20家美国商用航空公司将划分成两大集团。一个集团将经营内陆远途运输，以时速350~400千米飞行1500~2000千米航段，以减少经停次数，多次经停不但浪费时间，也会增加风险。另一个集团则负责沿海岸线飞行，在沿海各大城市之间建立起空中桥梁。但这一集团需要增加航班密度，提升服务质量，他们采用洛

环球航空公司的道格拉斯DC-4型飞机，在美国东西海岸之间执飞，全程4500千米，需用时15至16个小时。

环球航空为旅客提供餐饮服务。

道格拉斯飞机部件立放在加利福尼亚的制造厂里。

波音 307 高空飞机，1938 年开始为美国航空公司制造。

波音 307 飞机可按需求改装成白天或夜间飞行模式。

波音 307 飞机在飞至 4500 至 7000 米高空时，飞机舱内可自动增压。此为增压系统示意图。

克希德双发飞机，其可搭载10~12名乘客，时速可达330千米。但国内远途航线及由美国飞往南美的航线则采用道格拉斯DC-4型或波音307型大飞机。波音307型飞机是由波音B-17型轰炸机改装而成的，机身宽大，可以搭载三十几位乘客，其特点也很明显：机身呈圆弧形，表面光洁度更好，飞机内部全密封，靠压缩机和升温器对内部的压力和温度进行调节，当飞机升至4500米时，要让乘客感觉是在2500米的高空上。

在越洋飞行方面，美国的航空公司即将装备波音314水上飞机，泛美航空公司已和波音公司签署了6架飞机的订购合同。这款1500马力四发飞机将投放在太平洋航线和北大西洋航线上，它能够运载74名乘客。从1937年起，泛美航空公司技术委员会主席林德伯格要求大型飞机制造商能够提供10~25架大型水上飞机，飞行时速达350~400千米，续航能力8000千米，可运载16名机组人员、100名乘客及5吨货物。飞机制造商向该委员会提交了若干个设计方案，但这些飞机直到1941年至1942年才制造出来。

15

私人飞机及竞技飞行运动

同空军的迅猛发展相比，商用航空尽管受到方方面面的限制，但它的发展势头却展现出一股活力，把私人飞机远远地甩在了后面。

由于20世纪30年代整个世界遭遇经济危机，私人飞机在欧洲几乎没有任何发展，更何况航空技术都被军机及其附属装备给垄断了。在美国，有些生产规模不大，但技术水平很高的飞机制造厂（比如艾龙卡和泰勒公司）一直在批量生产小型飞机，以满足部分客户的需要，虽然这个市场并不是很大。当然，这个市场要想持续发展，就要推出性能更好、更安全的机型，让人感觉驾驶飞机就像驾驶汽车或游艇那样安全可靠。为此，美国民航管理部门在1934年5月举办了一次"安全可靠飞机"设计竞赛活动。在政府部门的资助下，哈蒙德、韦克、沃特曼等公

韦克公司推出的"安全可靠飞机"首架样机。

沃特曼公司推出的"箭式飞机"。

格温公司推出的"飞行汽车"。

装备汽车发动机的经济型小飞机。

米涅先生设计的"空中跳蚤"微型飞机,1934—1936 年共制造了 200 架,但过多的伤亡事故迫使飞机停产。

屡创佳绩的德国滑翔机及飞行员。

司都推出了新设计的飞机。这些飞机都很有特点，许多大型商用飞机的技术也都应用到小飞机上，比如前缘或后缘缝翼技术及三轮起落架等。还有一些小型飞机的制造厂商则推出用改进型汽车发动机作为动力的飞机，以降低制造成本。虽然制造厂商加大了对私人飞机的研发投入，但即便是在美国，私人飞机市场也还很不成熟。

而欧洲则兴起一股微型飞机的发展势头，法国设计师米涅先生推出了一款"空中跳蚤"微型飞机。这款飞机设计独特，通过机翼布局及控制前机翼来保持飞机的稳定性。这款结构简单的飞机本应该以更科学、更严谨的方法加以完善，但却过早地投入生产，而政府对这款飞机的监控也有失职之处。飞机推向市场后，造成多起伤亡事故，1935 年 9 月至 1936 年 9 月，共有 11 人在飞行事故中丧生，于是行政部门正式颁布禁令，要求此款飞机停止飞行。

从 1936 年起，培养飞行员的航空学校在欧洲各地纷纷建立起来，这些航空学校是在为战斗机飞行员进行人才储备。相反，竞技飞行运动却逐渐衰落下去，尽管如此，竞技飞行运动也在探索新的发展模式，并朝无动力滑翔的方向发展。航空爱好者也创下一大批好成绩，滑翔距离、滞空时间和高度纪录不断被刷新，许多纪录都是被德国滑翔机的行家们打破的，他们甚至学会了观察气流，创造出利用气流的各种方法。1937 年和 1938 年举办的伦山滑翔机演示会就成为爱好者们展示自己身手的大舞台。